“十二五”江苏省高等学校重点教材

编号：2013-1-154

本书荣获中国石油和化学工业优秀出版物奖（教材奖）

高分子材料
合成与加工用助剂

方海林　张良　邓育新　编著

化学工业出版社

·北京·

本书是《高分子材料加工助剂》的修订升级版本，介绍了塑料、橡胶合成与加工所用助剂的应用技术，内容包括引发剂、催化剂、溶剂、分散剂、乳化剂、分子量调节剂、终止剂、增塑剂、抗氧剂、热稳定剂、光稳定剂、阻燃剂、抗静电剂、硫化剂、硫化助剂、阻聚剂、缓聚剂、消泡剂、填充剂、润滑剂、发泡剂、着色剂的作用机理、制备、使用和发展趋势。本书在延续《高分子材料加工助剂》工程性、应用性强的特色基础上，更新了加工助剂的内容，同时根据行业实际情况和对本科生教学提出的要求，增加了合成助剂的内容。本书为“十二五”江苏省高等学校重点教材。

本书可供高等院校材料专业本科教学使用，也可供塑料、橡胶行业技术人员参考。

图书在版编目（CIP）数据

高分子材料合成与加工用助剂/方海林，张良，邓育新编著.
北京：化学工业出版社，2015.6（2025.5 重印）
“十二五”江苏省高等学校重点教材
ISBN 978-7-122-24606-6

Ⅰ.①高… Ⅱ.①方…②张…③邓… Ⅲ.①高分子材料-助剂-高等学校-教材 Ⅳ.①TB324

中国版本图书馆 CIP 数据核字（2015）第 156721 号

责任编辑：李玉晖 杨 菁　　文字编辑：林 丹
责任校对：吴 静　　装帧设计：韩 飞

出版发行：化学工业出版社（北京市东城区青年湖南街 13 号 邮政编码 100011）
印　　装：北京盛通数码印刷有限公司
787mm×1092mm 1/16 印张 10¾ 字数 269 千字 2025 年 5 月北京第 1 版第 11 次印刷

购书咨询：010-64518888　　售后服务：010-64518899
网　　址：http：//www. cip. com. cn
凡购买本书，如有缺损质量问题，本社销售中心负责调换。

定　　价：29.00 元

前言

Preface

高分子材料合成原料丰富，制造方便，品种繁多，节省能源和投资，用途广泛，在材料领域中的地位日益突出，增长很快。近几十年来，我国高分子材料合成与加工工业取得了巨大进步，使高分子材料在工业、农业、交通运输、国防工业、人民生活、医疗卫生等各个领域得到了广泛的应用，已成为现代社会中衣、食、住、行、用各个方面所不可缺少的材料。合成与加工是高分子及相关专业学生学习的两大主题，相应的助剂对提高高分子材料的合成效率、加工性能、使用性能有着至关重要的作用。随着助剂行业的发展，助剂的品种也日益繁多。

根据教育部最新颁布的本科专业目录和高等教育面向21世纪的改革精神，适应我国经济结构战略性调整、人才市场竞争加剧以及学科产业发展与传统办学特色相结合的要求，为了达到培养专业面宽、知识面广和工程能力强的应用型本科人才培养的目标，编写了这本教材。

本书介绍了常用高分子材料合成与加工用助剂，在介绍每种助剂时，基本按概述、作用机理、详细介绍、市场现状和发展展望的顺序编写。编者结合多年的教学经验与体会，力求紧扣工程应用型人才培养目标和工程实际，贯彻“少推导、重应用”的原则，从应用型本科生学习和实际出发，循序渐进，逐步提高；在体现内容的完整性的基础上，重视理论与工程实际的结合，突出应用性较强的内容，做到通俗易懂，有利于工程应用能力的培养。

本书由盐城工学院方海林、张良、邓育新编著。在编写过程中得到盐城工学院教务处大力支持，在此表示衷心感谢。

由于高分子材料相关助剂品种增加速度越来越快，许多新出现的助剂未能一一介绍，加之编者的学识水平有限，书中不当及疏漏之处在所难免，恳请各位读者予以批评指正。

编者

2015年5月

前言

高分子材料合成原料丰富，制造方便，品种繁多，节省能源和投资，用途广泛，在材料领域中的地位日益突出，增长很快。近几十年来，我国高分子材料合成与加工工业取得了巨大进步，使高分子材料在工业、农业、交通运输、国防工业、人民生活、医疗卫生等各个领域得到了广泛的应用，已成为现代社会中衣、食、住、行、用各个方面所不可缺少的材料。合成与加工是高分子及相关专业学生学习的两大主题，相应的助剂对提高高分子材料的合成效率、加工性能、使用性能有着至关重要的作用。随着助剂行业的发展，助剂的品种也日益繁多。

根据教育部最新颁布的本科专业目录和高等教育面向21世纪的改革精神，适应我国经济结构战略性调整、人才市场竞争加剧以及学科产业发展与传统专业特色相结合的要求，为了达到培养专业面宽，知识面广和工程能力强的应用型本科人才培养的目标，编写了这本教材。

本书介绍了常用高分子材料合成与加工用助剂，在介绍各种助剂时，基本按概述、作用机理、详细介绍、市场现状和发展展望的顺序编写。编者结合多年的教学经验与体会，力求紧扣工程应用型人才培养目标和工程实际，贯彻“少而精、重应用”的原则，从应用型本科生学习和实际出发，循序渐进、逐步提高；在体现内容的完整性的基础上，重视理论与工程实际的结合，突出应用性较强的内容，做到通俗易懂，有利于工程应用能力的培养。

本书由盐城工学院苏海林、张良、孙育新编著。在编写过程中得到盐城工学院领导的大力支持，在此表示衷心感谢。

由于高分子材料相关助剂品种增加速度越来越快，许多新出现的助剂未能一一介绍，加之编者的学识水平有限，书中不当及疏漏之处在所难免，恳请各位读者予以批评指正。

编者

2015年5月

目录

Contents

第1章　助剂概述……1
1.1　助剂在高分子合成与加工中的地位……1
1.2　助剂的类别……1
1.3　助剂的性能要求……2
1.4　助剂的发展……2
思考题……3

第2章　引发剂……4
2.1　概述……4
2.2　引发机理……4
2.3　偶氮类引发剂……5
2.4　有机过氧化物引发剂……5
2.5　无机过氧类引发剂……8
2.6　氧化还原引发剂……8
2.7　引发剂市场现状及发展趋势……10
思考题……12

第3章　催化剂……13
3.1　概述……13
3.2　催化机理……14
3.3　离子聚合……19
3.4　配位聚合……21
3.5　缩合聚合……28
3.6　活性聚合……28
3.7　催化剂市场现状及发展趋势……32
思考题……35

第4章　溶剂……36
4.1　概述……36
4.2　作用原理……36

4.3　常用溶剂…… 37
4.4　溶剂的选择原则…… 41
4.5　溶剂研究现状及发展趋势…… 43
思考题 …… 46

第5章　分散剂 …… 47
5.1　概述…… 47
5.2　分散原理…… 48
5.3　非水溶性无机分散剂…… 48
5.4　水溶性有机高分子…… 49
5.5　超分散剂…… 50
5.6　其他分散剂…… 50
5.7　分散剂助剂…… 51
5.8　分散剂研究现状及发展趋势…… 52
思考题 …… 53

第6章　乳化剂 …… 54
6.1　概述…… 54
6.2　作用原理…… 54
6.3　常用乳化剂…… 55
6.4　新型乳化剂…… 59
6.5　乳化剂研究现状及发展趋势…… 61
思考题 …… 61

第7章　分子量调节剂…… 62
7.1　概述…… 62
7.2　作用原理…… 62
7.3　常用分子量调节剂…… 63
7.4　新型分子量调节剂…… 63
7.5　分子量调节剂研究现状及发展趋势…… 65
思考题 …… 66

第8章　终止剂 …… 67
8.1　概述…… 67
8.2　作用原理…… 68
8.3　常用终止剂…… 69
8.4　终止剂的选择…… 70
8.5　终止剂研究现状及发展趋势…… 71
思考题 …… 72

第 9 章　增塑剂……………………………………………………………… 73
9.1　概述……………………………………………………………… 73
9.2　增塑机理……………………………………………………………… 75
9.3　常用增塑剂……………………………………………………………… 77
9.4　增塑剂的应用……………………………………………………………… 81
9.5　增塑剂市场现状及发展趋势……………………………………………… 84
思考题 ……………………………………………………………… 85

第 10 章　抗氧剂 ……………………………………………………………… 86
10.1　概述 ……………………………………………………………… 86
10.2　聚合物的氧化和抗氧化机理 ……………………………………… 86
10.3　抗氧剂的种类 ……………………………………………………… 89
10.4　抗氧剂的选择及应用 ……………………………………………… 93
10.5　抗氧剂市场现状及发展趋势 ……………………………………… 95
思考题 ……………………………………………………………… 96

第 11 章　热稳定剂……………………………………………………………… 97
11.1　概述 ……………………………………………………………… 97
11.2　作用机理 ……………………………………………………………… 97
11.3　常用热稳定剂……………………………………………………… 100
11.4　热稳定剂的性能……………………………………………………… 106
11.5　热稳定剂市场现状及发展趋势……………………………………… 108
思考题……………………………………………………………… 109

第 12 章　光稳定剂 ……………………………………………………………… 110
12.1　概述……………………………………………………………… 110
12.2　作用机理……………………………………………………………… 110
12.3　常用光稳定剂……………………………………………………… 113
12.4　光稳定剂的选择及应用……………………………………………… 119
12.5　光稳定剂市场现状及发展趋势……………………………………… 121
思考题……………………………………………………………… 121

第 13 章　阻燃剂 ……………………………………………………………… 122
13.1　概述……………………………………………………………… 122
13.2　聚合物的燃烧和阻燃剂的作用机理………………………………… 122
13.3　常用阻燃剂……………………………………………………… 123
13.4　阻燃剂在塑料中的应用……………………………………………… 127
13.5　阻燃剂的发展现状和开发动向……………………………………… 130
思考题……………………………………………………………… 131

第 14 章　抗静电剂 …… **132**
14.1　概述…… 132
14.2　作用机理…… 132
14.3　常用抗静电剂…… 133
14.4　抗静电剂的应用…… 136
14.5　抗静电剂的毒性…… 138
14.6　抗静电剂市场现状及发展趋势…… 138
思考题…… 139

第 15 章　硫化剂与硫化助剂 …… **140**
15.1　概述…… 140
15.2　作用机理…… 140
15.3　硫化剂…… 145
15.4　硫化促进剂…… 148
15.5　硫化活性剂…… 152
15.6　防焦剂…… 153
15.7　常见硫化体系…… 154
15.8　硫化剂与硫化助剂市场现状及发展趋势…… 155
思考题…… 155

第 16 章　其它助剂 …… **156**
16.1　阻聚剂和缓聚剂…… 156
16.2　消泡剂…… 158
16.3　填充剂…… 159
16.4　润滑剂…… 161
16.5　发泡剂…… 162
16.6　着色剂…… 162
思考题…… 163

参考文献 …… **164**

第1章

助剂概述

1.1　助剂在高分子合成与加工中的地位

聚合物材料用化学助剂是指，聚合物材料和产品在合成与加工过程中所需加入的辅助性化学物质，简称助剂，也称添加剂、配合剂等。

助剂种类比聚合物多得多，几乎所有的材料都需要助剂，在一定程度上助剂决定着聚合物材料应用的可能性与适用范围。例如，聚氯乙烯需在引发剂作用下才能合成，合成过程中还需加入乳化剂、促进剂等以改善聚合环境和聚合速度。聚氯乙烯在接近90℃开始分解，随温度升高，分解速度加快，当其分解量不到0.1%时，其颜色就开始变黄，最后变成黑色。氧的存在会促进其分解，而聚氯乙烯的加工温度一般在150～230℃，如果不加热稳定剂、抗氧剂等防护用助剂，聚氯乙烯则不可能加工应用，即使加工应用了，其使用寿命也不长。加入填充剂可增加其硬度，加入增塑剂则可制成软聚氯乙烯，加入着色剂就能制成五颜六色的制品，加入发泡剂则可制成泡沫材料，加入阻燃剂则可改善阻燃性能等。

不同的材料或同种材料合成的方法、加工方法或应用范围不同，加入的助剂种类和用量也不同。多数助剂的用量都比较小，通常一种助剂的用量约为聚合物量的百分之几到千分之几，也有用到万分之几的，如阻聚剂。有几类助剂用量较大，达十份（质量份）至数十份，甚至几百份。

总而言之，化学助剂与聚合物之间存在着相互依存的关系。一般而言，聚合物的研制和生产先于助剂，但只有在具备适当的助剂和加工技术的条件下，它们才有广泛的用途。

1.2　助剂的类别

随着聚合物材料品种的增多，合成方法的改进及加工技术的进步，聚合物的应用范围不断地拓宽，化学助剂的类别和品种也日趋增加。化学助剂就材料的合成与加工而言，有合成助剂与加工助剂；就其化学性能而言，有无机助剂和有机助剂；就来源而言，有天然助剂和合成助剂；就其分子量大小而言，有低分子助剂和高分子助剂；就与主体材料的关系而言，有活性助剂与惰性助剂；就助剂的作用功能而言，有引发剂、促进剂、防老剂、增塑剂等。有些助剂具有多种功能，因此，很难用一种方法将助剂进行完整的分类。本书先介绍高分子材料合成用助剂，再介绍高分子材料加工用助剂。

1.3 助剂的性能要求

(1) 助剂的化学反应活性　对于加工用助剂来说，绝大多数是惰性的，而有些合成用助剂则具有化学反应活性。它们的反应活性及与其他共存物反应的可能性均能影响材料的合成。例如，聚合常用引发剂，不同反应条件（温度、压力、溶剂等）应选用不同的引发剂。选择引发剂时应充分考虑引发剂的分解温度、溶解性、引发效率、分解速度等。选择不当，常造成聚合失败或聚合物性能很差。

(2) 助剂与聚合物的配伍性　包括它们之间的相容性以及在稳定性方面的相互影响。

如果相容性不好，固体助剂析出，俗称“喷霜”；液体助剂析出，则称“渗出”或“出汗”。

(3) 助剂的耐久性　助剂的损失途径有挥发、抽出、迁移。

挥发性大小取决于助剂本身的结构。抽出性与助剂在不同介质中的溶解度直接相关，要根据制品的使用环境来选择适当的助剂品种。迁移是指助剂由制品向邻近物品的转移，其可能性大小与助剂在不同聚合物中的溶解度相关。

(4) 助剂对加工条件的适应性　苛刻的加工条件主要指加工温度高和加工时间长。

加工条件对助剂的要求，最主要的是耐热性，即要求助剂在加工温度下不分解、不易挥发和升华，此外还要注意助剂对加工设备和模具可能产生的腐蚀作用。

(5) 制品用途对助剂的制约　不同用途的产品对助剂的外观、颜色、气味、污染性、耐久性、电性能、热性能、耐候性、毒性等都有一定的要求。

(6) 助剂配合中的协同作用和相抗作用

协同作用：一种聚合物常常使用多种助剂，这些助剂同处于一个聚合物体系里，不同助剂之间相互增效。

相抗作用：相抗作用是协同作用的反面，指各种助剂会彼此削弱其原有的效能。

1.4 助剂的发展

助剂工业如同合成材料工业一样，是比较新的化工行业。从有机增塑剂在橡胶工业中大量采用的20世纪20年代初期算起，到现在只有90多年的历史。早期的助剂生产主要服务于橡胶工业。我国最初只生产少数几种橡胶防老剂和促进剂，后来陆续有服务于聚氯乙烯的增塑剂和热稳定剂投入生产。

助剂的发展趋势：

① 大吨位的品种趋于大型化和集中生产。这种趋势在增塑剂和橡胶助剂方面比较明显。

② 品种构成发生重大变化。低毒和高效能的品种是研发的主流，比重持续增高，发展的整体趋势是成为高分子行业的辅助原料。

③ 阻燃剂和填充剂迅速发展。

④ 一些含有功能性基团的低聚物进入助剂领域。低聚物可以既含有功能性基团，又含有反应性基团，能够通过多种途径对聚合物进行改性。例如，一种低聚物在聚合物的炼塑加工时，可以起到增塑剂和增黏剂的作用。当在高温下成型时，又能够使聚合物交联，起到交联剂的作用。低聚物结构的酚类抗氧剂已有工业化品种，由于它的分子量较大，耐热性、耐

抽出性比较好，因而作用比较持久。

低聚物又称齐聚物、寡聚物，为相对分子质量在1500以下和分子长度不超过5nm的聚合物。

思考题

1. 助剂是如何定义和分类的？
2. 助剂的发展动向有哪些？

第2章 引发剂

2.1 概述

能引发聚合物单体聚合成聚合物的物质为引发剂，常用的引发剂包括自由基聚合引发剂、阳离子聚合引发剂、阴离子聚合引发剂和配位聚合引发剂。广义地讲，那些能引发连锁低分子反应的物质也称引发剂。由于自由基聚合引发剂品种多，应用广，研究得也比较完善，有时将自由基聚合引发剂直接称为引发剂，而将其他聚合引发剂称为催化剂，本章将重点讨论自由基聚合的引发剂。自由基聚合引发剂是在一定条件下容易分解出自由基从而引发聚合反应的物质，它们多为含有弱共价键的物质，例如有机过氧化物、偶氮化合物等。

自由基聚合体系中所用引发剂通常有两类：一是水溶性引发剂，主要为过硫酸盐及氧化还原引发剂；二是油溶性引发剂，多为有机过氧化物和偶氮化合物。

2.2 引发机理

自由基聚合的引发首先是产生自由基，产生自由基的方法有两种：①因光、热等辐射能的作用；②在较低温度下经氧化还原反应引发。引发一般形式如下：

$$\mathrm{R{-}O{-}O{-}R \longrightarrow 2RO\cdot}$$

$$\mathrm{R{-}N{=}N{-}R \longrightarrow 2R\cdot + N_2\uparrow}$$

其次是自由基与单体作用打开双键而形成另一个新自由基。

$$\mathrm{R\cdot + CH_2{=}\underset{\displaystyle X}{\underset{|}{CH}} \longrightarrow RCH_2{-}\underset{\displaystyle X}{\underset{|}{\dot{C}X}}}$$

生成的新的自由基可以与单体进行下一步增长反应。

适宜作引发剂的是那些具有键断裂能量不超过104.5～167.2kJ/mol的化合物，破坏这些键要求加热温度为50～150℃，这也是一般烯类单体自由基聚合的温度范围。

引发剂的结构不同，因而在加热时分解生成初级自由基的速率不同，引发剂种类的选择基于所需要的最佳的聚合温度。当需要低温聚合时，宜选用易分解的活性高的引发剂，能在较低温度下，具有足够高的分解速率。通常控制引发剂浓度在0.1mol/L，其生成初级自由基的速率在10^{-10}～10^{-7}mol/L范围较合适。如果聚合需在较高的温度下进行，则选用活性低的、在较高温度下达到上述的分解速率的引发剂。因此引发剂与聚合温度具有匹配性。

2.3 偶氮类引发剂

偶氮类化合物引发剂通式如下：

$$R^1-\underset{X}{\overset{R^2}{C}}-N=N-\underset{X}{\overset{R^3}{C}}-R^4$$

式中，R^1、R^4 为烷基，可以相同，也可不相同；X 为硝基、酯基、羧基和氰基等吸电子基团。工业上常用是氰基，氰基的存在有助于偶氮化合物的稳定。

偶氮二异丁腈（AIBN）是最常用的偶氮类引发剂，为白色粉末结晶或结晶性粉末，相对密度 1.10，熔点 107℃，加热至 100～107℃熔融时急剧分解，放出氮及对人体有毒的有机氰化物，同时引起燃烧、爆炸。不溶于水，略溶于乙醇，易溶于热乙醇，溶于甲醇，其分解活化能为 125.5kJ/mol。一般在 45～65℃下使用，用作氯乙烯、丙烯腈、乙酸乙烯酯、甲基丙烯酸甲酯及离子交换树脂的聚合引发剂。其分解反应式如下：

$$(CH_3)_2\underset{CN}{C}-N=N-\underset{CN}{C}(CH_3)_2 \longrightarrow 2(CH_3)_2\underset{CN}{C}\cdot + N_2$$

偶氮二异庚腈（ABVN）是在 AIBN 基础上发展起来的活性较高的偶氮类引发剂，为白色菱形片状结晶，相对密度 0.991～0.997，有顺式、反式两种异构体，商品中顺、反两种异构体的混合比例为 45∶55，不溶于水，溶于醇、醚及二甲基甲酰胺等有机溶剂，52℃分解，用作氯乙烯、甲基丙烯酸甲酯、丙烯腈及乙酸乙烯酯等单体聚合用引发剂，其引发速率高，有逐步取代 AIBN 的趋势。其分解反应式如下：

$$(CH_3)_2CHCH_2\underset{CN}{\overset{CH_3}{C}}-N=N-\underset{CN}{\overset{CH_3}{C}}CH_2CH(CH_3)_2 \longrightarrow 2(CH_3)_2CHCH_2\underset{CH_3}{\overset{CH_3}{C}}\cdot + N_2$$

2.4 有机过氧化物引发剂

过氧化合物的通式为 R—O—O—H 或 R—O—O—R，可被看做是过氧化氢 H—O—O—H 的衍生物，R 为烷基、酰基、碳酸酯基及磺酰基。由于取代基的不同，可得到不同类型的过氧化物。

2.4.1 过氧化二酰

过氧化二酰的通式为：

$$R-\overset{O}{\overset{\|}{C}}-O-O-\overset{O}{\overset{\|}{C}}-R$$

在惰性溶剂中，它受热按一级分解反应，首先形成酰氧自由基 $R-\overset{O}{\overset{\|}{C}}-O\cdot$，其后进一步生成 R·。

$$R-\overset{O}{\overset{\|}{C}}-O-O-\overset{O}{\overset{\|}{C}}-R \longrightarrow 2R-\overset{O}{\overset{\|}{C}}-O$$

$$R-\overset{\overset{\displaystyle O}{\|}}{C}-O\cdot \longrightarrow R\cdot + CO_2$$

过氧化二苯甲酰，简称 BPO，为白色斜方晶系结晶或结晶粉末，相对密度 1.3440（25℃），熔点 103～106℃（分解，并可引起爆炸），半衰期 $t_{1/2}$＝2.4h（85℃）、4.3h（80℃）、8.4h（75℃）、10h（72℃）。极微溶于水，微溶于甲醇、异丙醇，稍溶于乙醇，溶于乙醚、丙酮、苯、乙酸乙酯等。用作乙烯系、丙烯酸系、苯乙烯系、氯乙烯系及乙酸乙烯系等单体的聚合引发剂。

过氧化十二酰，又称过氧化月桂酰，简称 LPO，为白色颗粒状固体，熔点 53～55℃，分解温度 70～80℃，半衰期 $t_{1/2}$＝1min（115℃）、30min（80℃）、3.4h（70℃）、10h（62℃）。不溶于水，溶于丙酮、氯仿等溶剂。常温下稳定，无毒，有氧化作用，干品遇有机物或受热会爆炸。用作高压聚乙烯、聚氯乙烯等聚合引发剂。

2.4.2 二烷基过氧化物

二烷基过氧化物的通式为 R—O—O—R，主要用于高温引发（＞100℃），按一级分解反应产生烷氧自由基，其分解速率一般不受溶剂影响。

$$R-O-O-R \longrightarrow 2RO\cdot$$

$$CH_3-\underset{CH_3}{\overset{CH_3}{C}}-O-O-\underset{CH_3}{\overset{CH_3}{C}}-CH_3 \longrightarrow 2CH_3-\underset{CH_3}{\overset{CH_3}{C}}-O\cdot$$

$$CH_3-\underset{CH_3}{\overset{CH_3}{C}}-O\cdot \longrightarrow CH_3\cdot + CH_3-\underset{\underset{\displaystyle O}{\|}}{C}-CH_3$$

过氧化二异丙苯，简称 DCP，为白色至微红色结晶粉末，相对密度 1.082，熔点 39～41℃，分解温度 120～125℃，半衰期（苯溶液）$t_{1/2}$＝1min（171℃）、10h（117℃）、100h（101℃），不溶于水，微溶于冷乙醇，易溶于苯、甲苯及异丙苯等芳烃。用作聚合反应的引发剂，可用于白色、透明及要求压缩变形性低及耐热的制品。

过氧化二叔丁基，别名引发剂 A，简称 DTBP，无色至微黄色透明液体，相对密度 0.794，沸点 50～52℃（0.675Pa），熔点－40℃，分解温度 126℃，半衰期 $t_{1/2}$＝1.6h（140℃）、4.9h（130℃）、10h（126℃）、20h（120℃），不溶于水，溶于乙醇、丙酮、苯乙烯，与苯及石油混溶，为强氧化剂，其蒸气与空气组成爆炸性混合物。用作乙烯、苯乙烯高温聚合和乳液聚合的引发剂，不饱和聚酯的中温和高温引发剂，厌氧胶引发剂。

2.4.3 有机过氧化氢物

有机过氧化氢物的通式为 ROOH，可用于高温引发。若加入亚铁盐作还原剂，可组成氧化还原体系。

叔丁基过氧化氢，分子式 $(CH_3)_3COOH$，常温下为无色液体，熔点－8℃，沸点 33～34℃（2.27kPa），分解温度 80～90℃，$t_{1/2}$＝170h（100℃）、12h（120℃），不溶于水，溶于碱及醇、醚等常用有机溶剂，有强氧化性，遇高温、撞击会有燃烧及爆炸危险，通常在高于 100℃时用作聚合反应的自由基引发剂。

2.4.4 过氧化酯

过氧化酯的通式为 $R-\overset{\overset{\displaystyle O}{\|}}{C}-O-OR'$，过氧化酯的分解速率介于过氧化二酰与二烷基过氧化

物之间。

常见的主要是过氧化羧酸的叔丁酯，因为伯醇和仲醇的过氧酸酯分解时不产生自由基，而易进行离子分解。过氧化羧酸叔丁酯的分解如下：

$$R-\overset{O}{\overset{\|}{C}}-O-O-C(CH_3)_3 \longrightarrow R-\overset{O}{\overset{\|}{C}}-O\cdot + \cdot O-\underset{CH_3}{\overset{CH_3}{C}}-CH_3$$

$$R-\overset{O}{\overset{\|}{C}}-O\cdot \longrightarrow R\cdot + CO_2$$

如过氧化苯甲酸叔丁酯，分子式 $C_{11}H_{14}O_3$，相对分子质量 194，为无色液体，凝固点 8.5℃，沸点 112℃，相对密度 1.02，室温下稳定，溶于醇、醚、酯、酮，不溶于水，略有芳香味，在丙烯酸酯类的聚合工艺中代替偶氮类引发剂，降低树脂中的毒性，也是醋酸乙烯酯的聚合引发剂。

2.4.5 过碳酸酯

过碳酸酯可分为三类：一是过氧化二碳酸酯 $RO-\overset{O}{\overset{\|}{C}}-O-O-\overset{O}{\overset{\|}{C}}-OR$；二是过氧化碳酸酯 $R-O-O-\overset{O}{\overset{\|}{C}}-OR'$；三是二过氧化碳酸酯 $R-O-O-\overset{O}{\overset{\|}{C}}-O-O-R$。

目前使用较多的是过氧化二碳酸酯，主要用于低温和中温引发。如过氧化二碳酸二异丙酯（IPP），化学式 $C_8H_{14}O$，低温下为白色粉末状晶体，常温下为无色液体，相对密度 1.080（15.5℃），熔点 8～10℃，分解温度 47℃，微溶于水，溶于脂肪烃、芳香烃、氯代烃、酯、醚等有机溶剂。用作烯类单体或其他单体聚合或共聚时的低温引发剂。

过氧化二碳酸二（2-乙基己基）酯（EHPD），化学式 $C_{18}H_{34}O_6$，为无色透明液体，有特殊气味，纯品相对密度 0.964，熔点低于－50℃，分解温度 49℃，一般商品配制成含 EHPD50%～65%的甲苯、二甲苯或矿物油溶液。用作氯乙烯本体或悬浮聚合引发剂，也用作乙烯、丙烯酸酯、丙烯腈，偏氯乙烯等的高效引发剂。

过氧化二碳酸二环己酯（DCPD），化学式 $C_{14}H_{22}O_6$，为白色固体粉末，熔点 44～46℃（含量大于 97%），分解温度 44℃，不溶于水，微溶于乙醇、脂肪烃，溶于酯、酮类，易溶于氯代烃、芳烃。用作乙烯、氯乙烯、丙烯酸酯类、乙酸乙烯酯-氯乙烯等单体聚合或共聚时的高效引发剂。

过氧化二碳酸二（4-叔丁基环己酯）（TBCP），为白色粉末固体，可在 20℃贮存，其活性也很高，可用作氯乙烯悬浮聚合的引发剂。

过氧化二碳酸酯的分解反应如下：

$$RO-\overset{O}{\overset{\|}{C}}-O-O-\overset{O}{\overset{\|}{C}}-OR \longrightarrow 2RO-\overset{O}{\overset{\|}{C}}-O\cdot$$

$$RO-\overset{O}{\overset{\|}{C}}-O\cdot \longrightarrow RO\cdot + CO_2$$

过氧化物类引发剂的活性次序一般为：

过氧化二碳酸酯类＞过氧化二酰类＞过氧化酯类＞过氧化二烷基类。

过氧化物类引发剂都可以看做 H_2O_2 中 H 被不同取代基取代后的产物，所连基团不同，过氧键牢固程度也不相同。供电基团、空间位阻大的基团以及能提高分解产物的自由基稳定性的基团的引入都有利于过氧键的分解。过氧化引发剂结构可看成两个偶极，故有利于分解。过氧化碳酸酯又可看成不稳定碳酸的衍生物，所以稳定性更差，更容易分解。

2.5 无机过氧类引发剂

这类引发剂因溶于水，因此多用于乳液聚合和水溶液聚合，主要有过硫酸盐（钾、钠或铵盐）。

过硫酸钾（$K_2S_2O_3$）为无色或白色三斜晶系或粉末，相对密度 2.477，100℃时完全分解放出氧而形成焦硫酸钾。溶于水，溶解速率比过硫酸铵稍慢，水溶液呈酸性，不溶于乙醇。水溶液在室温下缓慢分解而生成过氧化氢，在潮湿空气中也会逐渐分解。温度及溶液 pH 值对分解速率有影响，温度越高，pH 值对分解速率影响越小。有乳化剂及硫醇存在能加速分解，在碱性溶液中能使 Ni^{2+}、Co^{2+}、Pb^{2+} 及 Mn^{3+} 等金属离子形成黑色氧化物沉淀。有强氧化性，与有机物混合易引起燃烧或爆炸。无毒。粉末对鼻黏膜有刺激性。用作乙酸乙烯 、丙烯酸酯类、四氟乙烯、丙烯腈、苯乙烯及氯乙烯等单体乳液聚合引发剂（使用温度 60～80℃）。其分解反应式如下：

$$\mathrm{KO-\overset{\displaystyle O}{\overset{\|}{\underset{\underset{\displaystyle O}{\|}}{S}}}-O-O-\overset{\displaystyle O}{\overset{\|}{\underset{\underset{\displaystyle O}{\|}}{S}}}-OK \longrightarrow 2KO-\overset{\displaystyle O}{\overset{\|}{\underset{\underset{\displaystyle O}{\|}}{S}}}-O\cdot}$$

过硫酸钠（$Na_2S_2O_3$）为白色晶体或结晶性粉末，无臭、无味。易溶于水。常温下会缓慢分解，加热或在乙醇中则快速分解，放出氧而变成焦硫酸钠。在 200℃急剧分解而放出过氧化氢。在低温干燥条件下具有极好的贮存稳定性，遇潮易分解，有 Fe^{2+}、Cu^{2+}、Ni^{2+}、Ag^{+}、Pt^{2+} 等存在时会促进其分解。为强氧化剂，可将 Mn^{2+}、Cr^{3+} 等氧化成相应的高氧化态化合物。可替代过硫酸钾用作乙酸乙烯酯、丙烯酸酯、苯乙烯、氯乙烯等单体乳液聚合的引发剂。

过硫酸铵，化学式 $(NH_4)_2S_2O_8$，为无色单斜晶系结晶或白色结晶粉末，相对密度 1.982，120℃分解并放出氧气而形成焦硫酸铵。温度及溶液的 pH 值对分解速率有影响。干燥的成品有良好的稳定性，潮湿空气中易受潮结块。易溶于水，水溶液呈酸性反应，在室温下会缓慢分解放出氧而形成硫酸氢铵。温度高时分解会加速。有强氧化性，与有机物、金属及盐类接触产生分解，与还原性强的有机物混合可燃烧或爆炸。用作乙酸乙烯酯、苯乙烯、丙烯腈、丙烯酸酯及氯乙烯单体聚合或共聚引发剂，尤多用于乳液聚合及悬浮聚合。

2.6 氧化还原引发剂

偶氮类引发剂和过氧化物引发剂，其分解活化能都在 83.6～146.3kJ/mol，都在 50～100℃才能较快分解，这就限制了它们在低温下使用的可能性。而很多单体在低温聚合可以避免支化、交联等副反应，从而获得质量较好的聚合物，因此，我们需要通过氧化还原产生自由基来适应这一要求。

氧化还原引发体系是利用还原剂和氧化剂之间的电子转移所生成的自由基引发聚合反应。由于氧化还原引发体系分解活化能（40～60kJ/mol）很低，常用于引发低温（0～

50℃）聚合反应。

2.6.1 过硫酸盐-亚铁氧化还原体系

这种体系由过氧化物或过硫酸盐、水溶性金属盐和辅助还原剂组成。以过硫酸盐、硫酸亚铁组合为例，其反应为：

$$S_2O_8^{2-}+Fe^{2+}\longrightarrow Fe^{3+}+SO_4^{2-}+SO_4^{-}\cdot$$

这种体系由于生成硫酸可使 pH 值降低。此体系在丁苯乳液聚合中用得较多。

2.6.2 过硫酸盐-亚硫酸盐氧化还原体系

过硫酸盐-亚硫酸盐氧化还原体系应用非常广泛。常用的还原剂为亚硫酸盐、甲醛化亚硫酸氢盐（雕白粉）、硫代硫酸盐、连二亚硫酸盐、亚硝酸盐和硫醇等。它们与过硫酸盐的氧化还原示例如下：

$$S_2O_8^{2+}+HSO_3^{-}\longrightarrow SO_4^{2+}+SO_4^{-}\cdot+HSO_3\cdot$$

$$S_2O_8^{2+}+S_2O_3^{-}\longrightarrow SO_4^{2+}+SO_4^{-}\cdot+S_2O_3\cdot$$

$$S_2O_8^{2+}+RSH\longrightarrow HSO_4^{-}+SO_4^{-}\cdot+RS\cdot$$

该体系的特点是一个分子的过氧化物生成两个自由基（上述其他氧化还原组合物生成一个自由基），引发效率较高，但两个初级自由基如果不能迅速扩散，仍有发生偶合终止的可能。生成的初级自由基易受氧的作用而破坏，所以聚合反应必须用惰性气体隔氧，尤其在反应初期。

由于该体系反应形成硫酸，同样反应体系的 pH 值显著降低，在聚合中往往加入缓冲剂。

这种引发体系常用于丁苯乳液聚合、乙酸乙烯酯乳液聚合、丙烯酸酯乳液聚合及丙烯酸酯和苯乙烯的多元共聚乳液聚合。

2.6.3 过氧化氢与金属盐组成氧化还原体系

$$HO—OH\longrightarrow 2HO\cdot$$

$$E_d=225.72kJ/mol$$

当 HOOH 和 Fe^{2+} 反应后，E_d 可降到 39.29kJ/mol。

$$HOOH+Fe^{2+}\longrightarrow HO\cdot+OH^{-}+Fe^{3+}$$

$$ROOH+Fe^{2+}\longrightarrow HO^{-}+RO\cdot+Fe^{3+}$$

上述反应属于双分子反应，1 分子过氧化氢只形成 1 个自由基，如还原剂过量，则将进一步反应使自由基消失。

$$HO\cdot+Fe^{2+}\longrightarrow OH^{-}+Fe^{3+}$$

因此还原剂的用量一般较氧化剂少。

有机过氧化氢 ROOH-Fe^{2+} 体系是低温丁苯乳液聚合引发剂。ROOH 主要有异丙苯过氧化氢、叔丁基过氧化氢、对丙烷过氧化氢。

$$CH_3—C_6H_{10}—C(CH_3)_2—OOH$$

其他还原剂 Cr^{2+}、V^{2+}、Ti^{3+}、Co^{2+}、Cu^{+} 都可代替亚铁盐。

以上三种属水溶性氧化还原剂引发体系。

2.6.4 过氧化物-叔胺氧化还原体系

有机过氧化物-胺引发体系属油溶性氧化还原引发体系。如以过氧化苯甲酰和 *N*,*N*-二甲基苯胺组合的氧化还原引发体系，其分解反应为：

$$C_6H_5N(CH_3)_2 + C_6H_5C(=O){-}O{-}O{-}C(=O)C_6H_5 \longrightarrow \left[C_6H_5\overset{\oplus}{N}(CH_3)_2{-}O{-}C(=O)C_6H_5\right]\left[C_6H_5C(=O)O^{\ominus}\right] \longrightarrow$$
$$C_6H_5\overset{\cdot}{N}{}^{+}(CH_3)_2 + C_6H_5C(=O)O^{\ominus} + C_6H_5C(=O)O\cdot$$

其反应先形成极性络合物，然后分解产生自由基。这种氧化还原引发体系引发效率较低，而且 *N*,*N*-二甲基苯胺的存在使聚合物泛黄，通常不用来产生线型高聚物，而用于分子内含若干双键的线型低聚物。如不饱和聚酯树脂的室温固化过程，此时，液态的不饱和聚酯树脂（通常加有苯乙烯单体）经自由基共聚合反应转变为固态的体型结构的高聚物。

如有机过氧化氢与芳叔胺引发体系主要用于厌氧胶的引发。

$$ROOH + (CH_3)_2N{-}C_6H_4{-}CH_3 \rightleftharpoons \left[ROOH \leftarrow N(CH_3)_2{-}C_6H_4{-}CH_3\right]$$

2.6.5 四价铈盐和醇、胺、硫醇等组合的氧化还原体系

氧化还原引发体系除了上述几种类型外，还有由非过氧化物组成的体系，如铈盐与醇、醛、酮胺、硫醇等组成的氧化还原引发体系。

这种氧化还原体系在淀粉、纤维素、聚乙烯醇等作接枝主链的接枝共聚反应中用的较多。用水溶性过硫酸盐作接枝聚合引发剂时，随着引发自由基的产生，同时也生成低分子自由基，常导致均聚物增多，接枝效率一般不超过 50%。用铈盐等的氧化还原引发体系可使接枝效率达到 90%。

运用这种反应，可以对淀粉、纤维素、聚乙烯醇等进行接枝共聚，以制取高分子吸水树脂及高分子絮凝剂等。

2.7 引发剂市场现状及发展趋势

在引发剂的研究领域里，开发高活性引发剂的工作极为活跃。如偶氮二异庚腈(AIVN)、过氧化二碳酸二异丙酯（IPP)、过氧化二碳酸二环己酯（DCPD)、过氧化乙酰基环己烷磺酰（ACSP)。

近几十年来，使自由基聚合具有活性/可控的特征一直是高分子合成领域研究的热点。使自由基实现活性聚合的主要困难在于，大量存在的自由基不断地发生链转移和双基终止，一旦引发之后，对其缺乏有效的控制手段。现行的“活性”/可控自由基聚合正是针对这一现象，通过钝化大量可反应的自由基，使其变为休眠状态，建立一个微量的增长自由基与大量的休眠自由基之间的快速动态平衡，使可反应自由基的浓度大为降低，从而减少了双基终止及链转移的可能性。因此，“活性”/可控自由基聚合为控制聚合物的结构和性能提供了一种最好的途径。有关的研究已经取得了重要进展，研究领域主要集中在原子

转移自由基聚合（ATRP）、氮氧自由基调介聚合（NMP）、可逆加成-断裂链转移聚合（RAFT）三个方面。

NMP是通过传统的自由基引发剂或者通过分解所谓的单分子引发剂（可以同时分解为活性自由基和稳定的氮氧自由基的化合物，例如烃氧基胺）产生自由基，然后在稳定的氮氧自由基存在下，使活性自由基变稳定的聚合。在这类聚合过程中，增长链 P_n· 和一个稳定自由基 X· 反应，结果产生休眠链 P_n—X，从而使其浓度大量减少，抑制了链终止和链转移反应。休眠链 P_n—X 也可再一次断裂重新产生增长链自由基 P_n·，但反应速率常数较小。最常使用的稳定的氮氧自由基是 2,2,6,6-四甲基氧化哌啶自由基（TEMPO）。

RAFT由澳大利亚的Rizzardo、Thang等于1998年提出，在RAFT反应中，通常加入双硫酯衍生物作为转移试剂，聚合中它与增长链自由基形成休眠的中间体，限制了增长链自由基之间的不可逆双基终止副反应，使聚合反应得以有效控制。这种休眠的中间体可自身裂解，从对应的硫原子上再释放出新的活性自由基，结合单体形成增长链，加成或断裂的速率要比链增长的速率快得多，双硫酯衍生物在活性自由基与休眠自由基之间迅速转移，使分子量分布降低，从而使聚合体现“活性”/可控特征。与NMP一样，RAFT的自由基也源于经典引发剂的热分解。

ATRP方法被认为是一种“万能”的活性聚合方法，由Matyjaszewski和Sawamoto两个研究组于1995年几乎同时独立发现。其以低价态过渡金属卤化物与配体所形成的络合物（如 $Cu^{I}X/L$）为催化剂，以带有可转移性原子或基团的化合物（如卤代烷烃类化合物 R—X）为引发剂，二者之间通过氧化还原反应产生活性种。可转移性原子或基团使得体系当中绝大部分活性种“戴帽”转化为休眠种，使得体系当中活性种的浓度很低（10^{-10}～10^{-9}），而传统自由基聚合则为 10^{-7}～10^{-5}，双基终止速率大大降低。由于活性种与休眠种之间建立动态平衡的过程非常快，活性种近乎同时引发单体聚合，因此聚合产物的分子量分布很窄。在最初的报道中，其有效引发剂是分子结构中含有共轭或诱导效应、能削弱 C—X 键的卤代苯基化合物、羰基化合物、氰基化合物或多卤化合物。Percec等研究发现，含有削弱 S—Cl 键的取代芳基磺酰氯是苯乙烯和（甲基）丙烯酸酯类单体的“通用”引发剂。董宇平等研究发现，子结构中没有共轭或诱导基团的卤代烷，如二氯甲烷、1,2-二氯乙烷在 $FeCl_2·4H_2O/PPh_3$ 的催化作用下，可引发甲基丙烯酸丁酯的可控聚合。一些引发转移终止剂如-2,3-二氰基-2,3-二苯基丁二酸二酯（DCDPS）也逐渐用于ATRP的引发剂。这些引发剂的成功应用，拓宽了ATRP的引发剂的选择范围，为合成具有功能团的聚合物开辟了一条新的途径。

ATRP也存在一些不足，如催化体系易受氧化，催化剂用量大及脱除困难等，这些缺陷都或多或少限制了其在工业上的推广。因而，在这种聚合方法发现之初，就伴随着对其向着“提高可操作性”与“尽可能地减少金属催化剂用量”方面发展的研究，其间催生了一系列的ATRP衍生技术，如反向原子转移自由基聚合（RATRP）、正向反向同时引发的原子转移自由基聚合（SR&NI ATRP）、引发剂连续再生催化剂原子转移自由基聚合（ICAR ATRP）、电子转移生成催化剂的原子转移自由基聚合（AGET ATRP）和电子转移再生催化剂原子转移自由基聚合（ARGET ATRP）等。这些体系克服了常规ATRP反应的一些弊端，采用微量的价态稳定的过渡金属催化剂替代低价态过渡金属催化剂调控聚合反应的进行，聚合产物当中残余的过渡金属催化剂的量降低了很多，使得ATRP方法具有了非常好的工业化生产前景。

思 考 题

1. 引发剂是如何定义和分类的？
2. 试述引发机理。
3. 常用的偶氮类引发剂有哪些？试述这些引发剂的物理性能。
4. 原子转移自由基聚合（ATRP）常用引发剂有什么结构特征？

第3章 催化剂

3.1 概述

在化学反应中，对于化学反应速率和方向有重大影响的物质，称做催化剂。催化剂能影响反应速率，但不能改变反应物间的平衡状态。催化剂具有选择性，能使某一反应朝着一定的方向加速或延缓（后者称为负催化剂）进行。许多基本化学工业的形成和发展，都与催化科学技术的成就密切相关。因此，催化剂已成为化学工业的中枢，它不仅能决定化学反应速率的快慢，而且还能左右化工生产过程的经济效益。

一般讲，催化剂的种类繁多。按催化剂和反应体系的相态来分，有均相催化剂和多相催化剂，前者是催化剂和反应物处于同一相态，后者是催化剂与反应物处于不同相态。在多相催化反应中，按使用反应器结构的不同，有固定床催化剂和流化床催化剂之分。按反应类型来说，则有加氢、脱氢、氧化、氧化脱氢、烷基化、异构化等催化剂。按催化剂形状来分，有液体、固体之别，其中固体又分为粉末、微球、颗粒、片状、条状或环状等催化剂。这些催化剂之中，有的是单一的化合物，有的是络合化合物，有的是混合催化剂，有的是骨架催化剂，还有的是载体催化剂等。一般来说，多相催化剂的应用比较广泛。

若按催化剂应用的合成高分子反应体系来讨论，离子型聚合所用催化剂品种多，包括阳离子催化剂（BF_3、$TiCl_4$、$AlCl_4$、$SnCl_4$、$FiCl_2$、$VOCl_3$ 等）、阴离子催化剂（烷基锂、钾的化合物、钠的化合物等）及配位络合催化剂体系（Ti-Al、Ni-Al-B、V-Al 等金属烷基化合物及金属氯化物等）。这些催化剂共同的特点是，不能同水及空气中的氧、醇、醛、酮等极性化合物接触，在水作用后催化剂发生分解，失去活性。烷基金属化合物遇氧后会发生爆炸，危险性最大，使用要注意防止水和极性化合物作用，贮存的地方应有消防设备。配制的溶剂用分子筛或其他脱水剂除去其中水分，配制好的催化剂用 N_2 或其他惰性气体保护。金属卤化物如 $TiCl_4$、$AlCl_3$、BF_3 络合物遇水反应后，放出腐蚀性的气体。$TiCl_4$ 易与空气中的氧反应，在贮存和运输中要严格防止接触空气。使用容器、贮罐及管道用惰性干燥气体或无水溶剂预先冲洗。在配制络合催化剂时，加料的顺序、陈化时间及温度对催化剂的活性也有明显影响。

催化剂用量很少，特别是高效催化剂用量更少，配制时一定要按规定的方法和配方要求进行操作，才能保证催化剂的活性。

缩聚反应是官能团之间的反应，如酯化、醚化、酰胺化以及酸碱中和等反应，逐步聚合形成高分子化合物，所用催化剂大多数是酸、碱和金属盐类化合物，对人体有一定的伤害作用，也要注意生产的安全，但一般不属易燃易爆化合物。

3.2 催化机理

3.2.1 离子聚合

离子聚合反应是聚合反应的一个类型，分为链开始、链增长、链终止等步骤，属连锁反应的历程。但是反应的活性中心是离子而不是独电子的自由基。离子聚合反应因活性中心所带电荷的不同（如正碳离子 ~~~C^+ 和负碳离子 ~~~C^- 等），可分为正（阳）离子聚合反应和负（阴）离子聚合反应两类。

3.2.1.1 阳离子聚合

活性中心是正离子的连锁聚合反应，称为阳离子聚合反应。

阳离子聚合反应通式可表示如下：

$$A^+B^- + M \longrightarrow AM^+B^- \cdots \xrightarrow{M} M_n$$

式中，A^+ 表示阳离子活性中心，可以是碳阳离子，也可以是氧正离子；B^- 是紧靠中心离子的引发剂碎片，所带电荷相反，称做反离子或抗衡离子。阳离子聚合反应，是利用催化剂来促使链开始的，它相当于自由基聚合反应中所用的引发剂，但反应机理是不同的。

3.2.1.2 阴离子聚合

阴离子聚合是以负离子为增长活性中心而进行的链式加成聚合反应。

阴离子聚合反应通式可表示如下：

$$A^+B^- + M \longrightarrow BM^- A^+ \cdots \xrightarrow{M} M_n$$

式中，B^- 表示阴离子活性中心，一般由亲核试剂提供；A^+ 为反离子，一般为金属离子。活性中心可以是自由离子、离子对，甚至于处于缔合状态的阴离子活性种。

阴离子聚合和自由基聚合反应同属连锁聚合反应，故也可以划分为链引发、链增长和链终止三个步骤等。但是，由于引发活性中心是阴离子而不是自由基，所以阴离子聚合具有许多独特的性质。而在许多阴离子型反应体系中，不存在自发的终止反应，其活性聚合反应具有以下的特点：

① 合成聚合物的平均相对分子质量可以从简单的化学计量来控制；

② 适当调节引发与增长反应的动力学，可制得非常窄的相对分子质量分布（近似于泊松分布）的聚合物；

③ 通过把不同的单体依次加入到活性聚合物链中，可以合成真正的嵌段共聚物；

④ 用适当的试剂进行选择性的终止，可以合成具有功能端基的聚合物。

在所有的合成方法中，只有阴离子型聚合给合成高分子工业和分子设计提供了一种合成控制分子结构的最为精巧有效的方法。

3.2.2 配位聚合

配位聚合的概念最初是纳塔（Natta）在解释 α-烯烃聚合（用 Ziegler- Natta 引发剂）机理时提出的。配位聚合是指单体分子首先在活性种的空位上配位，形成某种形式的络合物（常称 σ-π 络合物），随后单体分子相插入过渡金属-烷基键（M_t—R）中进行增长反应。这类聚合常是在络合引发剂的作用下进行的，单体首先和活性种发生配位络合，而且本质上常是单体对增长链端络合物的插入反应，所以又称络合聚合或插入聚合（Insertion Polymerization）。

配位聚合的特点是：

① 单体首先在嗜电性金属上配位形成 π 络合物；

② 反应是阴离子性质的；

③ 反应经过四元环（或称四中心）的插入过程；

④ 单体的插入反应有两种可能的途径，一是单体插入后不带取代基的一端带负电荷并和反离子 M_t 相连，称为一级插入；二是带取代基的一端带负电荷并和反离子 M_t 相连，称为二级插入。

实际应用中，配位聚合是用齐格勒-纳塔催化剂使烯烃（如乙烯、丙烯、丁烯等）和二烯烃（如丁二烯和异戊二烯等）合成具有各种规整性链结构的高聚物，因此配位聚合又称定向聚合，其还具有以下特征：

① 采用 Ziegler-Natta（齐格勒-纳塔）催化剂；

② 聚合机理是双金属阴离子配位聚合；

③ 具有定向性；

④ 所用单体有选择性；

⑤ 所用溶剂要求严格。

配位聚合催化剂按其是否含有主催化剂和助催化剂两主要组分，可分为双组分和单组分两类催化剂。

双组分催化剂，即 Ziegler-Natta 催化剂。单组分催化剂，只有过渡金属化合物组分，不必使用Ⅰ～Ⅲ族烷基化合物作助催化剂。双组分催化剂和单组分催化剂虽有不同，但两种催化剂的活性中心都是过渡金属-碳键，并且有相同的立体化学机理。聚合时，烯烃单体首先与过渡金属配位，然后进行移位。

本书仅就工业上常用的双组分的 Ziegler-Natta 催化剂作用机理作一介绍。

从广义来讲，系指由周期系Ⅳ～Ⅷ族过渡金属化合物（主要是卤化物）和Ⅰ～Ⅲ族金属有机化合物所组成的络合物催化剂。以 $TiCl_4$-AlR_3、VCl_4-AlR_3 为例，其活性中心的结构为：

$$>Al\langle{}^{R^{\delta-}}_{Cl}\rangle Ti^{\delta+}< \qquad >Al\langle{}^{R^{\delta-}}_{Cl}\rangle V^{\delta+}<$$

这是最早由纳塔提出的双金属活性中心理论。上述络合物催化剂又称配位阴离子型催化剂，这是区别于以往一切阴离子型催化剂的一种新型催化剂。齐格勒首次用于合成高结晶型聚乙烯的催化剂 $TiCl_4$-$Al(C_2H_5)_3$ 为第一个配位阴离子型催化剂，专门称为齐格勒催化剂；其后，纳塔将齐格勒催化剂用于丙烯的聚合，发现以 α-$TiCl_3$ 代替 $TiCl_4$ 时，聚合活性和聚合物的立体规整性更高，进而又发现当烷基铝化合物中至少含有 1 个卤原子时，催化剂络合物在溶液中由非均相变为均相，此时催化剂性质更为稳定。如此，对上述齐格勒催化剂的范围便扩大为一种性质相近的催化剂体系，其具有通式：

$$TiCl_4 + AlR_n \cdot Cl_{3-n} \quad \begin{pmatrix} n=1,2,3 \\ R\text{ 烷基} \end{pmatrix}$$

纳塔又广泛地研究了周期系中其他金属有机化合物和过渡金属卤化物所组成的催化剂对丙烯的聚合活性和立体规整性的关系，发现周期系Ⅳ～Ⅷ族过渡金属卤化物和Ⅰ～Ⅲ族金属有机化合物的组合，都具有使烯烃聚合的活性，且它们存在着按某种性质递变的规律性。纳塔的这一发现赋予了上述齐格勒型催化剂以普遍的科学形态，因此，将通式为 $M_{Ⅳ\sim Ⅷ}X+M_{Ⅰ\sim Ⅲ}\cdot R$ 的催化剂体系，称为齐格勒-纳塔催化剂。

在周期系中，按通式组合可以组成多种具体催化剂体系。但对给定组成和结构的聚合物，通常只适用于少数特定选择性和活性的配位双金属催化体系。例如，用于制备结晶型聚乙烯和全同立构聚丙烯的为“Ti-Al”体系；顺1,4-聚丁二烯为“Co-Al”或“Ni-Al”体系；1,2-聚丁二烯为“Mo-Al”或“Cr-Al”体系；顺1,4-聚异戊二烯为“Ti-Al”或“Ce-Al”体系等。

以上性质不同的聚合物-催化剂体系的对应关系是由双金属络合物中铬阳离子的特性、单体 π 电子的特性以及立体障碍等多种因素所决定的。正是由于齐格勒-纳塔催化剂这种普通形态和特殊性的统一，才得以合成种类繁多、性质各异的新型高分子合成材料。尽管齐格勒-纳塔催化剂是多种多样的，但本质上它们是由过渡金属化合物与有机金属化合物所组成的络合催化剂。前者称为主催化剂，后者称为辅催化剂。

3.2.3 缩合聚合

尽管高分子材料品种繁多，但就其制备方法来讲，主要有两种基本途径：①由低分子化合物（单体）合成；②由一种聚合物制备另一种聚合物。由单体制取聚合物的反应又可分为加成聚合（简称加聚）和缩合聚合（简称缩聚）两种。缩聚反应在高分子合成工业中占有很重要的地位，通过这一反应已经合成了大量的有工业价值的聚合物，例如，酚醛树脂、脲醛树脂、环氧树脂、涤纶树脂、锦纶树脂等。随着科学技术的发展，对具有特殊性能的合成材料，如耐高温、高强度、特殊功能性高分子等的需求日益迫切，这多半是由缩聚反应来实现的，因此，研究缩聚反应对国民经济的发展有着极其重要的意义。

按反应机理，缩聚反应可分为如表 3-1 所示的几种类型。

表 3-1 缩聚反应按反应机理的分类

反应类型	相应的缩聚物
羰基加成消除反应	聚酯、聚酰胺（尼龙类高聚物）
羰基加成取代反应	聚缩醛、酚醛树脂、脲醛树脂等
亲核取代反应	环氧树脂、脂肪族或芳香族聚醚，聚硫醚聚硫橡胶等
重建亲核加成反应	聚氨基甲酸酯类
自由基缩取反应	对二甲苯脱氢缩聚物，聚次甲基苯、聚亚苯基等

以下介绍各种类型缩聚反应相应的催化剂。

3.2.3.1 羰基加成消除反应

聚酯反应、聚酰胺反应、聚酯的水解和醇解、聚酰胺的醇解和胺解、聚酯的酯交换反应以及相应的低分子有机物的反应均属于羰基加成消除反应。反应通式可写为：

$$\underset{(Ⅰ)}{R-\overset{\displaystyle O}{\overset{\|}{C}}-A} + \underset{(Ⅱ)}{:B} \longrightarrow \underset{(Ⅲ)}{\left[R-\overset{\displaystyle O^{-}}{\overset{|}{\underset{\displaystyle A}{\underset{|}{C}}}}-B\right]} \longrightarrow \underset{(Ⅳ)}{R-\overset{\displaystyle O}{\overset{\|}{C}}-B} + A:$$

式中，A=OH，OR′，NHR′，$R-\overset{O}{\overset{\|}{C}}-O$；

B=H_2O，R′O，R′OH，$R'NH_2$，$R-\overset{O}{\overset{\|}{C}}-O$ 等亲核试剂。

此类反应的反应历程包含以下几步：亲核试剂（Ⅱ）对反应物（Ⅰ）中羰基进行亲核加

成反应，形成不稳定中间活化络合物（Ⅲ）（由于羰基是极性的，碳原子上带正电），然后Ⅲ进一步反应，消除取代基A，生成产物Ⅳ。

3.2.3.2 聚酯反应

（1）**羧酸类催化** 酯化和聚酯化同属氢离子催化的羧基取代反应，在不存在外加强酸催化剂的情况下，进行酯化的第二个羧酸分子将起到催化剂的作用，羧酸既是反应物，又是催化剂。聚酯化反应的第一步是羧酸的质子化：

$$\sim\!\!\sim\!\!\sim \overset{\overset{\displaystyle O}{\|}}{C}-OH + HOOCRCOOH \underset{k_2}{\overset{k_1}{\rightleftharpoons}} \sim\!\!\sim\!\!\sim \underset{+}{\overset{\overset{\displaystyle OH}{|}}{C}}-OH + {}^{-}OOCRCOOH$$

接着另一分子链上的羟基 ~~~OH 和质子化的分子链进行羰基加成反应：

$$\sim\!\!\sim\!\!\sim \underset{+}{\overset{\overset{\displaystyle OH}{|}}{C}}-OH + \sim\!\!\sim\!\!\sim OH \underset{k_4}{\overset{k_3}{\rightleftharpoons}} \sim\!\!\sim\!\!\sim \underset{\underset{\displaystyle \cdots\overset{}{\underset{+}{OH}}}{|}}{\overset{\overset{\displaystyle OH}{|}}{C}}-OH$$

上式右边生成物极不稳定，存在时间极短，所以其浓度不易用实验测定，可用质子化过程的平衡常数去求 $[\overset{+}{C}(OH)_2]$。最后进行消去反应，生成聚酯和水，并放出氢离子：

$$\sim\!\!\sim\!\!\sim \underset{\underset{\displaystyle \cdots\underset{+}{OH}}{|}}{\overset{\overset{\displaystyle OH}{|}}{C}}-OH \overset{k_5}{\longleftrightarrow} \sim\!\!\sim\!\!\sim \overset{\overset{\displaystyle O}{\|}}{C}-O\sim\!\!\sim\!\!\sim + H_2O + H^+$$

上面使用"~~~"代表在反应体系中带有羧基和羟基的大小不等的分子。聚酯反应是平衡可逆反应，为得到高分子量的聚酯，必须使反应平衡不断向生成聚合物的方向移动，这可以用不断除去反应生成的小分子物——水达到。在这种情况下，聚酯反应可认为是不可逆反应。

根据羧酸是外加强酸还是反应物之一的羧酸，聚酯反应可分成两种完全不同的情况：自催化聚酯反应和外加强酸催化剂的聚酯反应。前者反应物之一——二元羧酸本身即为催化剂，而后者则是靠外加强酸催化剂（如硫酸、对甲苯硫酸等）来加速聚酯反应的速率，减少副反应。

（2）**金属催化** 从金属情况看，离子电荷对半径的比越大，则配合物越稳定。

3.2.4 活性聚合

活性聚合具有一般聚合方法不可替代的优点，特别是在控制聚合物的一次结构上尤为突出。在此领域展开了大量的研究开发工作，一方面进行新的活性聚合法研究，同时千方百计将一些传统的聚合剂活性化，如阳离子、自由基、开环、配位聚合等，现均可进行活性聚合。新开发的活性聚合法多种多样，但综其特性，简单地讲，无链转移和链终止的聚合反应称为活性聚合。即在整个聚合过程中，只有引发和增长反应，生成的活性中心的活性足以保持到聚合结束；另外，引发反应速率大于增长反应速率（$k_i \geqslant k_p$），从而所有活性中心以相同速率增长。如此所得聚合物的分子量分布窄，即具有单分散性（符合泊松分布：重均相对分子质量与数均相对分子质量比值趋近1）。严格地讲，一个真正的活性聚合应符合下述5个条件。

① 数均分子量取决于单体和引发剂的浓度比。

② 数均分子量 M_n 与单体转化率呈线性增长关系。

③ 当单体转化率达100%后，向聚合体中第二次加入单体，聚合可继续进行，且数均分子量随单体转化率（α）的提高而继续线性增长。

④ 单体A聚合结束后加入第二种适当单体B，无均聚物生成而只生成分子量更大的AB型嵌段共聚物。

⑤ 新的聚合物具有单分散性，且在聚合的每一阶段分子量分布基本保持不变。条件①～④意味着在聚合过程中活性中心的反应不变，且只要有单体供给便保持其活性，条件⑤虽不为活性聚合的必要条件，但若有链转移和链终止的反应发生，聚合物分子量分布必然变宽。

活性聚合可以分为以下类型：活性阳离子聚合、活性阴离子聚合、基团转移聚合、羟基基团转移聚合、弱系金属有机络合物引发的活性聚合、活性易位聚合、含卟啉络合体引发的活性聚合及不死聚合等。

3.2.4.1 基团转移聚合催化机理

基团转移聚合（Group Transfer Polymerization，GTP）是可使α-甲基丙烯酸酯、丙烯酸酯及其衍生物进行活性聚合的高分子合成法。聚合过程也分为引发、增长和终止三个步骤。所用引发剂为结构较特殊的烯酮硅缩醛及其衍生物。

应强调指出的是，GTP必须在催化剂存在下才能进行，通常所用催化剂分为阴离子型和路易斯酸型两大类。由于GTP具有活性聚合的全部特征，因此，通过这一聚合方法同样可以进行分子量的调节及聚合物的分子设计。另外，与阴离子聚合相比，GTP可在20～70℃之间进行，这在极性单体（丙烯酸酯、α-甲基丙烯酸酯等）的活性聚合中具有重大意义。

α、β不饱和酯与烯酮硅缩醛的反应只有在催化剂存在下才能进行。当α、β不饱和酯为甲基丙烯酸酯时，用烯酮硅缩醛作引发剂，添加引发剂量1.0%（摩尔分数）以下的$TASHF_2$，反应可迅速进行并放热，所得聚合物的分子量随甲基丙烯酸酯转化率的提高呈线性增长关系，但分子量分布始终保持单分散性。若严格控制聚合条件以尽 量除去含活泼氢的杂质，很容易得到相对分子质量超过5×10^4（聚合度>500）的PMMA。这样合成的活性聚合物具有窄的分子量分布，且加入新单体后，数均分子量随单体转化率的提高再次直线增长，聚合度可由单体与引发剂的摩尔比来加以控制。

3.2.4.2 羟醛基团转移聚合催化机理

利用羟醛缩合反应来直接合成活性聚合物，跟其他活性聚合法相同，所得聚合物的分子结构及分子量完全可控。通过Michael加成，将乙烯基硅基醚的硅基转移到醛的氧原子上，因此，称为羟醛基团转移聚合（Aldol-GTP）。Aldol-GTP必须在催化剂存在下才能进行，其中催化剂以路易斯酸为最佳（如$ZnBr_2$）。催化剂的作用是通过与引发剂的羰基进行配位而使其活化，这一配位作用可瞬间完成。

Michael加成反应，生成C—C键，硅基转移到醛氧原子上生成β-硅羟基醛。硅基可能是通过C—C键的六元环状的过渡状态而直接转移到醛的氧原子上；也可能是通过两步法而完成的。即由过渡态C—C键首先脱除一分子的溴硅烷$BrSiR_3$生成锌烷氧基中间产物，之后再相互反应而生成β-硅羟基醛。以上两种机理尚需进一步用实验证实。但有一点可以确定，即与GTP法不同，在Aldol-GTP过程中，硅基的转移不是从引发剂或活性中心末端到单体，而是由单体转移到引发剂或活性中心末端的醛基氧上。

3.2.4.3 易位聚合催化机理

易位聚合指能使单体单元以多重建（双键）形式连接起来生成聚合物的聚合反应。

易位反应是指两种物质互相交换成分生成两种新的物质的反应。例如：AB＋CD⟶AC＋BD。同样的，两种烯烃互相交换双键两端的基团，从而生成两种新的烯烃的反应便是烯烃易位反应。更直观的表示如下：

$$\mathrm{R^1HC{=}CH_2 + R^2HC{=}CH_2 \xrightleftharpoons{催化剂} R^1HC{=}CHR^2 + H_2C{=}CH_2}$$

烯烃易位反应的催化剂一般是过渡金属化合物，活性中心是过渡金属碳烯。碳碳双键可在链烯上也可在环烯上，如果是环烯，则易位反应的结果是聚合。这种易位反应是可逆平衡反应。

3.2.4.4 环烯烃配位聚合催化机理

环烯烃在Ziegler-Natta催化剂存在下发生开环聚合是聚合物合成领域的重要进展之一。环烯烃分子的双键相当于开链烯烃的内双键，由于空间位阻，难以发生正常的加成聚合；分子中也无碳-杂原子弱键，所以又不容易发生极性试剂影响下的一般开环聚合，只能在特殊催化剂存在下（如钨、钼催化剂），通过双键与过渡 金属配位而开环，所以环烯烃的开环聚合通常属于配位聚合的范畴。

环烯烃开环聚合是一类新型的聚合反应。已经证实，环烯烃在适宜的催化剂作用下发生开环聚合，既不是双键打开相互加成，又不是C—C单键断裂开环，而是借助于过渡金属的配位，双键不断易位，环不断扩大，最后形成大环烯烃或线型分子。因此，这类开环聚合本质上不同于开链烯烃的加成聚合和内酰胺、内酯、环醚等杂环的开环聚合。由于环烯烃开环聚合可制得立构规整聚合物，所以也常称立构规整聚合（stereo-regular polymerization），开环聚合反应又常叫易位反应（metathesis reaction）。

环烯烃开环聚合可用以下通式表示：

$$n\,\mathrm{HC{=}CH\,(CH_2)_m} \longrightarrow \mathrm{[\!-CH{=}CH{-}(CH_2)_m-\!]_n}$$

式中，m是单体或聚合物重复单元次甲基序列的长度或数目；n是平均聚合度。

环烯烃聚合有两种可能的途径：一是保留双键开环聚合；二是双键打开加成聚合。

3.3 离子聚合

3.3.1 阳离子聚合

由于阳离子具有很高的活性，极快的反应速率，同时也对微量的助催化剂和杂质非常敏感，极易发生各种副反应。一般来说，凡是可采用自由基聚合的单体都不采用离子型聚合来制备聚合物。但是，因为阳离子聚合体系具有动力学链不终止，催化剂种类多，选择范围广和单体的聚合活性可随催化剂和溶剂变化等特点，从高分子合成的角度来看，可变化因素多，是一种具有相当创造潜力、引人注目的聚合方法。

阳离子聚合反应所用的催化剂是“亲电试剂”，常用BF_3、$AlCl_3$、$TiCl_4$、$SnCl_4$等金属卤化物，HCl、HBr、H_2SO_4、H_3PO_4等质子酸及烷基铝化合物。使用金属卤化物或烷基铝为催化剂时，还常常需要加入“助催化剂”，例如水、醇（ROH）、醚（ROR）、卤氢酸（HX）、卤代烷（RX）等。这些助催化剂能与金属卤化物作用，生成不稳定的络合物，这种络合物进一步分解产生质子（H^+）或碳离子（R^+），后两者为真正的催化中心，能与单体作用，促使链开始。

单体及溶剂或惰性气体（N_2）中的杂质，如水、醇、酸等，通常称为助催化剂，其含量甚微，但影响显著。水、醇、酸等含量过多时，反成为阻聚剂。故须注意分析，控制其含量。阳离子聚合常用的催化剂可归纳为三大类。

（1）质子酸　如 $HClO_4$、H_2SO_4、H_3PO_4、Cl_3CCOOH 及 HX（X=Cl、Br）。

（2）Lewis 酸　金属卤化物如 BF_3、$SnCl_4$、$AlCl_3$、$SbCl_5$ 等是应用最为普通的一类阳离子聚合的催化剂。较强的 Lewis 酸有 BF_3、$AlCl_3$、$SbCl_5$，中强的有 $FeCl_3$、$SnCl_4$、$TiCl_4$，较弱的有 $BiCl_3$、$ZnCl_2$ 等；有机金属化合物如 $Al(CH_3)_3$、$Al(C_2H_5)Cl$ 等，其他还有卤素 I_2、稳定的碳阳离子盐［$C_7H_7{}^+BF_4{}^-(C_6H_5)_3C^+SnCl^-$］等。不同催化剂对所引发的单体有强烈的选择性。

单独的 Lewis 酸不起催化作用，必须和助催化剂一起使用。典型的助催化剂是水、醇（ROH)、醚（ROR)、氢卤酸（HX）或卤代烷（RX）等。这些助催化剂能与金属卤化物作用，生成不稳定的络合物。生成的络合物进一步分解，产生氢质子（H^+）或碳离子（R^+），H^+ 和 R^+ 作为真正的催化中心与单体作用导致引发反应产生。

催化剂和助催化剂络合物的活性取决于它析出质子或正离子的能力。例如异丁烯聚合时，由不同的 Lewis 酸与水生成的络合物有不同的效果。用 BF-H_2O 时，生成［H^+］太高，反应太快，且［BF_3OH］$^-$ 碱性弱，不易与活性增长链作用而终止，所以相对分子质量可达百万。而用 $SnCl_4$-H_2O 时，生成的［H^+］低，反应慢，产率低，聚合物分子量也小，故工业上一般采用 $AlCl_3$-H_2O 作为催化剂。

（3）稳定的有机正离子盐类　在某些有机正离子的结晶盐类如 $PH_3C^+SbF_6^-$、$C_7H_7{}^+SbF_6^-$、$Et_4N^+SbCl_6^-$ 及 n-$C_4H_9EtN^+SbCl_6^-$ 中，其碳正离子犹如无机盐中的金属离子那样，原已存在于这些有机正离子盐中。缺电子的碳与烯烃或芳香基团与具有未共享的电子对（O、N、S）的原子共轭，使正电荷分散在较大的区域内，正碳离子的稳定性提高。但由于这种碳阳离子的活性过小，只能引发较活泼的单体，如大多数芳香族类、乙烯基咔唑与乙烯基醚类等。

用这种有机正离子盐类引发时，在极性非亲核溶剂中，碳正离子可以离解出来，直接用来引发单体聚合，免去了生成 R^+ 的反应和许多副反应。所以利用该催化体系可以简化增长动力学和正离子聚合反应过程中其他过程的研究。此外，碘、二价铜正离子、氯化烷基铝在不同的配合条件下也可以作阳离子聚合的催化剂。

实际应用中，“催化剂”也参与聚合反应，其碎片进入聚合物，因此有时也称为引发剂，有关内容请参见本书第 3 章引发剂的相应内容。

阳离子聚合体系多为非均相，聚合速率快，共催化剂、微量杂质对聚合速率影响很大，数据重现性差。但若考虑特定的反应条件（主要是引发、催化、终止方式），用稳态假定，仍可建立动力学方程式。

增长离子重排终止，即向反离子转移（自发终止），对催化剂和共催化剂浓度均呈一级反应，对单体浓度呈二级反应。反离子加成终止，向单体转移的与向溶剂转移时情况相似。若催化剂和共催化剂的反应是慢反应，则反应速率将与单体无关。

在使用 Lewis 酸时，聚合速率随共催化剂的酸性降低而减小。在大多数情况下，随［共催化剂］/［催化剂］比值变动，R_p 有最大值出现。产生最大值的原因可能与催化剂-共催化剂络合物组成有关。苯乙烯在 CCl_4 中聚合时，最大 R_p 在［H_2O］/［$SnCl_4$］为 0.002，而 70% CCl_4-30% $C_6H_5NO_2$ 混合溶剂中则为 1.0。这说明在不同溶剂中最大值也改变。

共催化剂也能使催化剂发生“中毒”现象，故应严格控制用量。

溶剂对阳离子聚合有较大影响。通常在极性较低的溶剂中，溶剂化作用显得十分重要。如果溶剂化作用小，除使 R_p 降低外，还能使某一动力学因素的反应级数增高。如用 $SnCl_4$

聚合苯乙烯，在苯（$\varepsilon=2.4$）中 $R_p \propto [M]^2$，在 CCl_4（$\varepsilon=2.30$）中，$R_p \propto [M]^3$，说明 CCl_4 相对苯来说是不良溶剂化试剂，所以具有较高的反应级数。当苯乙烯浓度增加，并直到变成纯苯乙烯时，$R_p \propto [M]^2$。说明苯乙烯也参与溶剂化作用了，变成了相当于苯的体系。总之，反应体系中单体、催化剂和共催化剂都能产生对活性中心离子对的溶剂化作用，影响离子对的形态，从而影响聚合速率和聚合度。

阳离子聚合中要求选用的溶剂不与催化剂络合物和活性中心发生反应；在低温时能溶解聚合物，且为流体；容易提纯、回收、价廉。

3.3.2 阴离子聚合

现实中，实现阴离子聚合反应是有条件的，任何可能破坏催化剂，影响离子对形态的因素，对聚合反应和产物的结构都有严重的影响。如阴离子型聚合对水含量极为敏感，因此，阴离子型聚合的实施方法与自由基型实施方法显著的不同是绝不能用水作为反应介质，单体与反应介质中水的含量也应严格地控制在允许的范围之内。而对于像醇、酸等其他带有活泼氢和 O_2、CO_2 一类能破坏催化剂致失去活性的杂质，其含量也应该严格控制在（10～15）×10^{-6}以下。一般来说，阴离子型生产聚合工艺要比自由基聚合反应更加严格，方能获得成功。

早在20世纪20年代，德国和苏联就利用金属钠为催化剂聚合生产丁二烯橡胶，Szwarc提出“活性高聚物”的概念和确定了阴离子聚合的机理。目前，人们已经较好地掌握了阴离子聚合的工业生产技术，并由阴离子型方法生产出很多产品。其中最具商业重要性的产品有：三嵌段热塑性弹性体如苯乙烯-丁二烯-苯乙烯（SBS）和苯乙烯-异戊二烯-苯乙烯（SIS）、低顺式聚丁二烯橡胶（LCBR）、中乙烯基聚丁二烯橡胶（MVBR）、高乙烯基聚丁二烯橡胶（HVBR）、溶聚丁苯橡胶（SSBR）、K树脂等。

阴离子聚合机理同阳离子聚合一样，阴离子聚合也分为链引发、链增长和链终止三个基元反应。相应反应过程及聚合动力学在此不再详述。

阴离子聚合反应所用的催化剂是“亲核试剂”，大致可分三类：一是氨基钾（钠），可以使普通烯类单体苯乙烯、丙烯腈、甲基丙烯酸甲酯等很好地聚合；二是金属锂（钠）及有机锂（钠）为催化剂，可使二烯类单体聚合，所得到的聚合物为顺式或反式1,4-立体结构，且随所用溶剂之不同而变化；三是醇钠（钾）等催化剂，可使环氧乙烷类单体进行开环聚合。前两类聚合反应都属阴碳离子聚合，后一类属阴氧离子聚合。

催化剂的活性和它与单体活性的匹配是阴离子聚合反应进行中必须考虑的另一因素。催化剂碱性越强越有利于进行阴离子的引发反应。

3.4 配位聚合

齐格勒-纳塔催化剂与配位聚合的出现，为乙烯、丙烯的定向聚合工业奠定了基础。高效催化剂的出现使乙烯的低压聚合法发生了巨大的变革，且开辟出第三代聚乙烯——线型低密度聚乙烯。丙烯聚合的高效载体催化剂和丙烯本体聚合工艺给丙烯的聚合带来新的活力。

近些年来，高效催化剂一直是研究和发展的重点，但仅局限于乙烯、丙烯的聚合，相信不久的将来会拓宽应用范围而进入丁二烯、异戊二烯及其他二烯烃的聚合领域。

茂金属催化剂是聚合工艺上的重要进展之一。Kaminashy发现的二氯化茂锆和铝氢烷

(Cp_2ZrCl_2-MAO) 均相超高活性催化体系具超高活性，每克锆可得2亿克以上的聚乙烯、纺丝级聚丙烯、弹性均聚丙烯（此结构中含全同立体结构PP和无规结构PP)。茂金属催化剂已在聚乙烯、聚丙烯工业上获得成功的应用。影响茂金属催化剂发展的主要障碍是生产能力受限、成本高、加工方面尚存一定的问题。这些问题都可通过研究逐渐解决。由于茂金属催化剂生产的树脂可以代替工程塑料渗入到一些特殊的领域，因此，茂金属催化剂具有广阔的发展前景。

以下列举实用配位聚合催化剂的实例。

3.4.1 乙烯配位聚合催化剂

用配位聚合生产的聚乙烯有高密度聚乙烯（HDPE)、线型低密度聚乙烯（LLDPE）和超高分子量聚乙烯（UHPWPE)。目前用配位聚合低压法工艺不仅能生产高密度聚乙烯，还可生产低密度聚乙烯。

(1) 钛系催化剂

① 常规的齐格勒-纳塔催化剂　第一代常规的齐格勒-纳塔催化剂的主催化剂是$TiCl_4$，常用的助催化剂是$Al(C_2H_5)_3$、$Al(i\text{-}Bu)_3$、$Al(C_2H_5)_2Cl$、$Al_2(C_2H_5)_3Cl_3$。其主要作用是将$TiCl_4$还原成β-$TiCl_3$，对β-$TiCl_3$进行烷基化形成Ti—C键活性中心。

常规的齐格勒-纳塔催化剂的催化效率只有（3000～4000)gPE/gTi。由于催化效率低，聚合物须经烦琐的脱除催化剂工序，使聚乙烯含钛量低于10×10^{-6}mol/L。

② 高效钛系催化剂　20世纪70年代，以索尔维高效催化剂为代表的第二代催化剂的研制成功，是高密度聚乙烯在技术上的重大突破。所谓高效催化剂就是至少要比常规齐格勒-纳塔催化剂的效率提高几十倍，达10^5kgPE/gTi以上。高效催化剂研制成功的主要途径是催化剂载体化，扩大催化剂的表面积、增加活性组分的有效活性中心。目前，这种不脱灰的高效催化剂新工艺已占主导地位。

高效催化剂的研究主要集中在选制超高活性载体、选制多配位基的催化剂及选择具有较高活性的特殊有机铝化合物。钛系高效催化剂常用载体为镁的化合物，例如$MgCl_2$、$Mg(OH)Cl$、$Mg(OH)_2$、MgO、$MgCO_3$、$Mg(OC_2H_5)_2$等镁化物，有的还用有机镁化物，如MgR_2、RMgX等。

钛系高效催化剂的制备方法通常有两种：一是将$TiCl_4$载负于镁化物（如$MgCl_2$）上，载负的方法有悬浮浸渍和共研磨法；二是以MgR_2或PMgX作促进剂与$TiCl_4$反应，使之完全溶于溶剂中成分子级分散。后者也可看成一种载体催化剂，因RMgX与$TiCl_4$可以发生交换反应生成$MgCl_2$，$MgCl_2$起载体作用，反应式为：

$$TiCl_4 + RMgX \longrightarrow RTiCl_3 + MgClX$$

高效催化剂采用载体是尽可能将$TiCl_4$分散在载体表面上，使之一旦与烷基铝反应时，生成β-$TiCl_3$也可尽量分散，并被烷基化而产生更多的活性中心。

在高效催化剂中，载体$MgCl_2$不仅起物理分散作用使活性点增多，而且由于活性中心化学结合使活性中心更稳定，达到催化剂高活性、长效的目的。

催化剂负载的方式有悬浮浸渍和共研磨法。

悬浮剂浸渍法是在氮气存在下，将经研细的载体悬浮于过量的液态纯主催化剂（如$TiCl_4$）或其烃类溶剂中，回流反应一定时间，过滤，用烃类溶剂洗涤，将未结合的主催化剂全部洗去，然后干燥，即制成载体催化剂。此法的优点是催化剂颗粒较均匀，活性较高，但操作较复杂，且耗很多的主催化剂。

共研磨法是在氮气保护下，使载体与一定量的主催化剂在振动磨或回转式球磨机中进行研磨或与预处理剂一同进行研磨。通常是载体（或与其他组分）研磨一定时间后再加入主催化剂一道研磨。研磨既是主催化剂分散在载体上的物理过程，也是主催化剂、载体或其他组分相互之间进行化学结合的过程。加料顺序、研磨时间等对催化剂的性能都有很大的影响。此法操作简单，主催化剂用量少，不需洗涂，基本无三废。

(2) 铬系高效催化剂 中压法生产高密度聚乙烯，压力2～10MPa，催化剂由载于载体上的金属氧化物组成。常是 CrO_3 载于 SiO_2-Al_2O_3 上，CrO_3 含量为载体量的2%～3%，SiO_2 与 Al_2O_3 的比为9∶1，用此催化剂体系生产聚乙烯方法常称为菲利浦法。若用 MoO_3 载于γ-Al_2O_3 上，常称美孚法。由以上催化剂制得聚乙烯产率较低，催化效率为2000～3000g 聚乙烯/g 铬或钼。之后改进了铬催化剂，加入烷基铝组分，催化效率提高十分显著。

(3) 钒、钼、稀土催化剂

① 钒系催化剂 此类催化剂常用钒化物为 $VoCl_3$、VCl_4、烷基钒酸盐等，而用助催化剂为 $AlEt_3$、$AlEt_2Cl$、$AlEtCl_2$、$Al(i\text{-}Bu)_3$ 等。钒系催化剂聚合机理与Ti系相似。可用于乙烯、丙烯等-烯烃及二烯烃均聚及共聚，其聚合活性很高，催化效率可达300000～600000g 聚乙烯/g 钒。

② 钼系催化剂 钼系催化剂主要工业用例是美石油法用于生产高密度聚乙烯，此法为溶液法。催化剂体系为 MoO_2-γ-Al_2O_3-C_2H_2。这种催化剂经使用后可在490℃下把催化剂上的沉积物烧掉，然后用氢活化。

③ 稀土催化剂 稀土催化剂主要用于二烯烃定向聚合。最近林尚安等在钛系高效催化剂中加入部分稀土化合物代替钛化物，发现对乙烯聚合有更高的催化活性。

(4) 金属茂-铝氧烷均相催化剂 此类催化剂是α-烯烃配位聚合的一种新型催化剂，且是均相催化剂。以 Cp_2ZrCl_2-MAO 的催化活性最高，催化效率可达 5×10^6g 聚乙烯/g 金属。

金属茂-铝氧烷催化剂的配位基有茂基（Cp）、茚基（Ind）；助催化剂为铝氧烷（MAO），它是 $Al(CH_3)_3$ 与水的反应产物：

$$(n+1)Al(CH_3)_3+nH_2O \longrightarrow \left[\begin{array}{c} CH_3 \\ | \\ -OAl- \end{array}\right]_n CH_3+2nCH_4$$

式中，n 为线型分子或环状分子时，$n=2\sim20$。

金属茂-铝氧烷催化剂合成聚乙烯分子量分布窄，$M_w/M_n=2.9$，每1000个碳原子有0.9～1.2个甲基，0.1～1.8个乙烯基和0.2个反式烯基。聚合物分子量可通过改变聚合温度、金属茂浓度及加入少量氢气来调节。

这种催化剂可谓超高活性催化剂。可生产超高密度到超低密度聚乙烯，也可生产分子量分布均一、链长均匀的聚乙烯和组成分布窄的乙烯共聚物。这一催化剂在工业上的大量应用将使聚乙烯生产大为改观。

由于锆化物较钛化物难得，价格也贵，因此，通常聚乙烯生产中还是使用钛催化剂。

3.4.2 丙烯配位聚合催化剂

(1) 常规齐格勒-纳塔催化剂 常规齐格勒-纳塔催化剂可谓第一代催化剂。它是由γ-或δ-$TiCl_3$ 与 $AlEt_2Cl$、$AlEt_3$ 组成的丙烯聚合的催化剂体系。此催化剂体系为比表面积20～40m^2/g 催化剂，催化效率800g 聚丙烯/g 催化剂，通常含灰分大于 1×10^{-3}，含无规物大于10%。为了提高产品质量，工艺上必须脱灰、去除无规物。

在常规催化剂的基础上，在制造催化剂时加入有机物，如醚、酯类等，以改进催化剂的微观结构，活性达1500g 聚丙烯/g 催化剂，比表面积达40～70m^2/g 催化剂，聚合物等规度95%。

(2) 第二代聚丙烯催化剂 20世纪60年代末期，比利时索尔维公司开发的高效催化剂，将 $AlEt_2Cl$ 还原 $TiCl_4$ 得到还原固体物 $TiCl_3$，再与异戊醚络合，最后用 $TiCl_4$ 处理得到紫色的 $TiCl_3$ 络合催化剂。此催化剂被称为络合型催化剂，络合型催化剂的比表面积可达 $100\sim200m^2/g$ 催化剂，催化效率比常规催化剂提高5～6倍，催化剂的效率达 2×10^4g 聚丙烯/g 催化剂。可省去脱催化剂残渣工序，成本降低20%，聚合物的等规度为95%～96%，表观密度为 $0.45\sim0.55g/cm^3$，熔体指数可调范围 0.3～30g/10min，产品流动性好。这种催化剂是丙烯聚合的第二代催化剂。

(3) 第三代高效载体催化剂 由蒙埃-三井油化开发的 Hy-HS-Ⅰ催化剂，是由 $TiCl_3$-$MgCl_2$-$AlEt_3$-酯-醚等组成的高效载体催化剂。催化效率达8000～10000g 聚丙烯/g 催化剂，实现不脱灰处理，产品含钛仅 $(1\sim2)\times10^{-6}$，但聚合物的等规度只有93%～95%，仍需进行脱无规物处理。

之后出现的改进催化剂 Hy-HS-Ⅱ是由极细的 $MgCl_2$ 粒子上负载 $TiCl_4$、适当的电子给予体 EB（苯甲酸乙酯）以及三乙基铝组成的 $MgCl_2$-$TiCl_4$-EB 型固体催化体系。这种催化剂的催化效率为第一代催化剂的250～750倍，为索尔维催化效率的30～100倍，且等规度达98%。

这种催化剂采用 $MgCl_2$ 作为载体，增大了活性中心的数目，以期达到提高活性的目的。加入 EB（苯甲酸乙酯）第三组分，无规物生成量减少，等规物大幅度增加。这种催化体系可称为第三代超高活性催化剂。这种催化剂具有长效、高活性、高定向能力等特点。它具有常规催化剂所不可具备的特性，能生产高熔融流动性的聚丙烯。由于催化剂形态技术的确立，聚合粉末的粒度极其均匀，成型加工性良好，这种催化剂可谓一种独特的催化剂。

此外还有三井油化 TK 和海蒙特的 GF_{2A} 高效、高选择性载体催化剂。这种催化剂是将 $TiCl_3$ 负载于载体上、配制使用时加入 $AlEt_3$ 和第三组分二苯基二甲氧基硅烷，催化活性高达20000g 聚丙烯/g 催化剂，聚合物的等规度达97%～99%，产品含钛 1×10^{-6}，实现其不脱灰、不脱无规物的新工艺。

3.4.3 合成顺丁橡胶的催化剂

制造顺丁橡胶所用催化剂种类较多，目前工业上主要采用钛、钴、镍三种体系，稀土体系的研究工作较为活跃。

(1) 钛系催化剂 由 TiCl-AlR_3、$TiCl_4$-AlR_3-I_2（R是乙基或异丁基）构成的钛系催化剂是顺丁橡胶工业化最早的催化剂。其优点是产品凝胶含量较低，充油和充炭黑量较多。但催化剂价高，不可溶，产品分子量分布窄，冷流倾向较大，加工性能不如钴系和镍系催化剂。

(2) 钴系催化剂 可溶性钴催化剂是一种多功能催化剂。一般情况下，丁二烯聚合可合成高顺式1,4-聚丁二烯，而对异戊二烯聚合只能得到顺式1,4-结构供应量在65%左右的聚合物。如果不用含卤素的 AlR_3 作助催化剂，则可制得1,2-聚丁二烯；如果加入给电子试剂，又能合成高反式1,4-聚丁二烯。

钴系催化剂由主催化剂二价钴化合物（氯化物、氧化物、有机酸盐和吡啶络合物等）和助催化剂（AlR_2Cl、$AlCl_3$、$Al_2Et_3Cl_3$ 等）组成。为提高催化剂的活性还加入第三组分，如水、有机过氧化物、卤素、醇等。

钴系催化剂的特点是：采用 CoX_2-$AlEt_2Cl$ 非均相催化体系时，需加入活化剂，加入量一般为 $AlEt_2Cl$ 的10%～20%（摩尔分数）；采用辛酸钴 $Co(oct)_2$、$Co(naph)_2$、$Go(acac)_2$

或 $CoX_2 \cdot 2py$ 时可形成均相引发体系，活性大为提高，产率可达 10^5 g 聚合物/g 钴化合物；在体系中加入少量给电子试剂如醚类、有机胺时，能改善催化剂在烃类溶剂中的溶解度，不影响聚合物的微观结构，但用量不能太高，否则易生成高反式1,4-聚丁二烯；配制催化剂时，若加入二烯烃，易形成π络合物，可使催化剂的稳定性提高；钴催化剂体系可制取顺式1,4-结构供应量达90%，相对分子质量为 $(1\sim100)\times10^4$ 的高聚物。

钴催化剂体系的主要缺点是：分子量大，易产生凝胶，产品加工性能不太好，因聚合物的规整性高，影响聚合物的结晶倾向，降低橡胶的弹性，此外，提高聚合反应温度也导致聚合物中顺式1,4-结构含量的降低。

(3) 镍系催化剂　镍系催化剂属均相催化剂，一般由以下三组分构成。

① 有机酸镍　有机酸镍如环烷酸镍、辛酸镍、硬脂酸镍、乙酰丙酮镍、苯甲酸镍等。该组分是组成催化剂活性中心的核心，主要起定向作用，且具高顺式1,4-结构定向能力。其选择条件是在溶剂中有足够的溶解能力，一般选用环烷酸镍盐。

② 三氟化硼与醚类的络合物　路易氏酸皆可作为镍系三组元无机催化剂中的一个组分，但以氟化物为佳。所用氟化物可选用碳原子数1～20的醚络合的三氟化硼，该组分的作用在于与烷基铝共同提供催化剂的活性和提高聚合物的分子量，能使聚合物收率提高，凝胶含量降低。一般选用三氟化硼乙醚络合物。

③ 烷基铝　烷基铝为助催化剂，主要用作镍的还原剂，且有清除杂质的作用。一般选用还原性强和烷基化能力高的烷基铝，如三乙基铝（$AlEt_3$）、三异丁基铝［$Al(i\text{-}Bu)_3$］等。$Al(i\text{-}Bu)_3$ 在制备与安全方面较 $AlEt_3$ 方便有利，但 $AlEt_3$ 活性较 $Al(i\text{-}Bu)_3$ 高。

在镍系催化剂配制中，在环烷酸镍与烷基铝反应前，可加入少量丁二烯，以此提高催化剂的稳定性及聚合物的分子量。

镍系催化剂的特点是：顺式1,4-结构含量高，一般可达96%；催化剂体系活性高，性能稳定，用量少，单程转化率高，聚合速率易于控制；提高单体浓度对所得聚合物无不利影响，可节省溶剂的回收费用；定向能力高，即使工艺条件变化，聚丁二烯的微观结构也基本不变；聚合反应在较高温度下（<80℃）进行也不影响聚合物的质量及顺式1,4-结构含量；镍系催化剂可溶于芳烃及脂肪族溶剂中，所生成聚合物凝胶含量少、支链少，分子量分布宽，产品在加工性方面比钛系和钴系优越。

(4) 稀土体系　稀土催化剂由三部分组成：即三价稀土（Pr、Nd、Ce等）化合物，如稀土卤化物、羧酸盐或螯合物；烷基卤化铝，其中以Cl、Br、I卤素离子最适合；具有还原能力或烷基化能力的试剂如三烷基铝。稀土胶与钛胶相比，具有分子量分布较宽，挂胶少，冷流性较小及催化剂资源丰富等特点。采用稀土催化剂可制得顺式1,4-结构供应量大于97%的顺丁橡胶。

3.4.4　合成聚异戊二烯橡胶的催化剂

异戊二烯聚合时，要合成类同天然橡胶的结构，即在聚合物分子中，链节排列是按照顺式1,4-结构排列，为此须选择适当的催化剂体系，使所得产品具有高顺式1,4-结构，低凝胶含量，优异的力学性能以及良好的热老化性能。

许多齐格勒-纳塔催化剂可用于合成顺式1,4-聚异戊二烯，目前生产上仅采用 $TiCl_4$-AlR_3 和 $TiCl_4$-聚亚氨基铝烷两类催化剂体系。

(1) $TiCl_4$-AlR_3 催化体系　$TiCl_4$-AlR_3 催化体系中，AlR_3 可用 $Al(C_2H_5)_3$、$Al(C_3H_7)_3$、$Al(i\text{-}C_4H_9)_3$ 等。目前工业上大多采用 $Al(i\text{-}C_4H_9)_3$。

为提高 $TiCl_4$-AlR_3 催化体系的活性和改进聚合物的质量，大多向体系中加入第三组分给电子体，如醚类（脂肪醚、芳香醚等），胺类（脂肪胺、芳胺等），或两者的混合物。加入第三组分具有协同效应，可提高聚合反应速率，降低聚合物中的凝胶含量，提高聚合物的分子量。第三组分添加量随种类不同而异。

$TiCl_4$-AlR_3 体系的特点是异戊胶的顺式 1,4-结构含量高，综合性能好。其缺点是催化剂用量较大，回收困难，不利于后处理，产品分子量较低，凝胶含量较大，对杂质敏感，要求单体纯度较高。加入第三组分可使这些缺点得到一定的改善。

$TiCl_4$-AlR_3 催化体系属非均相。国内外在寻找新的均相催化剂方面进行了不少的工作。如用钴或钛氯化物与丙烯酸磺酸的反应产物与烷基铝或倍半铝配合的催化体系代替非均相体系，还有镍、锶、钙体系的研究，但大多尚未实际应用。

(2) 四氯化钛-聚亚氨基铝烷　这种催化剂是意大利 SNAM 公司开发成功的，其生产能力为 2.8 万吨/年。聚合催化体系采用 $TiCl_4$-聚亚氨基铝烷，聚亚氨基铝烷的通式为：

$$\left[\begin{array}{c}-\mathrm{Al}-\mathrm{N}-\\ \;\;|\quad\;\;|\\ \;\;\mathrm{H}\quad\mathrm{R}\end{array}\right]_n$$

式中，R 为异丙基，$n=4\sim10$。催化剂 Al/Ti 摩尔比为 0.65～1.0，溶剂采用己烷，属溶液聚合。

这种催化体系似乎和齐格勒-纳塔催化剂相似，但是相对于具有 C—Al 键的齐格勒-纳塔催化剂还原剂来说，这个催化体系没有 C—Al 键，可谓改良型的 $TiCl_4$-AlR_3 催化体系。

聚亚氨基铝烷由氯化铝在乙醚中与氢氧化铝和异丙胺反应制得。这种催化剂的特点是所用聚亚氨基铝烷在空气中不着火，遇水不爆炸，而活性又较高，顺式 1,4-结构含量高于 96%，所得产物分子量较大（$[\eta]=5.08\sim6.14$dL/g)，凝胶含量低于 1%，在生产上使用方便，据认为这种催化剂亦属非均相体系。

(3) 稀土催化剂体系　沈之等首先用稀土催化剂合成了顺式 1,4-结构含量为 93%～95%的异戊胶。

稀土催化剂体系一般由稀土化合物与烷基铝组成二元体系或加入第三组分卤化物组成三元体系。主催化剂的稀土化合物有环烷酸稀土盐 $Ln(naph)_3$，氯化稀土 $NdCl_3\cdot Ln$，脂肪酸稀土盐 $Ln(RCOO)_3$（脂肪酸包括硬脂酸、辛酸、异辛酸及 $C_5\sim C_9$ 混合酸）等。在稀土元素中以钕的活性最高。

烷基铝有三甲基铝、三乙基铝、三异丁基铝及其氢化物等。

第三组分含卤化合物有 $Et_3Al_2Cl_3$、Et_2AlX（X 为 F、Cl、Br、I）及 $SnCl_4$、$SbCl_5$ 等。第三组分能明显提高催化剂的活性。

稀土异戊胶的特点是催化活性高，用量少，易于均匀分散，聚合物分子量高，分布较窄，凝胶含量低，灰分含量少，无需水洗脱灰，三废处理量少，聚合物性能受温度影响小，由于采用较高反应温度，有利于聚合釜导热。

此外，稀土催化剂配制比钛系简便，对杂质抗干扰能力强，聚合引发速率快，诱导期极短，转化率高，聚合物分子量及分布主要取决于催化剂配方，随单体转化率变化小，生产上可采用连续聚合。

该催化剂体系生产异戊胶顺式 1,4-结构含量略低于钛系异戊胶，硫化胶强度稍低，聚合中胶液动力黏度大。在溶液聚合反应工程方面尚存一定困难。

稀土催化剂可用于生产顺式聚异戊二烯，在用作轮胎时可部分代替天然橡胶。

(4) 锂系催化剂　用丁基锂催化剂使异戊二烯在烷烃或苯溶剂中进行溶液聚合，所合成异戊橡胶顺式1,4-结构含量较低，一般在92%左右，系中顺式异戊二烯橡胶，其聚合机理是阴离子聚合。

3.4.5 乙丙橡胶合成的催化剂

(1) 经典V-Al催化剂体系　二组分催化体系是乙丙共聚反应的基本催化体系，即经典的V-Al催化体系。

乙丙共聚反应催化剂体系由过渡金属钒化合物和烷基铝所组成。钒化合物主要有钒的卤化物、卤氧化合物和有机钒化合物。生产应用较多过渡金属钒化物主要有VCl_4、$VOCl_3$及乙酰丙酮钒等。

烷基铝化合物应用较多是烷基氯化铝，如$Al(C_2H_5)_2Cl$、$\frac{1}{2}Al_2(C_2H_5)Cl_3$、$Al(C_4H_9)_2Cl$等或$AlEt_3$。目前乙丙橡胶工业生产中应用最广泛的V-Al催化剂为$VO\text{-}Cl_3$（或VCl_4）-$\frac{1}{2}Al_2(C_2H_5)Cl_3$ [或$Al(C_2H_5)_2Cl$]。

烷基铝为助催化剂，其主要作用是将主催化剂钒化合物中的钒还原为$VRCl_2$型的V^{3+}聚合活性状态，烷基铝的还原能力随碳原子数的增加而降低；当碳原子数相同时，还原能力随卤原子数的增加而降低。

(2) 第二代V-Al催化体系　为了增加催化剂活性，在V-Al二组分中引入第三组分（称活化剂）即V-Al-活化剂，便构成第二代V-Al催化体系。

V-Al催化体系的活性较低，添加活化剂可使聚合过程中失去活性的V^{2+}络合物重新形成具有聚合活性的V^{3+}配位中心，再次发生链引发、链增长等反应，具有增加活性和降低分子量的作用。

用于乙丙橡胶的活化剂是一些含有多卤取代的氧、硫、磷和氮等孤对电子的给电子化合物。其中效果较好的是三氯乙酸乙酯、三氯乙酸烷基溶纤剂酯、全氯巴豆酸酯或酰卤、卤代烷基内酯、氯代钒酸酯、钛酸烷基酯等。

(3) 乙丙橡胶第三代催化体系——载体催化剂　乙丙橡胶是率先引入载体催化剂的合成橡胶品种。

载体催化剂的最大特点是具有极高的聚合反应活性，在乙丙橡胶合成中，载体催化剂的效率已提高到经典V-Al-活化剂催化体系的5～10倍。

载体催化剂由载负于固体无机化合物或有机高分子化合物上的主催化剂所形成的载体络合物和助催化剂烷基铝组成。其类型主要有载体-Ti-Al体系、载体-V-Al体系和载体-Ti-V-Al体系。

作为载体的无机化合物主要是镁、铝、硅的氧化物或卤化物。有机高分子载体则为含氧、硫、磷、氮、氯等给电子基团且其中含不饱和键能溶胀而不溶解于聚合反应介质中凝胶状聚合物。为改变载体物性，在制备载体络合物时，常加入一种能与载体部分或完全结合的物质，即称改进剂。用作改进剂的物质有Lewis碱或其他给电子体，如苯甲酸酯、苯腈、乙腈、三乙胺、磷酰氯等。最常用的主催化剂、助催化剂、载体分别为$TiCl_4$、$Al(C_2H_5)_3$及$MgCl_2$。

载体催化剂的活性取决于载体络合物的组成、结构及制备条件等。载体催化剂常用浸渍法、研磨法制备。

载体催化剂对乙丙橡胶的悬浮聚合和溶液聚合都适用。

3.5 缩合聚合

3.5.1 羰基加成消除反应

这类反应常用硫酸、对甲苯磺酸、锑酸或路易氏酸作催化剂。邻苯二甲酸二丁基锡做催化剂（例如对苯二酸二-β-羟乙酯的缩聚反应）。而聚酯的水解、醇解等反应用碱做催化剂比用酸效果更好。

使用催化剂不仅可加快反应速率，缩短到达平衡所用的时间，并且还可以减少副反应的发生。当用含氢酸做催化剂时，由于它可以离解出 H^+，使二元酸羧基中的羰基的碳原子的正电性增加，这有利于亲核试剂对它的进攻，加速了亲核加成反应。

3.5.2 聚酯反应

(1) 羧酸类催化　聚酯反应常用的金属催化剂有 Sb_2O_3、Ti(Ⅳ)、Sn(Ⅳ)、Ge(Ⅳ)、Co(Ⅱ)、Mn(Ⅱ)、Zn(Ⅱ) 等。有人认为BHET中的羟乙酯基很容易自身生成内环状络合物，这个内环的形成是靠羟基氢原子与羰基氧生成分子内氢键；在缩聚条件下，氢原子被金属催化剂的金属置换，螯合物中的金属提供空轨道与羰基氧的弧对电子配位，从而增强了羰基氧的正电性；另一个羟乙酯基上的羟基氧，对螯合体中的羰基碳进攻，与其结合，从而完成缩聚反应。

(2) 金属催化　Sb(Ⅲ) 为 0.017、Ti(Ⅳ) 为 0.03，可见同一配体与 Ti(Ⅳ) 配位的可能性要大于Sb(Ⅲ) 配位的可能性。PET 链的空间张力大，Sb(Ⅲ) 的离子电荷与半径的比又小，所以它更难与 Sb(Ⅲ) 配位，由此决定 Sb(Ⅲ) 对热降解的催化能力很低。各种配体都较易与Ti(Ⅳ) 配位，因此它催化链增长、催化热降解的速度都大于 Sb(Ⅲ)。

3.6 活性聚合

3.6.1 基团转移聚合

GTP 所用催化剂分为两大类，即阴离子型，如氰化物、二氟三甲基硅盐（$F_2SiMe_3^-$）、氟化物、二氟化物、叠氮化物等；路易斯酸型，如 $ZnCl_2$、$ZnBr_2$、ZnI_2、Et_2AlCl 等。

(1) 阴离子型催化剂　最常用且研究最多的阴离子型催化剂为 $TASHF_2$ [tris (dimethylamino) sulfonium bifluoride]。其正离子体积较大，在有机溶剂中的溶解性较好。另外，立体阻碍作用大的硫正离子的亲电性较小。因此使负离子 HF_2 的亲核性相对突出，而在阴离子对 GTP 的催化过程中，正是利用了负离子的亲核性。在甲基丙烯酸甲酯（MMA）的基团转移聚合中，只需加入引发剂烯酮硅缩醛用量的 0.1%以下的催化剂 $TASHF_2$，便会完全出现活性聚合的特征。

由于催化剂用量越大，聚合速率越快，当催化剂用量太大时，聚合反应将难以控制。因此，为了将聚合过程的副反应降低到最低限度以制取窄分布聚合物，在保证较为理想的聚合速率的前提下，催化剂用量越少越好，特别是在合成高分子量（数均相对分子质量$>2\times10^4$）聚合物时，尤其如此。在数均相对分子质量为 6×10^4 的 PMMA 合成中，催化剂氟化四丁基铵的用量仅为引发剂的 1/1000，虽聚合速率较慢，但所得 PMMA 的分子量分布较窄

(1.15)。若加大催化剂用量，如 $TASHF_2$ 的摩尔量与引发剂用量相同时，单体转化率虽达到了 100%，但所得 PMMA 的分子量分布太宽（2.13），而且在 30min 后再加入新单体，聚合反应不再继续，说明催化剂用量大时，活性中心寿命短。相反，当催化剂用量少时，活性 PMMA 可在惰性氛中保持 18h 以上，有时 20h 后加入新单体，聚合物的分子量仍可继续增大。

正离子较大的氰化物或叠氮化物如 TASCN、$(Et)_4N$ 及 $TASN_3$ 等，也可以对 MMA 的 GTP 过程起催化作用，其聚合结果均非常理想。由于这些催化剂在 THF 中溶解性较差，用 THF 作溶剂时应加入少量的 DMF，或直接用 CF_3CN 作溶剂以保持均相聚合。

(2) 路易斯酸型催化剂　路易斯酸型催化剂是通过与单体的配位作用使其活化而对 GTP 起催化作用的。所用路易斯酸包括 $ZnCl_2$、$ZnBr_2$、ZnI_2、R_2AlCl 及 $(R_2Al)_2O$ 等。其中卤化锌是在室温或室温以上最为常用的催化剂，而含铝催化剂时只有在低温下才能生成活性聚合物，因为在较高温度下会导致活性末端迅速失活。在卤化锌中，对于控制丙烯酸酯类聚合物的分子量而言，ZnI_2 要优于 $ZnCl_2$、$ZnBr_2$。这是因为丙烯酸酯的聚合活性远大于 α-甲基丙烯酸酯，因此，用活性较小的催化剂 ZnI_2 较合适。另外，与阴离子型催化剂不同，路易斯酸型催化剂的用量较大，卤化物催化剂的用量一般应为单体物质的量的 10%以上，而含铝催化剂的用量一般为引发剂物质的量的 10%左右。

含铝催化剂可使丙烯酸乙酯定量聚合，而在相近条件下，MMA 的转化率只能达到 21%。这可能是随增长反应的进行，活性末端分解失活所致。另外，在−78℃的低温下，含铝催化剂可使丙烯酸酯进行理想的活性聚合而得窄分布聚合物。可见，α-甲基丙烯酸酯的 GTP 过程应选用阴离子型催化剂，而丙烯酸酯类单体的 GTP 过程应选用路易斯酸型催化剂。

3.6.2 羟醛基团转移聚合

用于 Aldol-GTP 的路易斯酸型催化剂包括氯化二异丁基铝（i-Bu_2AlCl），四氯化钛（$TiCl_4$）、四氯化锡（$SnCl_4$）、三氟化硼（BF_3）、卤化锌（$ZnBr_2$、$ZnCl_2$、ZnI_2）等，其中卤化锌的催化效果最佳。当用 $TiCl_4$ 催化时收率很低。而用卤化锌时，均定量得到了窄分布聚合物。

阴离子型催化剂，如 $[(CH_3)_2N]_3S^+HF_2$、$TASHT_2$、$Bu_4N^+HF_2$ 等虽也可用作 Aldol-GTP 的催化剂，但所得聚合结果较差。这是催化剂的阴离子与聚合物主链上的硅氧基团进行很强的络合作用而造成的；并且由于这一络合作用而大大降低了对 Aldol-GTP 的催化效果。相反，路易斯酸型催化剂则只有效地与引发剂或活性末端的醛基进行络合而使其活化，因此催化效果优于阴离子。Aldol-GTP 的催化剂用量与一般的 GTP 有很大差异。用路易斯酸对 GTP 进行催化时，其用量不应少于单体物质的量的 10%；而 Aldol-GTP 中，则只需要单体物质的量的 $10^{-4}\%$～$10^{-2}\%$。

3.6.3 易位聚合

易位聚合中最受人们关注的催化剂为分离可能、结构明确的过渡金属碳烯络合物。这种催化剂具有单一组成、高的催化活性和选择性，可用 X 射线衍射法、NMR 等对其三维结晶状态和在溶液中的结构及作用明确地进行分析与表征。

与此相反，传统的烯烃易位混合催化体系，如 $WCl_6/SnMe_4$，虽具有高的催化活性，但不能通用于带有多种官能团的单体，并且难以控制所得聚合物的分子量，反应的再现性也差。另外，在研究反应机理和活性中心结构时存在许多不明确之处。因此，通过催化剂的分子设计来准确控制反应活性及聚合物的结构便较困难。在活性易位聚合中，一般不采用这样的混合催化体系。

结构明确的过渡金属碳烯络合物的中心金属离子多为 Ta、Ti、Mo、W 和 Re。金属离子的种类不同，其络合物的分子设计原则便不同。为使催化剂在易位聚合中具有高的催化活性和选择性，不同金属应区别对待。

(1) Mo、W 或 Re 作为中心金属离子　当中心金属离子为 Mo、W、Re 时，对络合物的设计应注意高价的中心金属离子宜选用立体阻碍作用大的胺系二价阴离子配位体或氧配位体。为了防止两个分子间发生反应而使催化剂失活，应选用立体阻碍作用大的烷氧基配位体。这些催化剂的合成一般都相当复杂。如催化剂 X-7 的合成，Osborn 首先使 $WOBr_4$ 与两倍的新戊醇反应，得二烷氧基二溴化物，再用二新戊基镁处理生成 X-1。X-1 不能用作烯烃易位催化剂。用等物质的量的 $AlBr_3$ 在低温下与 X-1 作用，生成 1∶1 的配位产物 X-2，这种配位结构已由 ^{1}H-NMR 及 IR 测试结果所证实，但 X-2 仍无催化活性。当在溶液中加热时，X-2 转变为 X-3 并释放出新戊烷和 AlOBr。X-3 是一稳定的结晶化合物，虽然 X-3 单独使用时无活性，但加入等量的 AlOBr 后得到活性催化剂 X-4，每摩尔的 X-4 可使 3000mol 的顺式 2-戊烯转变为 2-丁烯和 3-己烯。X-4 在－30℃时稳定，但加热时慢慢转变为三溴化物 X-5 和 $(t\text{-}BuCH_2O)AlBr_2$。纯净的 X-5 也可以由 X-3 在低温下与 BBr_3 作用而得。在 X-5 中加入 $AlBr_3$ 可得活性比 X-4 更高的催化剂 X-5。

$$WOBr_4 \xrightarrow{RCH_2OH} (RCH_2O)_2\overset{O}{\overset{\|}{W}}Br_2 \xrightarrow{(RCH_2)_2Mg} \underset{\text{X-1}}{(RCH_2O)_2\overset{O}{\overset{\|}{W}}(CH_2R)_2} \xrightarrow{AlBr_3,\ -20^\circ C}$$

$$\underset{\text{X-2}}{(RCH_2O)_2\overset{O-AlBr_3}{\overset{\|}{W}}(CH_2R)_2} \xrightarrow{\triangle} \underset{\text{X-3}}{(RCH_2O)_2\overset{Br}{\underset{Br}{W}}{=}CHR} + RCH_3 + [AlOBr]$$

$$\underset{\text{X-3}}{(RCH_2O)_2\overset{Br}{\underset{Br}{W}}{=}CHR} \xrightarrow{AlBr_3} \underset{\text{X-4}}{(RCH_2O)_2\overset{Br}{\underset{Br-AlBr_3}{W}}{=}CHR} \xrightarrow{\triangle}$$

$$\downarrow BBr_3$$

$$\underset{\text{X-5}}{RCH_2O\overset{Br}{\underset{Br\ \ Br}{W}}{=}CHR} \xrightarrow{AlBr_3} \underset{\text{X-6}}{RCH_2O\overset{Br}{\underset{Br_3Al-Br\ \ Br}{W}}{=}CHR}$$

$$\underset{}{(RCH_2O)_2\overset{Br}{\underset{Br}{W}}{=}CHR} \xrightarrow{Ga_2Br_6} \underset{\text{X-7}}{(RCH_2O)_2\overset{Br}{\underset{Br-GaBr_3}{W}}{=}CHR} \rightleftharpoons \underset{\text{X-8}}{(RCH_2O)_2\overset{Br}{\underset{GaBr_4^-}{\overset{+}{W}}}{=}CHR} \xrightarrow{xGa_2Br_6} \underset{\text{X-9}}{(RCH_2O)_2\overset{+}{\underset{Ga_2Br_7^-}{W}}{=}CHR}$$

其中 $R=C(CH_3)_3$

(2) Ta 作为中心金属离子　中心金属离子为 Ta 的催化剂 X-10 引发的易位聚合，以逐步聚合形式进行，因此可以提供各步的中间体，多用于易位聚合机理的研究。如 Shrock 用 X-10 在低温下与等量的降冰片烯（NBE）反应得结晶状固体 X-11，其结构已由 ^{1}H-NMR 及

X 射线法判明。

当将 X-11 与 NBE 一起加热时，可得聚合物 PNBE。动力学研究发现，NBE 的消耗速率（聚合速率）与单体 NBE 的浓度无关，而与催化剂 X-11 的浓度成正比。说明 X-11 中金属环丁烷解离成金属-碳烯是速率决定步骤。

$$(RO)_3Ta{=}CH{-}t\text{-}Bu \ (\text{X-10}) \xrightarrow[-30^\circ C]{\text{NBE}} \text{X-11} \longrightarrow \left[(RO)_3Ta{=}CH{-}\text{C}_5\text{H}_8{-}CH{=}CH{-}t\text{-}Bu\right] \xrightarrow[50^\circ C]{\text{NBE}} Bu\text{-}t{-}HC{=}(HC{-}\text{C}_5\text{H}_8{-}HC{=})_n HC{-}\ldots(OR)_3Ta$$

R: 2,6-二异丙基苯基（$(H_3C)_2HC$）

(3) Ti 作为中心金属离子　过渡金属 Ti 的碳烯络合物热稳定性较差、难以分离。但 Grubbs 采用了如下措施对 Ti 的碳烯络合物进行了分子设计：

$$Cp_2Ti(\mu\text{-}CH_2)(\mu\text{-}Cl)AlMe_2 \overset{\text{碱}}{\rightleftharpoons} [Cp_2Ti{=}CH_2] \underset{Me_2AlCl}{\overset{CH_2{=}CH{-}C_6H_5}{\rightleftharpoons}} Cp_2Ti(\text{环丁烷})$$

X-12（Tebbe 试剂）

X-12 称为 Tebbe 试剂，在一定条件下可以释放出不稳定的 Ti-碳烯络合物。如在路易斯碱 4-乙烯基吡啶和苯乙烯（1∶1）的共同作用下，释放出的碳烯迅速与苯乙烯作用而形成稳定的结晶状 Ti 环丁烷衍生物。不稳定的碳烯的释放是因为路易斯碱与 Tebbe 试剂中的路易斯酸 Me_2AlCl 中和而引起的。

Tebbe 试剂 X-12 可以使降冰丁烯（NBE）等聚合，而且引发及增长阶段的产物均可以分离出来。在 0℃、路易斯碱存在下，NBE 与 X-12 反应得带有 Ti 环丁烷结构的红色结晶体 X-13。^{1}H-NMR 测试确定其结构为，NBE 捕捉到 Ti-碳烯而形成的加成产物。将 X-13 与 NBE 一起加热至 65℃可得高分子量聚合物。动力学研究发现，聚合速率与单体浓度无关，这是因为速率决定步骤为 Ti 环丁烷的解离。聚合自始至终，在 NMR 谱图上均能观察到相应于 Ti 环丁烷的吸收峰，且在室温下一直是稳定的，再加入 NBE 还可继续聚合，表明聚合反应具有活性聚合特征。

$$CpTi(\mu\text{-}CH_2)(\mu\text{-}Cl)AlMe_2 \xrightarrow[0^\circ C]{\text{碱}} [Cp_2Ti{=}CH_2] \xrightarrow{\text{NBE}} Cp_2Ti(\text{X-13}) \xrightarrow{65^\circ C} \left[Cp_2Ti{=}HC{-}\text{C}_5\text{H}_8{-}CH{=}CH_2\right] \xrightarrow{\text{NBE}} ({=}CH{-}\text{C}_5\text{H}_8{-})_n{-}Cp_2Ti$$

X-13

3.6.4 环烯烃配位聚合

环烯烃的聚合行为和途径受三种因素的影响：①环的张力空间位阻；②热力学推动力；

③催化剂类型。

对于低张力环烯烃例如环戊烯，其内双键的位阻大，在钨、钼催化剂存在下可顺利的发生开环聚合；但是如能设法降低空间位阻，例如同乙烯共聚，或与丙烯腈形成电荷转移络合物，仍可发生加成聚合。一般说来，从三元环开始，随着环的增大，内双键的空间位阻增大，环的张力减小，此时发生加成聚合和开环聚合两种可能性同时存在，何者占优势主要取决于催化剂类型。

高张力环烯烃的聚合有两种可能的途径，何种途径占优势主要取决于所用催化剂类型，聚合途径依赖于催化剂，采用 $VCl_4/AlEt_3$、$Cr(acac)_3/AlEt_2Cl$、$RbCl_3$ 和 π-C_3H_5NiBr 催化剂主要发生加成聚合，而采用 $TiCl_4/AlEt_3$ 和 $WCl_6/AlEt_3$ 则开环聚合占优势，且二者形成不同含量的顺式和反式双键。

一般地，易位反应的催化剂过渡金属组分不仅对开环和歧化的能力不同，而且对同一环烯烃的反应活性也差别很大。

各种过渡金属为基础的催化剂几乎都可有效地催化其开环聚合。

就催化剂的组成和溶解性质看，由 W、Mo、Ta 和 Rh 的卤化物、氧卤化物、羧酸盐或其烯烃络合物作主催化剂，以Ⅰ～Ⅱ族金属的有机化合物或 Friedel-Crafts 金属卤化物作助催化剂的两组分或三组分催化剂体系，大都能溶于烃或卤代烃类溶剂，因此是均相的。这种催化剂对环烯烃聚合有高活性、多变性，以及保持高活性的温度范围很宽（－50～30℃）等特性。由Ⅷ族过渡金属如 Ru、Os 和 Ir 的卤化物或配位络合物组成的催化剂，不加助催化剂，在水、醇溶剂中也能形成均相体系，它们保持活性的温度范围也和上述均相体系接近，但它们的催化活性低，聚合速率慢，价格又贵，故目前仅限于实验室研究。

如果把 W、Mo 或 Rh 的氧化物或其羰基络合物载于氧化铝、硅胶或 Al_2O_3-SiO_2 载体上，则得到非均相载体催化剂。这种催化剂对环烯烃开环聚合的活性很低，且只在高温下（100～400℃）才显示可观的易位活性，因而这种催化剂目前只用于烯烃歧化。但是这一发现在环烯烃开环聚合历史上却有重要意义。1957 年杜邦公司的 Eleuterio 首先发现，用氢还原并以 $LiAlH_4$ 活化的 MoO_3 催化剂，载于 Al_2O_3 上于100℃可使环戊烯发生开环聚合，虽然其活性 很低，且只得到了少量聚环戊烯，但对环烯烃的开环聚合却是首创性工作，后来 Banks 把这一发现引申至开环烯烃的歧化。

3.7 催化剂市场现状及发展趋势

3.7.1 催化剂市场现状

3.7.1.1 国产齐格勒-纳塔催化剂全面替代进口催化剂的进程加速

我国聚丙烯用高效齐格勒-纳塔催化剂经过多年的研制和试验，技术基本成熟，Ziegler-Natta 催化剂已在国内许多生产装置上得到了应用。2012～2015 年期间，我国新建或者扩建多套聚丙烯装置，其中年产超 50 万吨的有河北海伟集团（生产能力为 60.0 万吨/年）、河南融鑫化工股份有限公司（生产能力为 50.0 万吨/年）、宁夏宝丰能源集团有限公司（生产能力为 60.0 万吨/年）、中国软包装集团福建省福清石化科技园（生产能力为 80.0 万吨/年）、中科炼化项目（生产能力为 74.5 万吨/年）。

到目前为止，我国大多数聚烯烃生产装置所需催化剂仍被国外所控制，国外公司只给我们催化剂使用权而不转让催化剂制备技术，催化剂或制备催化剂的绝大多数原料也是从国外进口的。催化剂及催化技术的发展是聚烯烃工业技术进步的核心。聚烯烃工业生产规模的大小、牌号的多少及生产技术水平的高低，在很大程度上代表着一个国家石化工业的技术实力和管理水平，决定着一个国家国民经济的良性运行与蓬勃发展。

所以，除了技术开发单位要尽快解决产业化过程中现已暴露出的几个问题之外，各企业的管理部门和生产厂都要为国产 Ziegler-Natta 催化剂取代进口催化剂创造条件，并要制定必要的实施措施，只有这样，全面替代进口催化剂才可得以实现。

3.7.1.2 加速茂金属催化剂的工业化进程

在当今世界聚烯烃工业中，茂金属催化剂及聚烯烃的研究与开发工作异常活跃，能不能抓住这一机遇，是我国聚烯烃工业能不能在短期赶上世界先进水平的关键问题之一。对此，我们着重在以下几方面采取有效措施。

（1）确定开发重点 根据我国国情和世界上茂金属催化剂的发展状况，应重点抓好聚乙烯用茂金属催化剂的开发，力争在较短的时间内实现工业化应用。茂金属催化剂在成本上比现在的钛系催化剂要高，因此若只开发通用牌号的聚乙烯，茂金属催化剂则不占上风，其优势也无法显现出来，所以应在茂金属催化剂用于乙烯与长链 α-烯烃共聚以及双峰分布聚乙烯用茂金属催化剂的研究等方面集中攻关。非茂金属烯烃聚合催化剂的载体化研究近十几年也取得显著成果，从而为工业化生产具有新结构和性能的聚烯烃产品提供了技术支撑。然而，在这方面的科学和应用研究尚存在着诸多需要深入研究并解决的问题，主要是：①如何选择载体的种类及其处理方法，才能更有利于提高均相催化剂的有效负载量，减少催化活性的损失并充分保持其催化特性，体现聚合物对载体形态的复制效应进而提高其堆积密度；②载体与均相非茂金属催化剂活性物种以及助催化剂之间的相互作用机理尚待深入研究，进而为催化剂的载体化提供理论和技术指导；③开发和利用新型结构和表面性质的载体或复合载体，以提高非茂金属烯烃聚合催化剂的催化活性，控制聚合物形态并制备新型结构和性能的聚烯烃材料或其复合材料。因而，非茂金属烯烃聚合催化剂的仍然研究重于开发应用。

（2）主、助催化剂应做好工业化的准备 众所周知，聚合单体不同，所需的主催化剂也不相同，而主催化剂的合成及其产业化往往不是一步就能实现的，虽然目前国内从事茂金属催化剂研制工作的单位所采用的主催化剂多为自己合成的，具有工业化基础，但研究单位往往不重视工业化问题，往往过分强调了工作的新颖性，而忽略了成本问题，可用于产业化的茂金属化合物一方面催化聚合活性及共聚性能要好，另一方面合成步骤要简单。这就需要管理部门从战略的角度来考虑，选定最重要的几个茂金属化合物，选定一到两家专门从事主催化剂合成及生产的单位，这样一方面可以节省在主催化剂研究开发方面投入的财力和物力，另一方面也可以为将来的工业化做好准备。

最理想的茂金属催化剂的助催化剂是 MAO，而国内目前还没有 TMA 和 MAO 的生产装置，研究单位所使用的 MAO 多采用进口，即使自己合成，也要先进口 TMA 才行，MAO 和 TMA 本身成本很高（这也是茂金属催化剂成本较高的主要原因），若依赖进口，则由于关税及国外对我国在这方面的限制，价格会更高。这样国产茂金属聚烯烃将在价格上无法与国外产品竞争。令人欣慰的是，2014 年 8 月 22 日，沈化集团 3 万吨/年茂金属聚乙烯项目一次开车成功。该产品的投产填补了国内空白，打破了国际石化巨头对国内茂金属聚乙烯市场的垄断。

（3）加速建设气相法、淤浆法中试试验装置 目前国内有些研究单位在茂金属催化剂的研究方面已达到了国际先进水平，但是由于中试放大这一关键环节的不完善，影响了聚合工艺与工程研究方面关键问题的解决，而国内现有的中试装置由于当初建设时的经费问题，在加料系统、控制系统上存在很大缺陷，很难满足中试试验的需要。因此建设气相法、淤浆法中试试验装置意义十分重大。

(4) 加强茂金属树脂的加工应用研究，使现有的加工设备能适应新型树脂的特性 笔者认为，可以在国内选择一家拥有聚乙烯、聚丙烯生产装置，生产规模相对较小，公用工程较为齐全的生产厂，在该厂区内选择一块地皮，建设一套同时具有淤浆聚合及气相聚合反应器，且二者可以串联使用，从而既满足淤浆聚合，又满足气相聚合，并可生产双峰聚烯烃树脂的多功能聚烯烃中试装置，凭借我国在茂金属催化剂研究方面现已取得的成绩，相信，这一多功能聚烯烃中试装置的建成必将为推动新型催化剂的产业化起到十分重要的作用。

茂金属聚烯烃树脂与传统聚烯烃树脂相比，的确具有许多突出的性能，但由于分子量分布相对较窄，由此带来的加工问题在很大程度上制约了茂金属聚烯烃树脂的广泛应用，除了考虑现有加工设备螺杆结构、口膜间隙、风环直径的大小以外，还要在加工助剂的选择、加工工艺方面开展大量的工作。每个从事茂金属聚烯烃开发的单位，都应重视这一问题。

(5) 加强知识产权保护，尽快形成自己的专利、专有技术 在引进茂金属催化剂技术及其相关技术时，管理部门应注意防止在合同中写入限制使用国产化茂金属催化剂的条款，以利于开展引进茂金属催化剂的国产化工作。此外要加强茂金属催化剂的专利跟踪、管理和申请工作，一旦开发出有特色的技术，应尽快申请专利，用以保护自己的技术。近年来，国外各大公司已开始在我国申请此类专利，这是他们为将茂金属催化技术打进我国石油化工市场所做的前期准备工作，应引起我们的高度重视。

3.7.1.3 加强非茂有机金属烯烃催化剂的研究工作

非茂有机金属烯烃催化剂的研究工作属于目前聚烯烃领域中非常前沿的研究课题，应尽早组织一定的技术力量跟踪国际研究前沿，并形成自己的知识产权。尤其应在不用共聚单体，在较为温和的条件下即可获得高支化度聚合物方面予以重视。由于这类催化剂的工业化前景目前尚不明朗，不应投入太多的人力、物力和财力。

3.7.1.4 加快长链α-烯烃的工业化

近年来在LLDPE的生产中，作为共聚单体的1-己烯和1-辛烯的年需求量正以每年60%的速度递增。与通常使用的1-丁烯相比，1-己烯和1-辛烯作为共聚单体生产的LLDPE具有更为优良的性能。由于LLDPE树脂的最大用途在于薄膜的生产，长链α-烯烃（如1-己烯、1-辛烯）作为共聚单体生产的LLDPE树脂制成的薄膜及制品在拉伸强度、冲击强度、撕裂强度、耐穿刺性、耐环境引力开裂性等许多方面均远远优于用1-丁烯作为共聚单体生产的LLDPE树脂。

此外，近几十年来，随着新型聚烯烃催化剂（如茂金属催化剂、后过渡金属催化剂）的不断涌现，给聚烯烃工业带来了一场新的技术革命。由于这类单活性中心催化剂与传统Zieglar-Natta催化剂相比，有更强的共聚能力，具体体现在：第一，可以在聚合物链上插入更多的共聚单体；第二，可以实现更长碳链、更大空间位阻的共聚单体与主要单体的共聚。

为了能够在现有的生产装置上，通过对装置尽可能小的改动，生产出高质量的聚乙烯树脂，缩小与国外先进技术之间的差距，增强我国聚乙烯产品在国际市场中的竞争能力，必须加速实现1-己烯、1-辛烯的国产化。

3.7.1.5 加大合作力度

积极开展与国外大公司在茂金属催化剂技术研究开发方面的合作，以便取对方之长；同时，要大力提倡产、学、研的紧密结合，充分发挥各单位的优势，要争取在科技开发中形成投入→产出→再投入→再产出的良性循环。

3.7.2 催化剂发展趋势

目前，各类催化剂的发展趋势特征明显，传统的 Ziegler-Natta 催化剂在目前乃至在今后很长一段时期仍具有广阔的发展空间；茂金属催化剂市场份额不断扩大；非茂金属催化剂不断涌现，正在发挥其应用潜力；后过渡金属催化剂仍然是研究热点。由于非茂单活性中心催化剂具有合成相对简单、产率较高、降低催化剂成本、可以生产多种聚烯烃产品等特点，已成为烯烃聚合催化剂的又一发展热点，与传统 Ziegler-Natta 催化剂和茂金属催化剂一起推动聚烯烃工业的发展。

思 考 题

1. 催化剂是如何定义和分类的？
2. 试述离子聚合催化机理。
3. 试述丙烯配位聚合用催化剂的种类及性能。
4. 简述催化剂的发展趋势。

第4章 溶剂

4.1 概述

溶剂是能溶解其他物质的一类物质，水是最常用最普通的溶剂，乙醇、丙酮等是常用的有机溶剂。

有机溶剂种类很多，常按其结构与组成分为脂肪烃溶剂，如汽油、正已烷；芳香烃溶剂，如苯、甲苯、二甲苯；卤代烃溶剂，如四氯化碳、二氯乙烷、氯苯；醇类溶剂，如乙醇、正丁醇；醚类溶剂，如乙醚、四氢呋喃、二氧六环；酮类溶剂，如环已酮；酯类溶剂，如乙酸异戊酯；还有一硫化碳等溶剂。按使用目的可将溶剂分类成合成用溶剂和加工用溶剂。合成用溶剂有萃取用溶剂，如乙腈、二甲基亚砜、甲基吡咯烷酮等，介质用溶剂两种。所谓介质用溶剂品指在溶液聚合中使用的溶剂，它不仅起反应介质的作用，而且起稀释作用，使反应缓和，反应温度易于控制，因而可避免局部过热现象，还可借助溶剂的挥发来移除反应热；加工用的溶剂是在聚合物材料的加工过程中为改变其流变性而加入的一类溶剂。涂料工业和胶黏剂工业中为了便于涂布而加入的溶剂称为稀释剂，化纤工业中用于湿法纺丝的溶剂称为纺丝用溶剂。

4.2 作用原理

溶剂在化学工业中作用很大，主要有以下几方面。

(1) 溶解作用　溶解是一种物质均匀地分散到另一种物质中的过程，这另一种物质就是溶剂。低分子量固体溶质溶解时，在溶剂的作用下，固体微粒向溶剂中扩散；低分子量液体溶质溶解时，两种物质互相扩散。高分子化合物溶解时，溶剂分子向高分子化合物扩散，然后钻进高分子化合物的空隙中起链间隔离作用，降低分子链间作用力，逐渐使其溶胀，最后被溶剂完全隔开成为孤立的分子链，即完成溶解的过程。

(2) 溶剂化作用　溶剂与分子或离子通过静电引力结合的作用称为溶剂化作用。极性大的溶剂可使中性分子离解为离子，或使离子更为稳定。容易水化的无机离子的盐常用作有机物的干燥剂。离子型有机化学反应中极性有机溶剂能使中间体因溶剂化而稳定，有利于反应的进行。

(3) 萃取作用　利用物质在两种不相容的溶剂中的溶解度不同，使物质从一种溶剂（溶液）内转移到另一种溶剂中去的过程称为萃取。反复萃取，能将大部分物质提取出来。

(4) 析出作用 向一种溶液体系中加入一种可与其溶剂互混而不能溶解其溶质的溶剂，而使溶质析出的过程称为析出。例如向过氧化苯甲酰的三氯甲烷溶液中加入甲醇，即可使过氧化苯甲酰沉淀出来。

(5) 乳胶凝固作用 向乳胶中加入乙醇、丙酮之类的能与水混溶的有机溶剂，可使乳胶立即凝聚。向乳胶加入苯、四氯化碳之类与水不混溶但可溶解聚合物的有机溶剂后，胶乳会逐渐变黏，最后形成均质的凝聚物。

(6) 带出作用 酰胺化或酯化反应中，常生成副产物水等物质，为了使平衡向产物移动，就需去掉生成的水，可选择适当的溶剂以便在溶剂的回流过程中将水带出来。另外，放热反应放出的热量也可利用回流的方法向外传递一部分。

(7) 稀释作用 在生产实际中，有些物料黏度太大难以操作，常需加入一些适当的溶剂加以稀释。用于稀释物料的溶剂工业上常称为惰性稀释剂或简称稀释剂。

4.3 常用溶剂

4.3.1 乙腈（acetonitrile）

又称甲基氰、氰甲烷。分子式 C_2H_3N，相对分子质量 41.05。

结构式： $CH_3—C≡N$

① 物化性质 无色液体，具有醚的气味。能溶于水、乙醇和醚中，并能溶解多种无机盐。相对密度 0.7856，熔点 −45.72℃，沸点 80.06℃（0.1MPa），折射率 n_D^{20} 1.3441，闪点 12.8℃。有毒，在空气中的允许浓度为 $3mg/m^3$，空气中爆炸极限为 3%～20%（体积）。

② 用途 乙腈是很好的溶剂，在石油工业和油脂工业中作萃取剂。在有机合成中，从乙腈可以制备乙胺、苯乙酮、萘乙酸及维生素 B 等。

③ 生产工艺过程

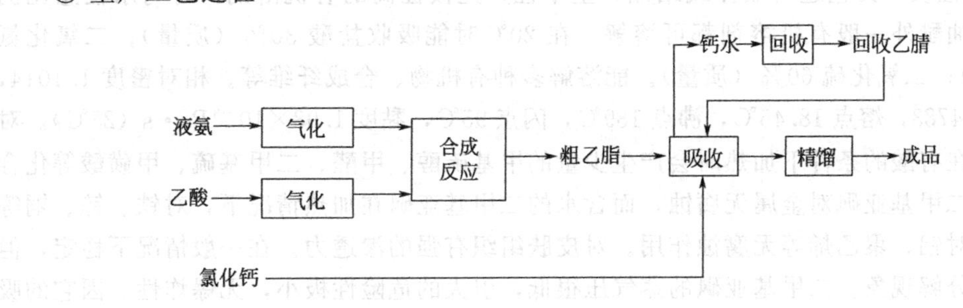

4.3.2 二甲基甲酰胺（dimethyl formamide，DMF）

分子式 C_3H_7NO，相对分子质量 73.09。

结构式：
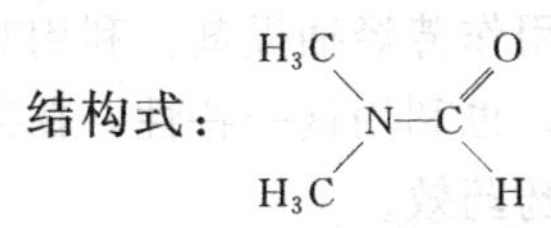

① 物化性质 无色透明液体，有氨的气味，是一种溶解力很强的有机溶剂。与水可以任意比例混合。相对密度 0.9445，沸点 153℃，黏度 0.802×10^{-3} Pa·s（25℃）。熔点 −61℃，折射率 n_D^{20} 1.4269，闪点 67℃。爆炸极限 2.2%～15.2%（体积）。有毒，空气中的允许浓度应小于 10×10^{-6}，接触皮肤时应戴防护手套。经口毒性 LD_{50} 7.0g/kg；经皮毒性

LD_{50} 5.0g/kg。

② 用途 聚丙烯腈是合成纤维纺丝用溶剂。在石油化学工业中作为气体吸收剂，用以分离和精制气体。农药上用以合成新的高效低毒杀虫剂，医药上用以合成磺胺嘧啶、强力霉素、可的松、维生素 B_6。在人造和合成皮革生产方面亦有广泛的用途。

③ 生产工艺过程

一步法工艺过程：

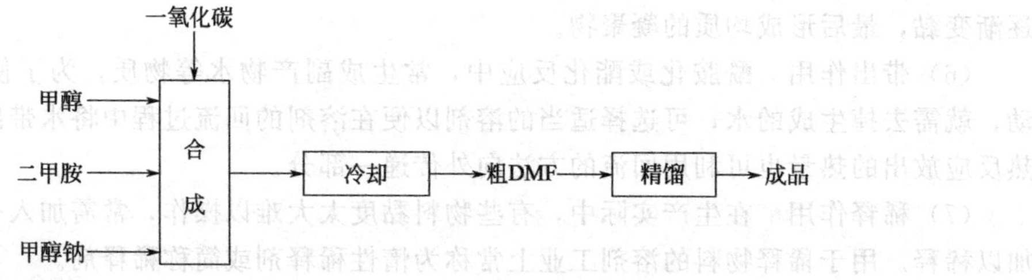

二步法工艺过程：

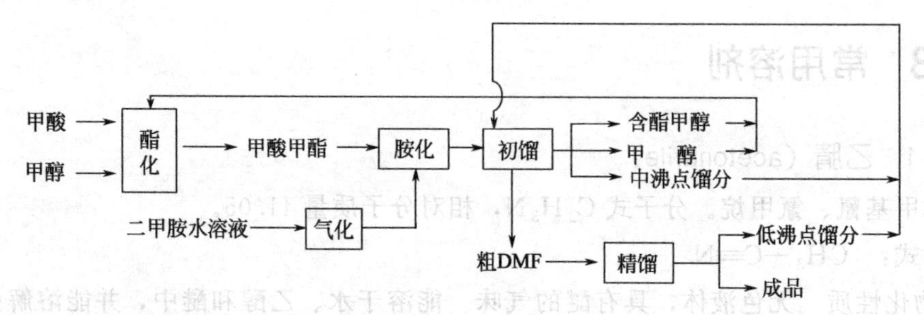

4.3.3 二甲基亚砜（dimethyl sulfoxide，DMSO）

分子式 $(CH_3)_2SO$，相对分子质量 78.13。

结构式：$CH_3-\overset{\overset{\large O}{\|}}{S}-CH_3$

① 物化性质 无色透明液体或结晶，呈中性，是极性高的有机溶剂，可与水任意比例混合，除石油醚外一般有机溶剂都可溶解。在 20℃时能吸收盐酸 30%（质量）；二氧化氮 30%（质量）；二氧化硫 60%（质量）。能溶解多种有机物、合成纤维等。相对密度 1.1014，折射率 n_D^{20} 1.4783，熔点 18.45℃，沸点 189℃，闪点 95℃，黏度 1.98×10^{-3} Pa·s（25℃）。对碱稳定，而在有酸的条件下加热时会产生少量的甲基硫醇、甲醛、二甲基硫、甲磺酸等化合物。无水的二甲基亚砜对金属无腐蚀，而含水的二甲基亚砜在加热情况下，对铁、锌、铜等有腐蚀，但对铝、聚乙烯等无腐蚀作用。对皮肤组织有强的渗透力。在一般情况下稳定，但在高温下有分解现象。二甲基亚砜的蒸气压很低，引火的危险性极小，无爆炸性。因它的吸湿性强，在贮存和包装时要密封。

② 用途 可作有机溶剂、反应介质及有机合成中间体，用途极广。也是丙烯腈聚合和纺丝溶剂，工程塑料聚砜等的聚合溶剂。还可利用其选择溶解性用作芳烃抽提剂。利用其强渗透力，溶解某些药品后，使药品向人体渗透从而达到治疗目的。也利用这一特性，在某些农药中添加少量二甲基亚砜，有助于药物向植物内渗透，提高农药药效。

二甲基亚砜可作为合成纤维染色溶剂、去色剂、染色载体，回收乙炔、二氧化硫的吸收剂，合成纤维改性剂，防冻剂等。

③ 生产工艺过程

a. 硫酸二甲酯法

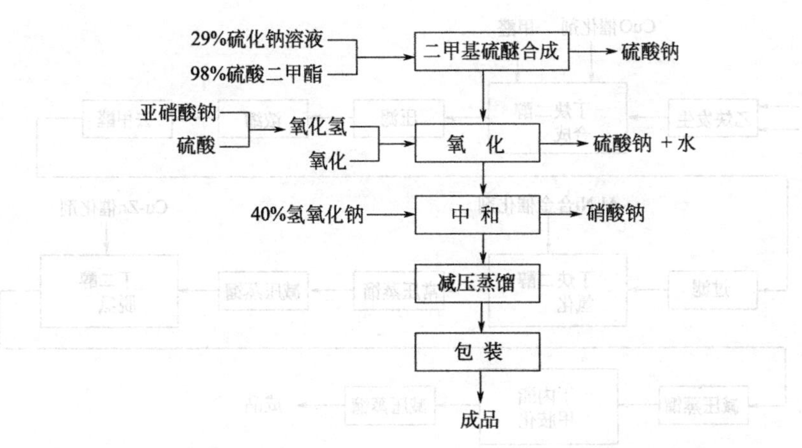

重要工艺参数：二甲基硫醚合成温度，95～105℃；减压蒸馏温度，100～120℃；真空度，6～8kPa。

b. 二甲基硫醚法

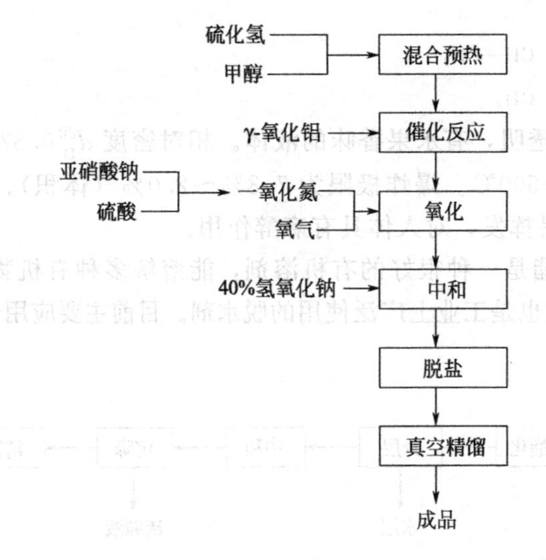

4.3.4 *N*-甲基吡咯烷酮（*N*-methyl-2-pyrrolidone）

分子式 C_5H_9NO，相对分子质量 99.13。

结构式：

$$\begin{array}{c} H_2C\text{—}CH_2 \\ | \quad\quad | \\ H_2C \quad\quad C{=}O \\ \diagdown \quad \diagup \\ N \\ | \\ CH_3 \end{array}$$

① 物化性质　无色液体。工业品为淡黄色，略带氨味，黏度低，热稳定性好的液体。能与水、乙醇、乙醚等混溶。无腐蚀作用。毒性小，相对密度 d_{D}^{20}1.0260，熔点 −17～−16℃，沸点 197～202℃（0.1MPa），折射率 n_{D}^{20}1.4666，闪点 95℃。

② 用途　优良的溶剂之一。具有选择性高、热稳定性强、沸点高、蒸气压低、溶解力强、无毒性、无腐蚀性等特点。广泛用于乙炔提浓、丁二烯萃取、异戊二烯萃取、芳香烃萃取等。还可用于矿物油和石蜡的脱色，以及作为清净剂、洗涤剂、涂料、墨水和某些药剂的分散剂，合成纤维和皮革的染色剂等。

③ 生产工艺过程

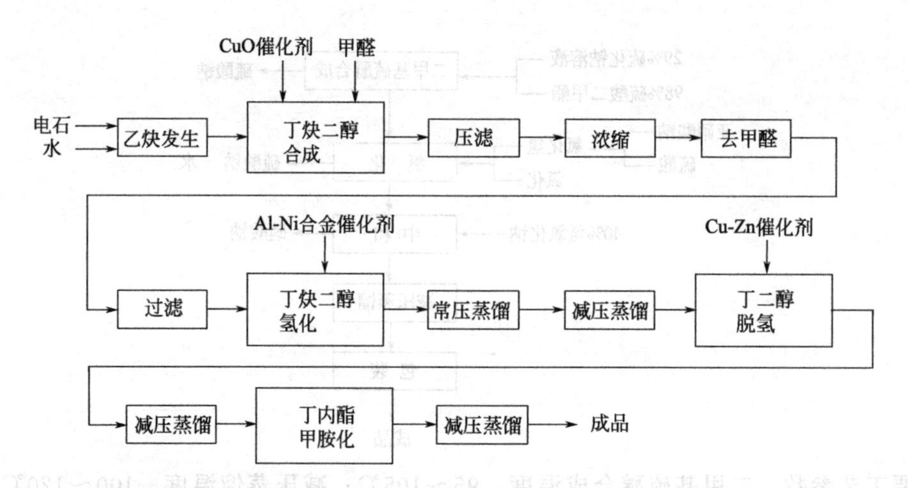

4.3.5 乙酸异丙酯（isopropyl acetate）

分子式 $C_5H_{10}O_2$，相对分子质量 102.13。

结构式：$CH_3—\overset{\overset{O}{\|}}{C}—O—\underset{\underset{CH_3}{|}}{CH}—CH_3$

① 物化性质　无色透明，有水果香味的液体。相对密度 d_D^{20}0.874，沸点 88.8℃，熔点 −72.4℃，自燃点 460～500℃。爆炸极限为 7.8%～2.0%（体积）。微溶于水，能溶于醇、醚和酮。易燃、易爆、易挥发，对人体具有麻醉作用。

② 用途　乙酸异丙酯是一种很好的有机溶剂，能溶解多种有机物质，如纤维素衍生物、塑料、油类、脂肪等。它也是工业上广泛使用的脱水剂。目前主要应用于维纶生产中回收乙酸。

③ 生产工艺过程

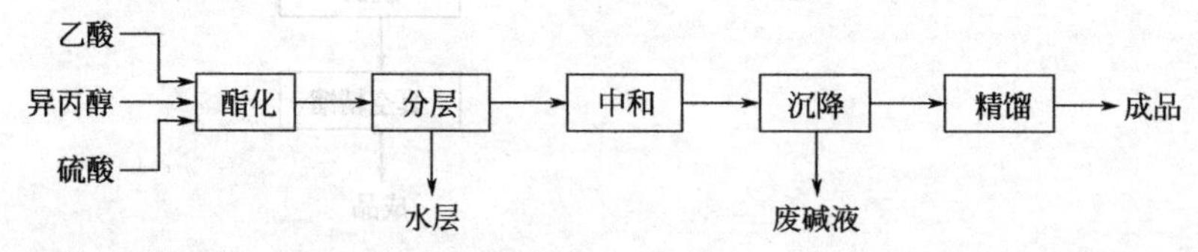

4.3.6 乙酸正丁酯（*n*-butyl acetate）

分子式 $C_6H_{12}O_2$，相对分子质量 116.16。

结构式：$CH_3—\overset{\overset{O}{\|}}{C}—O—CH_2—CH_2—CH_2—CH_3$

① 物化性质　无色透明，具有水果香味的液体。熔点 −77.9℃。沸点 126.5℃。相对密度 d_D^{20}0.8825。折射率 n_D^{20}1.3941。闪点 38℃。爆炸极限 1.7%～15%（体积）。易燃、易挥发、有毒。微溶于水，能与乙醇、乙醚混溶，溶于丙酮及苯等。其蒸气与空气会形成爆炸性混合物，贮运时应注意。

② 用途　用作漆类、人造革和塑料的溶剂，并可用作萃取剂（如苯酚及聚乙烯醇的萃取剂），以及用于香料工业等。

③ 生产工艺过程

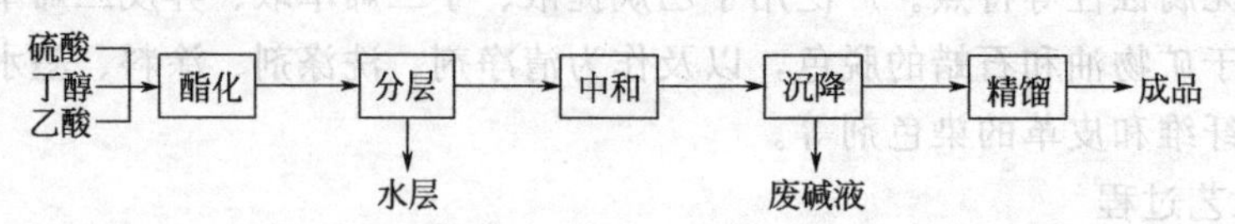

4.3.7　三氯乙烯（trichloroethene）

分子式 C_2HCl_3，相对分子质量 131.39。

结构式：$ClCH=CCl_2$

① 物化性质　无色透明液体。相对密度 d_D^{20} 1.4642，凝固点－86.4℃，熔点－73℃，沸点 87℃，折射率 n_D^{20} 1.4773。微溶于水，溶于大多数有机溶剂（如乙醇、乙醚等）。具有芳香味，对神经有麻醉作用。纯净的三氯乙烯分解较慢，不纯的三氯乙烯（如含有金属粉末、酸类和水分等）易分解，在光线照射下分解更快。因此，贮存纯三氯乙烯时需添加稳定剂。在氮气保护下或无氧条件下，三氯乙烯在 130℃以下均为稳定。

② 用途　用于有机合成、医药和农药等工业部门；制冷剂、香料、油漆和清漆的制造；作脂肪、石蜡和己内酰胺生产的萃取剂；作树脂、沥青、煤焦油、醋酸纤维素、硝化纤维素和橡胶的溶剂，以及作防冻剂和吸入麻醉剂；此外还用于干洗和脱脂；最近在电子和印刷工业上也获得应用。

③ 生产工艺过程

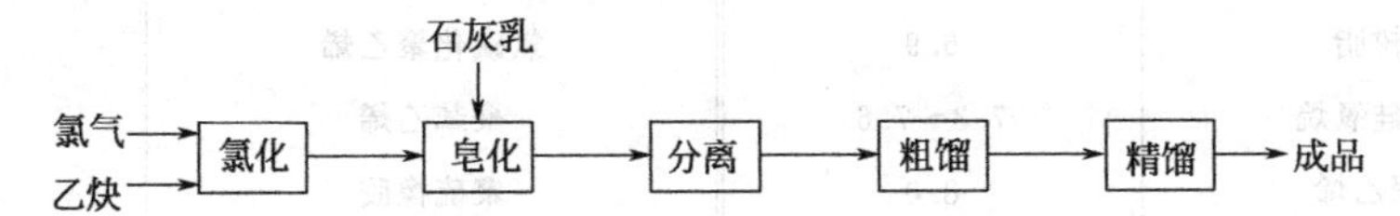

4.4　溶剂的选择原则

选择溶剂时应严格注意溶剂与溶解物间的各种相互关系，合成用的溶剂应对合成反应不产生不良影响；制备高分子溶液用的溶剂，应有最佳的溶解性能，还要考虑适当的挥发性。一般来说，选用溶剂可大致遵循以下几条原则。

4.4.1　有利于合成反应

对于经自由基聚合的合成反应来说，应选择无诱导或低诱导分解和笼蔽效应的溶剂以增大引发剂的引发效率。选用链转移常数较小的溶剂，以免因大分子链自由基向溶剂链转移而降低聚合物的分子量（具有比较活泼的氢原子或卤原子的溶剂一般易引起链转移）。选用良溶剂则可使聚合反应在均相中进行，推迟或消除凝胶效应。对离子型聚合合成反应来说，由于溶剂可能影响离子对的存在与性能，而对反应速率和聚合物分子量都有影响。极性和溶剂化能力大的溶剂能使自由离子和疏松离子对的比例都增加，结果聚合速率和聚合物分子量均增大。虽然高极性溶剂有利于链增长，聚合速率快，但作为离子型聚合的溶剂，还要求不与中心离子反应，在低温下能溶解反应物，保持流动性，因此，常选用低极性的溶剂如卤代烷而不用含氧化物的如四氢呋喃等。

4.4.2　有适当的挥发性

合成反应的溶剂一般来说，挥发性可稍低些，但不能过低，否则，脱溶剂比较困难。在合成反应中有水等小分子物需用溶剂回流带出时，溶剂的挥发性可适当高些，具体选择时应结合合成反应温度等因素。对于涂料工业、胶黏剂工业及橡胶工业所用溶剂的挥发性更应适当。挥发过快，将使表面过快干燥影响内层溶剂正常挥发，影响结晶聚合物的再结晶或使胶层、涂层起皮或起皱，还会因挥发太快而降低表面温度而吸潮；挥发太慢，影响工效。一般来说，沸点低的溶剂挥发性要大些，但沸点低并不说明挥发性就一定大，例如苯的沸点为80℃，乙醇的沸点为78.4℃，但在室温下苯的挥发速率却是乙醇的2～3倍。

4.4.3 较好的溶解性

用于制备高分子溶液的溶剂，鉴于高分子溶解比较复杂，影响因素很多，尚无比较成熟的理论指导溶剂的选择，以下几种规律可以应用。

(1) 相似相容规律 依照经验，聚合物与溶剂结构相似时，易于溶解，如天然橡胶可溶于烃类溶剂，聚乙烯醇可溶于水。

(2) 溶解度参数相近规律 溶剂与聚合物的溶解参数差小于1.5则可以溶解，否则不溶。表4-1列出的是常见聚合物的溶解度参数。

表4-1 常见聚合物的溶解度参数

聚合物	$\delta/(\mathrm{cal/ml})^{1/2}$	聚合物	$\delta/(\mathrm{cal/ml})^{1/2}$
聚四氯乙烯	6.2	丁苯橡胶(PS28.5%)	8.48
古马隆树脂	6.9	氯磺化聚乙烯	8.9
聚二甲基硅氧烷	7.3～7.6	聚苯乙烯	8.5～9.1
低密度聚乙烯	8.0	聚硫橡胶	8.5～9.4
中密度聚乙烯	8.1	氯丁橡胶	8.2～9.4
高密度聚乙烯	8.2	聚甲基丙烯酸甲酯	9.3
聚丙烯	7.9～8.1	聚醋酸乙烯酯	9.4
乙丙橡胶	7.9～8.0	丁腈橡胶-18	8.93
聚异丁烯	8.05	丁腈橡胶-26	9.30
丁基橡胶	8.09	丁腈橡胶-40	9.90
天然橡胶	7.9～8.35	聚碳酸酯	9.5
异戊橡胶	8.25	聚氯乙烯	9.5～9.7
顺丁橡胶	8.33～8.6	101(2402)树脂	9.5
聚氨酯	10.0	酚醛树脂	11.5
聚苯基甲基硅氧烷	9.0	聚甲醛	11.1
环氧树脂	9.7～10.9	尼龙	12.5～13.6
乙基纤维素	10.3	聚丙烯腈	15.4
聚对苯二甲酸乙二醇酯	10.7	纤维素	15.7
硝酸纤维素	10.6～11.5	聚乙烯醇	23.4
醋酸纤维素	10.7～11.4		

(3) 混合溶剂协同效应规律 有时两种单独不能溶解某聚合物的溶剂，按一定比例混合后，可以较好地溶解该聚合物。混合溶剂的比例可通过溶解度参数计算与实验验证来研究。

$$\delta_{\mathrm{mix}}=\sum\varphi_i\delta_i$$

式中，φ_i，δ_i 分别表示第 i 种溶剂的体积分数和溶解度参数。

4.4.4 较低的毒性

应避免使用高毒性的溶剂，例如橡胶工业常用汽油、乙酸乙酯、丙酮等低毒性溶剂代替苯、卤代烃等毒性溶剂。表4-2为常用聚合物的适用溶剂。

表 4-2 常用聚合物的使用溶剂

聚合物名	溶 剂
聚乙烯,聚丙烯	常温不溶
聚苯乙烯	各种酯类,苯、甲苯、二甲苯,二甲基甲酰胺,四氢呋喃,二噁烷,四氯化碳,二氯甲烷,氯仿,氯苯,硝基苯,吡啶,吗啉,乙腈
聚甲基丙烯酸甲酯	醋酸甲氧基乙酯,四氢呋喃,丙酮,异佛尔酮,异亚丙基丙酮,二氯甲烷,乙酸甲酯,冰醋酸
聚氯乙烯	四氢呋喃,二甲基甲酰胺,环己酮,硝基苯,吗啉
氯乙烯-醋酸乙烯共聚物	四氢呋喃,二噁烷,二甲基甲酰胺,环己酮、丙酮,硝基苯,吗啉,二甲基亚砜,硝基甲烷
过氯乙烯树脂	丙酮,环己烷,二甲基甲酰胺,四氢呋喃,二噁烷,二氯甲烷,氯仿,氯苯,邻二氯苯,硝基苯,硝基甲烷
聚偏二氯乙烯	常温不溶。在甲苯,二甲苯,苯酚,间甲酚,二甲基甲酰胺,四氢呋喃,二噁烷,环己酮,邻二氯苯,硝基苯,二甲基亚砜等溶剂的沸点温度下可溶
尼龙	甲酸(98%～100%),苯酚(90%),间甲酚,氯化钙-乙醇溶液
线型聚酯	邻氯苯酚,沸点下的苯酚,间甲酚,二甲基甲酰胺
聚碳酸酯	二氯甲烷,氯仿,沸点下的苯,甲苯,二甲苯,二甲基甲酰胺,四氢呋喃
聚丙烯腈	二甲基甲酰胺,硝酸,氯化锌浓溶液
聚醋酸乙烯	各种酯类,丙酮,苯,甲苯
聚乙烯醇缩甲醛	环己酮,甲酸(98%～100%),硝酸,硝基乙烷,间甲酚
醋酸纤维素	硝酸,丙酮,甲酸(98%～100%),苯酚,间甲酚,二甲基甲酰胺,二噁烷,四氢呋喃,二甲基亚砜,硝基甲烷,吗啉
三醋酸纤维素	硝酸,甲酸(98%～100%),间甲酚,二噁烷,二氯甲烷,氯仿,二甲基亚砜
硝化纤维素	甲醇,乙二醇单乙醚,各种酯类,四氢呋喃,甲乙酮,丙酮
聚四氟乙烯	无溶剂
天然橡胶	苯,甲苯,二甲苯,氯仿,四氯化碳
丁苯橡胶	苯,甲苯,二甲苯,四氯化碳
丁腈橡胶	苯,甲苯,二甲苯,丙酮,氯仿,醋酸乙酯,吡啶
聚氨酯甲酸酯橡胶	沸点下的苯酚、间甲酚,二甲基甲酰胺,二甲基亚砜,四氢呋喃,硝基苯
氯丁橡胶	甲乙酮,环己酮,醋酸乙酯,甲苯,二甲苯,氯仿
氯醇橡胶	苯,环己酮
丁基橡胶	苯,甲苯,二甲苯,二氯甲烷,四氯化碳

4.5 溶剂研究现状及发展趋势

4.5.1 溶液聚合（自由基聚合）中溶剂使用

将单体溶解于溶剂中进行聚合的方法称为溶液聚合。所生成聚合物若能溶于溶剂中则叫做均相溶液聚合，不溶并析出者叫做非均相溶液聚合，也称沉淀聚合。如丙烯腈在二甲基甲酰胺溶剂中的溶液聚合是均相溶液聚合，丙烯腈在水溶液中的聚合则是非均相聚合。

在高分子材料工业中，溶液聚合占有重要地位，化学纤维产品中，聚丙烯腈、维纶的原料——聚乙酸乙烯酯是采用溶液聚合生产的。此外也用该法生产许多有工业价值的胶黏剂、涂料等。

溶液聚合的优点是以溶剂为传热介质，热的传递得到改善，聚合温度容易控制。反应体系中聚合物浓度较低，不易进行链自由基向大分子转移而形成支化或交联产物。溶液聚合因溶剂的链转移作用容易调节聚合物的分子量及分子量分布。溶液聚合反应后的产物易于输送，低分子物容易除去。而在制造胶黏剂、涂料及纺丝浆的情况下，聚合后溶剂不必除去可直接应用。

溶液聚合方法的缺点是由于单体浓度被溶剂稀释，聚合速率缓慢，收率较低，分子量不高，聚合物生产过程中，增加溶剂的回收及纯化等工序，易造成环境污染，此外尚需考虑安全等问题。

溶液聚合因有溶剂存在，将对聚合反应速率、聚合物分子量、聚合物的分子量分布以及对聚合物的结构都有着重要的影响，因此溶剂的选择是非常重要的。

4.5.2 离子聚合溶剂使用

由于阳离子具有很高的活性，极快的反应速率，同时也对微量的助催化剂和杂质非常敏感，极易发生各种副反应。为获得高分子量的聚合物，不得不使反应在溶剂中进行，用溶剂化效应来调节聚合反应过程；或在较低的温度（如－100℃）下反应，以减少各种副反应和异构化反应的发生。这就决定了在高分子合成工业中，阳离子聚合往往采取低固含量的溶液聚合方法及原料和产物多级冷凝的低温聚合工艺。由于聚合只限于使用高纯有机溶剂，不能用水等便宜物质作介质，因而生产成本较高。一般来说，凡是可采用自由基聚合的单体都不采用离子型聚合来制备聚合物。阳离子聚合常使用的溶剂有卤代烷如四氯化碳、氯仿和二氯乙烷、烃类化合物如甲苯和己烷及硝基化合物、硝基甲烷和硝基苯。在阳离子聚合体系中，活性中心可以紧密离子对、松离子对和被溶剂隔开的自由离子对而存在。反应介质通过改变自由离子对和离子对的相对浓度和离子对存在的形式，给聚合反应带来很大的影响。当反应介质的溶剂化能力提高时，离子对由紧密离子对变成由溶剂隔开的离子对，而自由离子的增长速率比离子对增长速率快。

构成阴离子聚合体系的第三个重要组分是溶剂，不同的溶剂可能对引发剂的缔合与解缔、活性中心的离子对形态和结构及聚合机理产生特别重要的影响。阴离子聚合广泛采用非极性的烃类（烷烃和芳烃）溶剂如正己烷、环己烷、苯、甲苯等，但也常采用极性溶剂如四氢呋喃、二氧六环和液氨等。然而，阴离子聚合不能采用含有质子的化合物如无机酸、乙酸、三氯乙酸、水、醇等。其他溶剂中含有这类化合物，它们的含量也必须控制在（10～15）$\times 10^{-6}$以下。因为这类物质易与增长着的负离子反应，造成链终止。在采用烃类化合物作溶剂时，为了增加反应速度，沉淀加入少量含氧、硫、氮等原子的极性有机物作为添加剂。这些物质都是给电子能力较大的化合物，如四缩乙二醇二甲醚、四甲基乙二胺、四氢呋喃、乙醚或络合能力极强的冠醚及穴醚等，促进紧离子对分开形成松离子对，从而促进反应速度的增长。

对比自由基聚合与离子型聚合反应中溶剂的影响发现，自由基聚合，溶剂只参与链转移反应，并可影响引发剂分解速率；离子型聚合，溶剂的极性和溶剂化能力对引发和增长活性中心的形态有很大影响，使之可分别处于共价结合、紧密离子对、疏松离子对，直到自由离子。各种状态对聚合速率、产物分子量及立体规整性都有很大影响。除此之外，离子型聚合除了用非极性烃类溶剂外，对其他溶剂是有选择性的。阳离子聚合可用卤代烷、CS_2、液态SO_2、CO_2等作溶剂。而阴离子聚合则可用液氨、液氯和醚类等作溶剂。不能颠倒使用，否则会产生链转移或终止反应。

采用齐格勒-纳塔催化剂生产顺丁橡胶、异戊橡胶、乙丙橡胶等；一般在有机溶剂介质中进行聚合反应，故称为溶液聚合。当前我国采用环烷酸镍/三氟化硼＋乙醚络合物/三异丁基铝三元催化剂，以加氢汽油（60～90℃抽余油）或苯为溶剂，使丁二烯聚合，生产顺丁橡胶。国外以钛、钴和镍系不同催化剂体系生产顺丁胶时，都采用苯和甲苯作溶剂，其优点是溶解性好、挂胶少（开工率高)。关于挂胶机理，吉田敏雄等曾发现丁二烯在镍催化体系中进行溶液聚合是一个无终止反应的过程，在溶解良好的情况下体系呈均相溶液状态，未终止的活性中心只能使单体聚合。如果溶解情况不好，有线型聚合物沉析出来，留在其中的活性中心会使线型分子2，3位置的π键打开而交联起来形成凝胶。这种凝胶沉积于管壁、釜壁及其他死角就形成挂胶，影响正常生产。根据这一分析，可知影响挂胶的主要因素为催化剂过浓（包括配比太大)、溶剂溶解性能较差。由此可见苯、甲苯的溶解性能好，挂胶也少。而我国用的抽余油其溶解性能较差，易于挂胶，但由于抽余油在我国资源十分丰富、价格低廉、毒性很小、利于工人劳动保护。而苯在我国较紧缺，且有毒，不利于工人健康。因此，我国多采用抽余油作为溶剂。

4.5.3 缩合聚合用溶剂

在溶剂中进行的缩聚反应称为溶液缩聚，是当前工业生产缩聚物的重要方法，其应用规模仅次于熔融缩聚法。缩聚随着耐高温缩聚物的发展，溶液缩聚法的重要性日益增加，一些新型的耐高温材料，如聚砜、聚酰亚胺、聚苯硫醚、聚苯并咪唑等，大多是采用溶液缩聚法制备的。另外，在实验室的探索实验中也常采用溶液缩聚法。若反应产物黏度增大或两单体溶液反应后产物析出时，则可能生成高分子物。溶液缩聚的基本特点是溶剂的存在。溶剂对反应过程和产物性能都有影响，因而，反应过程的基本规律与熔融缩聚不完全一致。与熔融缩聚相比，溶液缩聚法缓和、平衡，有利于热交换，避免了局部过热现象。此外，缩聚时不需要真空。溶液缩聚制得的聚合物溶液可直接作清漆、胶黏剂或用于成膜或纺丝。其主要缺点是由于使用溶剂，因而成本较高。此外，还需增加缩聚产物的分离、精制及溶剂回收等工序。

一般而言，液-气界面缩聚中，液相最好为水，液-液界面缩聚中，一个液相为有机溶剂，另一液相为水。在液-气界面缩聚中，液相为水时才能得到高分子量的产物，若采用非水溶剂时，也应有足够高的极性。在液-液界面缩聚中，采用水的优点是：可加速界面处进行的基本反应，很好地溶解二元胺、双酚盐等单体，以及低分子副产物、酸接受体等，从而可使反应顺利进行。有机溶剂要能很好地溶解或溶胀聚合物，与水不互溶，对碱稳定，以减少酰氯的水解。不含单官能杂质，用量适当，分子量随其用量的减少而增加。因反应多在有机相一侧进行，反应开始后有机相内低聚物密度大，界面间反应端基密度大，分子间作用概率有所增高，水解概率相对降低，故有利于产物分子量的提高。有机溶剂的性质对产物分子量有很大影响。例如在水-有机溶剂体系中进行聚脲的合成，采用不同的有机溶剂，产物的特性黏度可相差10倍之多。

4.5.4 共聚用溶剂

溶剂是否对自由基共聚的 r_1 和 r_2 产生影响，长期以来一直存在争议。早在1948年Lewis就报道过，St同MMA在极性不同的溶剂中进行自由基共聚，例如分别在苯（介电常数 $\varepsilon=2.28$)、甲醇（$\varepsilon=3.7$）和乙腈（$\varepsilon=38.8$）中共聚时发现：尽管溶剂的极性差别很大，但是，所测得的 r_1 和 r_2 值几乎不随溶剂的极性而改变。但是，根据Ito和Cameron的报道，MMA（M_1）—St（M_2）或St（M_1）—MMA（M_2）在不同的溶剂中进行自由基共聚发现，随着溶剂性质的变化，r_1、r_2 尽管变化很小，但毕竟有所改变，至于单体的相对活性为什么会随溶剂的性质而改变，Bamford等认为增长的自由基可与溶剂形成络合物，这种络合物的活性比原来的自由基更大。他们用MMA加入ABIN引发剂于25℃进行光照聚合，所用溶剂是苯、氟苯、氯苯、苯胺、溴苯、氰基苯、苯甲酸甲酯和邻苯二甲酸二甲酯。发现

ABIN的光分解速度不随溶剂的极性而改变，而 k_p 却随上述溶剂次序显著增大。从而认为 k_p 增大是由增长的自由基和溶剂形成更加活泼的络合物造成的。在有氢键和可以发生互变异构的单体的自由基共聚合反应中，溶剂的影响则是另一种情形。凡是能借助于氢键与单体形成络合物的溶剂，都使单体的相对活性变小；有利于单体发生互变异构的溶剂也使单体的相对活性明显下降，这种现象在文献中常统称为“表观”溶剂效应。前者可用丙烯酸（AA）或甲基丙烯酸（MAA）的共聚来说明，后者可用丙烯酰胺（Aam）或*N*-甲基取代的丙烯酰胺（MAAm）在不同溶剂中的共聚为例来考虑。

在离子型共聚中，溶剂的影响十分复杂，它既影响增长离子对的解离度，又通过配位来影响增长离子的性质和活性。至于溶剂的性质对单体的相对活性的影响，由于在相同条件下可以对比的定量数据甚少，因此暂时还得不出规律性的结论。

思考题

1. 溶剂是如何定义和分类的？
2. 概述溶剂是如何起作用的。
3. 概述溶剂的选择原则。
4. 概述阳离子聚合溶剂的研究使用现状。

第5章 分散剂

5.1 概述

在悬浮聚合过程中，为了防止早期液滴间和中后期聚合物颗粒间的聚并，体系中常加有分散剂或稳定剂。分散剂是指一类对聚合反应无影响或微有影响的具有亲油亲水性的化合物，分散剂在很大程度上属于表面活性剂。

工业上采用的分散剂，早期是具有阻止聚结作用的高聚物，以后发现加入少量不溶于水的无机物也能起到类似的分散作用，因此按基本性能可将分散剂分为水溶性高分子物和水不溶性无机物两类。现在一般按其组成与性质分类，天然高分子化合物如明胶、果胶、淀粉、阿拉伯树胶、甲基纤维素、羟乙基纤维素、羧甲基纤维素、羟丙基甲基纤维素等；合成高分子化合物如聚乙烯醇、苯乙烯-顺丁烯二酸酐共聚物、聚丙烯酸及其盐类、聚乙烯基吡咯烷酮、磺化聚苯乙烯等；难溶性盐如硫酸钡、碳酸钙、碳酸钡、碳酸镁、磷酸钙等；无机高分子化合物及金属氧化物如滑石粉、膨润土、矾土、高岭土、硅藻土、石灰石等。表 5-1 为常用分散剂的性能与用途。

表 5-1　常用分散剂的性能与用途

品　种	性　质	用　途
明胶	天然多肽，白或淡黄色透明固体，无毒、无臭，溶于热水、有机酸，不溶于酚、醚、氯仿	聚氯乙烯生产中
甲基纤维素(MC)	白色、无味、无毒、纤维状物、不溶于热水和有机溶剂、具吸湿性、分散性，稳定性	聚氯乙烯生产中，及涂料、纺织、医药、文化用品
羟乙基纤维素(HEC)	白色至淡黄色纤维状或粉状固体，无毒、无味、易溶于水，不溶于多数有机溶剂	聚氯乙烯，聚苯乙烯等
羟丙基甲基纤维素(HPMC)	白色粉末或纤维状，能溶于水和有机溶剂，甲氧基值 26%～28%，羟丙基值 5%～7%	合成树脂，石油化工及纺织印染等
聚乙烯醇	白色颗粒或粉末、低毒、可溶于水或仅能溶胀，耐油脂、有机溶剂等，有吸湿性	广用的分散剂，可作胶黏剂
苯乙烯-顺丁烯二酸酐共聚物	白色粉末，具吸湿性	高温悬浮聚合分散剂
硫酸镁	无色结晶，溶于水，微溶于乙醇和甘油	聚苯乙烯生产中
全氟辛酸	白色结晶，b. p. 189～191℃，m. p. 32℃，可溶于水，呈强酸性，具刺激性	聚四氟乙烯，氟橡胶的制备中
ω-氢全氟庚酸钾	白色粉末，无毒，可溶于水	聚四氟乙烯制备中

5.2 分散原理

高分子分散剂的作用机理是吸附在液滴表面如图 5-1，其分子链或亲油部分进入液滴中，亲水部分伸出在外形成一层保护膜，使液滴不易聚集或破碎。无机分散剂的作用机理是不溶于水的无机粉末吸附在液滴表面形成一机械隔离层，使液滴不能聚集。

部分有机高分子分散剂还能降低表面张力和界面张力，使液滴变小，聚合后形成的聚合物粒子的结构与性能也不相同。例如氯乙烯悬浮聚合成聚氯乙烯，采用明胶做分散剂时，其水溶液表面张力较大，将形成乒乓球状紧密树脂；而用醇解度为 80% 的聚乙烯醇或羧甲基纤维素做分散剂时，水溶液表面张力较小，将形成棉球状疏松树脂。

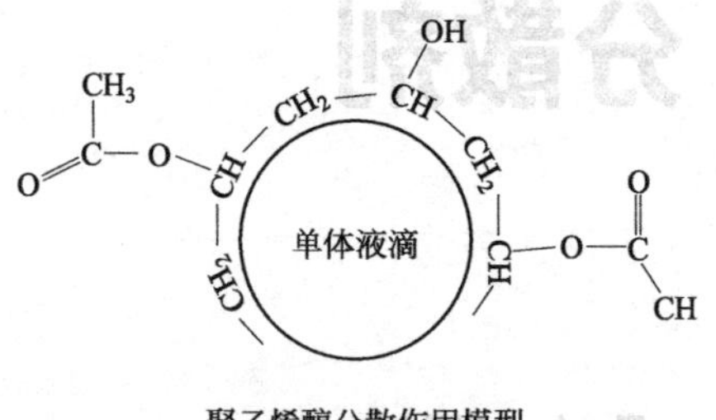

聚乙烯醇分散作用模型

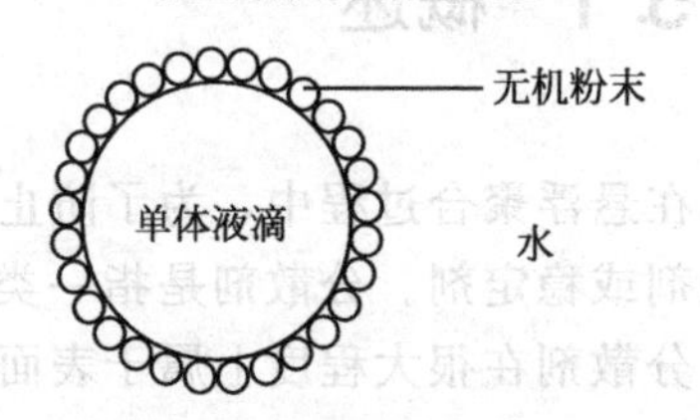

无机粉末分散作用模型

图 5-1 分散剂的分散作用

5.3 非水溶性无机分散剂

5.3.1 碱式磷酸钙（hydroxyapafite，HAP）

实际上是磷酸钙和氢氧化钙的复盐，由氯化钙（$CaCl_2 \cdot 2H_2O$）水溶液和磷酸钠（$Na_3PO_4 \cdot 12H_2O$）水溶液经复分散反应配制而成。

$$10CaCl_2 + 6Na_3PO_4 + 2H_2O \longrightarrow Ca(OH)_2 \cdot 3Ca_3(PO_4)_2 + 18NaCl + 2HCl$$

HAP 晶体呈针形结构，经电镜观察发现，长轴为 0.12～0.25μm，短轴为 0.02～0.05μm，其尺寸与制备条件、发育程度有关。在苯乙烯液滴表面的吸附层厚度约 0.25μm，这一尺寸虽与 HAP 长轴尺寸相当，但非垂直吸附，而是平躺多层吸附。HAP 与 SDBS 配合使用能使聚合体系稳定，有特殊的分散保护机理。用于苯乙烯悬浮聚合，用量明显减少（水量的 0.1%），且能制得粒度合格的聚苯乙烯。HAP/PVA 复合体系用于苯乙烯悬浮聚合，可改善聚合物粒度及其分布的稳定性。在这一复合分散体系中，PVA 起着主要作用，HAP 除协助阻碍液滴聚并外，并使粒径变小，且分布窄。

用悬浮聚合法制备大粒径聚苯乙烯时，HAP/PVA/SDBS 是较理想的分散体系，用量少，粒径分布窄，粘釜轻，兼有单组分分散剂的优点。

5.3.2 氢氧化镁或碱式碳酸镁

由氯化镁和氢氧化钠溶液配制成的氢氧化镁颗粒细，保护能力强，稳定性好。固含量 0.2% 的溶液经陈化 24h，半沉降周期长达 48min，清液界面清晰，形成氢氧化镁沉淀的反应速率快，在短时间内反应就较完全，粉末呈针状晶体，实际上陈化半小时，$t_{1/2}$ 就趋向稳定。

$$MgCl_2 + 2NaOH \longrightarrow Mg(OH)_2 + 2NaCl$$

碱式碳酸镁实际上是氢氧化镁和碳酸镁的复盐，由碳酸钠水溶液和硫酸镁（或氯化镁）水溶液就地反应而成。

$$2Na_2CO_3+2MgSO_4+H_2O \longrightarrow Mg(OH)_2 \cdot MgCO_3+2Na_2SO_4+CO_2$$

$$2Na_2CO_3+2MgCl_2+H_2O \longrightarrow Mg(OH)_2 \cdot MgCO_3+4NaCl+CO_2$$

一般先将部分或全部碳酸钠水溶液（8%～10%）加入配制槽内，保持60～70℃温度，在一定搅拌强度下，以适当的速度同时加入余下的碳酸钠溶液和硫酸镁溶液（15%～16%）。氢氧化镁或碱式碳酸镁多用作甲基丙烯酸甲酯的悬浮（共）聚合。

5.4 水溶性有机高分子

5.4.1 明胶（Gelatin）

其通式为：

$$\mathrm{NH_2{-}CH(R){-}COOH}$$

明胶是动物蛋白质类的亲液胶体，由牲畜、鱼类的骨、皮、鳞、内脏膜等原料经轻度水解后提纯制得，主要用于食品、医药、照相器材等工业。食品级或照相级明胶均可用作悬浮聚合的分散剂，还用于紧密型聚氯乙烯树脂的生产。

根据生产方法的不同，市场上有三类明胶：碱处理明胶、酸处理明胶、酶处理明胶。碱处理明胶占主要地位，酶处理处于发展阶段。生产明胶的原始化合物称做胶原蛋白（胶朊），经轻度水解后才成为明胶（蛋白），进一步水解，经过一系列中间产品，最后成为氨基酸。

可见，氨基酸是明胶大分子的结构单元（$RCHNH_2 \cdot COOH$），明胶属多肽类高分子。根据原料的不同，明胶分子有近20种氨基酸，高级照相明胶由上千个氨基酸单元组成，平均相对分子质量达5万～6万。

5.4.2 纤维素醚类

纤维素醚类是纤维素衍生物中的一大类，溶于水或有机溶剂，具有增稠剂、流动控制剂、悬浮剂、保护胶体、水性胶黏剂、液晶、成膜剂或热塑性塑料的功能。应用范围很广，涉及食品、油漆、采油、造纸、化妆品、医药类、胶黏剂、印刷、农业、陶瓷、纺织、建筑材料等部门。

5.4.3 聚乙烯醇

聚乙烯醇呈白色或微黄色粉末或粒状，熔点约228℃，$T_g \approx 85$℃。全水解PVA只溶于热水和沸水，DH=88%的PVA在室温下可溶。PVA在水中的溶解性能与醇解度有关。

聚乙烯醇（PVA）由聚乙酸乙烯酯（PVAC）水解而成。

$$\sim\!\sim CH_2{-}\underset{|}{\underset{OAc}{CH}}{-}CH_2{-}\underset{OAc}{CH}{-}CH_2{-}\underset{OAc}{CH}\sim\!\sim \xrightarrow[NaOH]{} \sim\!\sim CH_2{-}\underset{OH}{CH}{-}CH_2{-}\underset{OAc}{CH}{-}CH_2{-}\underset{OH}{CH}\sim\!\sim +CH_3OAc$$

聚乙烯醇商品可分为两大类：①全水解，残留乙酸酯<2%（摩尔分数），用于制备合成纤维；②部分水解，DH≈80%～88%，也包括DH=70%，主要用作表面活性剂和保胶胶体。PVA再按聚合度或20℃下4%溶液的黏度分成许多品种，如DP=2400、2000、1700、1000、500等，或黏度=0.004～0.006Pa·s、0.02～0.03Pa·s、0.04～0.05Pa·s、0.06Pa·s等。聚合度相同时，部分水解聚乙烯醇水溶液黏度比全水解的要低。

聚乙烯醇可用来制维纶纤维，用作纺织染料、乙酸乙烯乳液聚合的乳化剂、悬浮聚合的分散剂、胶体稳定剂、水性涂料和胶黏剂（尤其是纸张和木材等）、安全玻璃卡层等。

5.5 超分散剂

传统分散剂虽然在水性介质中有很好的分散效果，但对固体颗粒在非水体系中的分散却不佳。为此，国外从 20 世纪 70 年代开始研究开发了一系列非水体系用聚合物型分散剂。因其独特的分散效果，国外普遍称为“超分散剂”。

常用超分散剂有以下几种。

① 含取代氨端基的聚酯分散剂，可用于颗粒在有机溶剂及磁粉在基质中的分散。分子结构可写作：

$$(G{-}R{-}NH{-}CO)_2N{-}R{-}NH{-}CO{-}Q$$

G 为—NCO、—NH_2；R 为 C_2～C_{10} 为烷基；Q 为聚酯链（溶剂化段）。

② 用于分散颜料的接枝共聚物分散剂。其分子结构包括两部分，主链为顺丁烯二酸酐同乙烯基单体的共聚物，侧链为醋酸乙烯酯或丙烯酸酯类聚合物。

③ 聚（羟基酸）酯类分散剂。用于颜料分散，其分子结构可写作 $HO{-}[X{-}COO]_n{-}M$，其中 X 为二价烷基，M 为 H 或金属。

④ 分子结构为 YCOZR 的分散剂。其中 Y 为聚酯醚；Z 为 $—N(T^1)—A—$ 或 —O—A—（T^1 为 H 或烷基，A 为烷基或烷基烃）；R 为 $—N(T^2)(T^3)$ 或 $N^+(T^2)(T^3)(T^4)$（T^2、T^3、T^4 同 T^1，W^- 为有/无色阴离子）。

⑤ 低聚皂类分散剂。分子结构为：

$$-[CH(OC_2H_5){-}CH_2{-}C(COOC_2H_5ONa)_2{-}CH_2]_n-$$

⑥ 水溶性高分子分散剂

$$-[CH(COOCH_3){-}CH(COOR){-}CH_2{-}CH(C_6H_5){-}CH(COONa){-}CH(COOCH_3)]_n-$$

⑦ 酞菁颜料的分散剂：$D{-}[Z{-}O{-}(OC{-}X{-}O)_y{-}H]_n$，其中 D 为酞菁自由基；Z 为二价桥基，如—$CH_2$—，$—O{-}(OC{-}X{-}O)_y$ 为酯链。

5.6 其他分散剂

除以上介绍的几种常见分散剂外，还有一些并不常见但应用前景十分广阔的分散剂，现介绍几种。

5.6.1 添加表面活性剂的分散体系

表面活性剂有阳离子型、阴离子型、非离子型之分，这些表面活性剂中含有亲水基与疏水基两个部分，添加表面活性剂，可进一步降低分散液的界面张力。添加表面活性剂分散体系的类型举例如下。

添加山梨醇棕榈酸酯，原用分散剂体系中第一组分 PVA（A）聚合度 720，醇解度 70%；第二组分 HPC（B）20%水溶液（黏度 4mPa·s）。A：B=10：1，总用量为单体的 0.05%，添加上述表面活性剂用量的 0.09%，以过氧化月桂酰为引发剂，制得 PVC 树脂 0.25mm 以下 2.5%，0.1mm 以上 5.3%增塑剂吸收不透性 20%，吸收时间达 4min，塑化时间 170s。若不用表面活性剂，0.25mm 以下 2.7%，0.1mm 以上 6.6%，增塑剂吸收不透性 6.6%，吸收时间 7.5min，塑化时间 170s。

5.6.2 不同醇解度和聚合度（黏度）的 PVA 二元复合或三元复合物

现举两例说明不同的醇解度和聚合度对 PVC 树脂的影响。PVA-1，醇解度 65%，聚合度 200；PVA-2，醇解度 75%，聚合度 1000。

由总用量为氯乙烯单体 0.1%的过氧化二碳酸二异丙酯为引发剂，制得 PVC 树脂粒子分布较窄，小于 105μm 粒子为 5%，大于 210μm 的 2%，孔隙率达 0.36cm^3/g。

如果单采用一种 PVA（醇解度 80%，聚合度 2500），用量仍为单体的 0.1%，则制得的 PVC 树脂粒度分布宽，小于 105μm 粒子占 14%，177～210μm 的为 16%，孔隙率只有 0.3cm^3/g。

另有一类合成高分子分散剂，是采用如丁二烯-苯乙烯-丙烯酸嵌段共聚，由于这些聚合物链段的亲水亲油性能而具有独特的分散效果。例如丁二烯-苯乙烯-丙烯酸以（15～80）：（30～70）比例的嵌段共聚物作分散剂，用量是单体的 0.01%～0.5%，制得的 PVC 树脂表观密度 0.5%，吸油率 25.9%，粒度分布 97.2%<250μm，0.9%<6μm 。

5.6.3 复合分散剂

在国内外有不同生产厂家生产的一些复合分散剂，主要是纤维素醚复合体系、PVA 复合体系、纤维素醚和聚乙烯醇复合体系、添加表面流行性剂复合体系、改性 PVA 和高分子嵌段聚合物复合体系等。

5.7 分散剂助剂

在悬浮聚合中，除以上无机分散剂、明胶、纤维素醚类、部分醇解聚乙烯醇等高分子类分散剂用作主分散剂外，为了进一步降低表面张力、改善分散能力、提高保护能力、调节颗粒特性，往往加入第二、三组分作为分散剂的助剂，这类助剂往往是阴离子型和非离子型的表面活性剂。

（1）阴离子型表面活性剂　阴离子表面活性剂种类很多，如脂肪酸盐、硫酸盐、磺酸盐、磷酸盐等，但用作分散剂助剂的一般选择十二烷基硫酸钠和十二烷基苯磺酸钠。配用的目的是降低表面张力，还可能起到双电层保护的辅助作用。

（2）聚乙二醇类非离子型表面活性剂　非离子型表面活性剂有聚乙二醇类和多元醇类两大类。聚乙二醇类又称聚醚类，是环氧乙烷的加成物。例如以脂肪醇为起始剂，氢氧化钾为催化剂，形成脂肪醇/环氧乙烷加成物（EOA）。

$$ROH + n\ H_2C\overset{O}{—}CH_2 \xrightarrow{KOH} RO[CH_2CH_2O]_nH$$

烷基酚、脂肪酸、脂肪胺等含活性氢（PXH）化合物均可与环氧乙烷（EO）加成，形成聚醚类表面活性剂，通式如下：

$$RXH + nEO \xrightarrow{KOH} RX[EO]_nH$$

改变疏水基团 R、连接环节 X、环氧乙烷数 n，可以形成多种聚环氧乙烷类非离子表面活性剂。

（3）多元醇类非离子型表面活性剂　聚乙烯醇、甘油（3OH）、季戊四醇（4OH）、失水山梨糖（4OH）乃至蔗糖（8OH）都属于多元醇，经部分酯化后，就成为多元醇类非离子型表面活性剂。

5.8 分散剂研究现状及发展趋势

分散剂主要应用于悬浮聚合中。悬浮聚合具有许多优点：如以水为介质，价廉，不需要回收，安全，产物易分离，生产成本低，体系黏度低，热量易带走，温度易挥发，产品质量稳定等，其产物分子量一般比溶液聚合物高，与乳液聚合相比，具有吸附分散剂量少、易脱除、产品含杂质较少等优点。其缺点是需要把聚合物从分散介质中分离出来，并洗去添加剂。分散剂的使用，可大大防止聚合过程中聚合物粒子黏结，悬浮聚合因此而得到了突飞猛进的发展。20 世纪 30 年代应用水溶性高分子作分散剂，40 年代初期开始用无机粉末作分散剂。随后，大量的文献介绍了水溶性保护胶体和不溶性无机粉末作分散剂的情况。70 年代又发展成超分散剂，极大地拓宽了分散剂的应用范围。然而时至今日，分散剂的选择也只有表面化学的原理作一定的定性解释，在很大程度上还只停留在经验和技艺的水平上。能够定量地、系统地解释分散剂作用机制的条件尚不具备。

悬浮聚合的主要影响因素有搅拌强度、分散剂性质。另外，水和单体的比例、反应温度、引发剂种类与用量、聚合速率、单体种类等因素也有影响。分散剂和搅拌是影响悬浮聚合物粒度、粒度分布、颗粒形态等颗粒特性的重要因素。在搅拌特性固定的条件下，分散剂的种类、性质和用量则成为控制颗粒特性的关键因素。

按传统习惯，悬浮聚合分散剂可分为水溶性的有机高分子（如聚乙烯醇）和非水溶性无机粉末（如磷酸钙）两大类。随着悬浮聚合技术的发展，综合考虑到保护/隔离和降低界面张力/提高分散效果的双重作用，往往采用复合分散体系，包括两种或多种有机分散剂的复合、有机和无机分散剂的复合，有时还添加少量阴离子表面活性剂（如十二烷基硫酸钠）。

悬浮聚合主要应用于生产聚氯乙烯（PVC），聚苯乙烯、离子交换树脂、聚苯乙烯-二乙烯基共聚树脂，聚（甲基）丙烯酸酯类，聚乙酸乙烯酯等，而据有关研究表明，悬浮聚合在转化率为 25%～70%之间，易产生粘锅结块现象，从而不适于制造合成橡胶。

传统分散剂其分子结构存在某些局限性：亲水基团在极性较低或非极性的颗粒表面结合不牢靠，易解吸而导致分散后离子的重新絮凝；亲油基团不具备足够的碳链长度（一般不超过 18 个碳原子），不能在非水性分散体系中产生足够多的空间位阻效应起到稳定作用。为了克服传统分散剂在非水分散体系中的局限性，开发了一类新型的超分散剂，对非水体系有独特的分散效果，它的主要特点是：快速充分地润湿颗粒，缩短达到合格颗粒细度的研磨时间；可大幅度提高研磨基料中的固体颗粒含量，节省加工设备与加工能耗；分散均匀，稳定性好，从而使分散体系的最终使用性能显著提高。国外对高分子研究起步较早，研究多，但大多适用于油溶体系。目前，国内外对水性体系的研究较少，而由于对环保要求的逐步提高，溶剂逐渐由油性体系过渡到水性体系，水性体系用高分子分散剂将成为研究的热点。因此水性体系用高效超分散剂和天然高分散剂将会是研究的热点。同时，目前国内对于超分散剂的作用机理、超分散剂的分子量及分子量分布等基础理论方面的探讨比较薄弱，需要进一步深入，以确定不同分子量超分散剂的应用领域。

思考题

1. 分散剂是如何定义和分类的？
2. 试述分散剂分散原理。
3. 概述碱式磷酸钙的制备及物理性能。
4. 概述目前国内超分散剂的研究现状。

第6章 乳化剂

6.1 概述

乳化剂属表面活性剂之一，是一种能使两种或两种以上互不相容（或部分相容）的液体（如油和水）形成稳定分散体系（乳状液）的物质。乳化剂加入少量即能显著改变一相表面或两相表面的各种性质，这种性质包括表面张力、界面张力、电导度、粒度、渗透压、浊度、密度、洗涤能力等。

乳化剂是在乳液聚合过程中起着重要作用的一类物质。乳液聚合则是由单体和水在乳化剂作用下配制成的乳液中进行的聚合，体系主要由单体、水、乳化剂及溶于水的引发剂四种基本组分组成。在这样的体系中，由内向外传热很容易，不会出现局部过热，更不会暴聚。而且乳液聚合反应比其他聚合过程的反应速率要高，会使生产成本降低，同时分子量高，是生产高弹性的合成橡胶所必需的。而且，大多数乳液聚合以水为介质，一方面避免了采用昂贵溶剂以及回收溶剂的麻烦，也减少了引起火灾和污染的可能性；另一方面，乳液聚合有后处理工序复杂、多变性和反应器有效利用空间不大的缺点。乳液聚合在合成材料工业上主要用于丁苯、丁腈、氯丁橡胶及聚氯乙烯的生产。

任何乳化剂分子中都含有亲水基团和亲油基团，常按乳化剂分子中亲水基团的性质将乳化剂分成阴离子型、阳离子型、非离子型和两性乳化剂四种类型。

6.2 作用原理

乳化剂在乳液聚合中虽然一般不参与化学反应，但是却起着极其重要的作用。

（1）降低表面张力　每种液体都具有一定的表面张力，当向水中加入乳化剂以后，其表面张力会明显下降，并且乳化剂种类不同、用量不同其表面张力下降的程度也不相同。

水中加入乳化剂后，因为乳化剂的亲水基团溶于水，而亲油基团却被水推开指向空气，部分或全部水面被亲油基团覆盖，将部分水-空气界面变成了亲油基团-空气界面，油的表面张力小于水，故乳化剂水溶液的表面张力，即在乳液聚合体系中水相的表面张力小于纯水的表面张力。

（2）降低界面张力　若在水中加入少量乳化剂，其亲油基团必伸向油相，而亲水端则在水相中。因为在油水相界面上的油相一侧，附着上一层乳化剂分子的亲油端，所以就将部分油-水界面变成亲油基团-油界面，这样就降低了界面张力。例如水-矿物油的界面张力为0.045N/m，若向水相中加入乳化剂，让其浓度为0.1%，则其界面张力将降低到0.001～0.010N/m。

(3) 乳化作用　乳液聚合所采用的单体和水互不相容，单凭搅拌不能形成稳定的体系。当有乳化剂存在时，在搅拌作用下，单体形成许多珠滴，在这些单体珠滴的表面上吸附上一层乳化剂，其亲油基团伸向单体珠滴内部，亲水基团则露在水相。若所采用的阴（阳）离子型乳化剂，那么在单体珠滴表面上就会带上一层负（正）电荷，由于在单体珠滴之间存在着静电推斥力，故小珠滴之间难以撞合成大珠滴，于是就形成了稳定的乳状液体系，这就是乳化剂的乳化作用。

(4) 分散作用　单纯的聚合物小颗粒和水的混合物，由于密度不同及颗粒相互黏结的结果，不能形成稳定的分散体系。但是在加入少量乳化剂后，就会在聚合物颗粒表面吸附上一层乳化剂分子，在每一个小颗粒上都带上一层同号电荷，因而使每个小颗粒能稳定地分散并悬浮在介质中。在合成乳胶中，乳胶粒之所以能稳定地悬浮在水中而不凝聚，就是因为乳化剂的分散作用。

(5) 形成胶束的作用　向体系中加入的乳化剂首先以单分子形式溶解在水中成为真溶液，真溶液的浓度超过临界胶束浓度（CMC）以后，大约50～100个乳化剂分子聚集在一起，亲油基团彼此靠在一起，亲水基团向外伸向水相，这种球状、层状或棒状的乳化剂聚集体就是胶束，是聚合反应发生的主要地方。乳化剂浓度越大时，胶束浓度也越大，所生成的乳胶粒数目也越多，聚合反应速率也就越快。

(6) 增溶作用　在乳化剂的水溶液和单体的混合物中，部分单体按其在水中的溶解度，以单分子分散在水中形成真溶液。另外还将有更多的单体被溶解在胶束内（约10～50个单体分子），这种溶解是单体与胶束中心的亲油部位相似相容造成的，并非像真溶液中那样是以单分子形式分散在水中的，因此称为乳化剂的增溶作用。由引发剂分解产生的初级自由基与水中的单体反应生成的单体自由基进入增溶胶束中与增溶的单体反应聚合是乳液聚合反应的主要组成部分。乳化剂浓度越大，生成的胶束越多，越大，增溶作用越显著，聚合反应速率也越大。

(7) 发泡作用　由于加入乳化剂后降低了水的表面张力，与纯水相比乳化剂溶液更容易扩大表面积，即容易起泡。起泡在乳液聚合中是有害的，常加入少量的消泡剂加以排除。

6.3 常用乳化剂

6.3.1 歧化松香

国外商品名称为Nilox（美）、Rosin861（美）、Rondis（日）等。

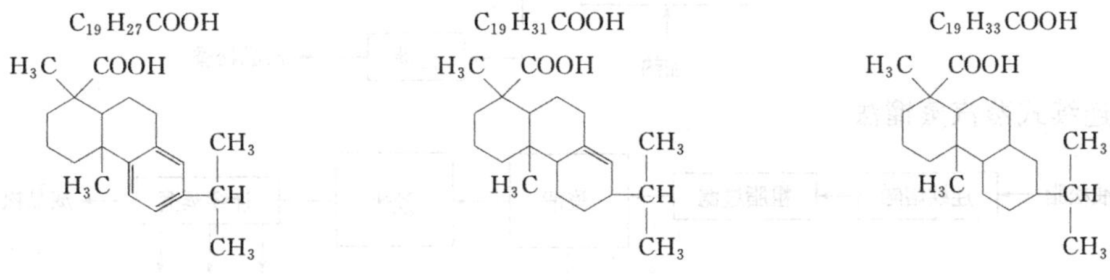

$C_{19}H_{27}COOH$　　$C_{19}H_{31}COOH$　　$C_{19}H_{33}COOH$

歧化松香是脱氢松香酸（$C_{19}H_{27}COOH$）、二氢松香酸（$C_{19}H_{31}COOH$）和四氢松香酸

($C_{19}H_{33}COOH$) 的混合物，外观为微黄至黄红色带有蓝紫色荧光的透明硬脆玻璃状固体。歧化松香皂化液为丁苯橡胶、氯丁橡胶等聚合用乳化剂，也可做橡胶增塑剂、胶黏剂、口香糖和高级造纸胶料的配料等。

其制备工艺为：

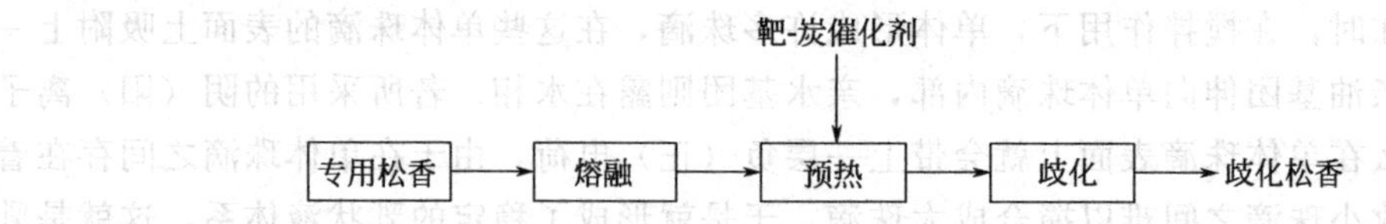

6.3.2 松香酸

又名熟松香、树脂酸 $C_{19}H_{29}COOH$。松香主要由以下几种结构组成。

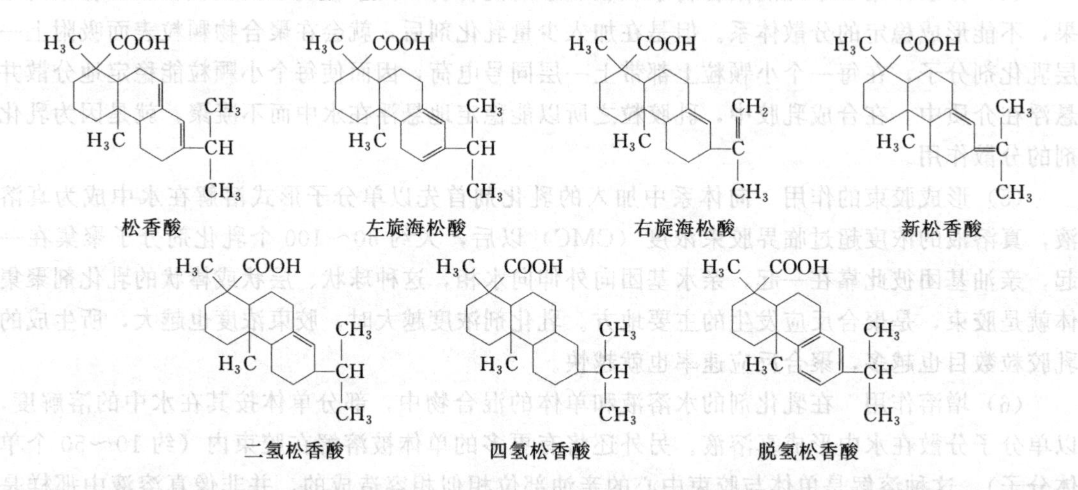

松香酸外观为微黄至黄红色透明、硬脆、有松脂气味的玻璃状固体。不溶于水，微溶于热水，易溶于乙醇、乙醚、丙酮、苯、二氯乙烷、二硫化碳、松节油、石油醚、汽油等有机溶剂，并溶于油类和碱溶液。其极细粉尘与空气的混合物具有爆炸性。虽无剧毒，但其浓密蒸气可引起头痛、晕眩、咳嗽、气喘等急性中毒病状。松香为易燃品，燃烧时会产生大量浓黑烟，故严禁与其他易燃易爆物一起贮运，且不宜破碎并长期见光贮存。

松香用途广泛，主要用于合成橡胶、合成塑料、涂料、造纸胶料、表面活性剂、胶黏剂、农药乳化剂、印刷油墨、橡胶制品、医药、电器、电缆、建筑材料润滑剂、皮革填充剂等方面。

松香含有松香酸，在工业上通常不经提纯直接用作乳化剂，其制备工艺如下。

① 直接火滴水法

② 连续式蒸汽蒸馏法

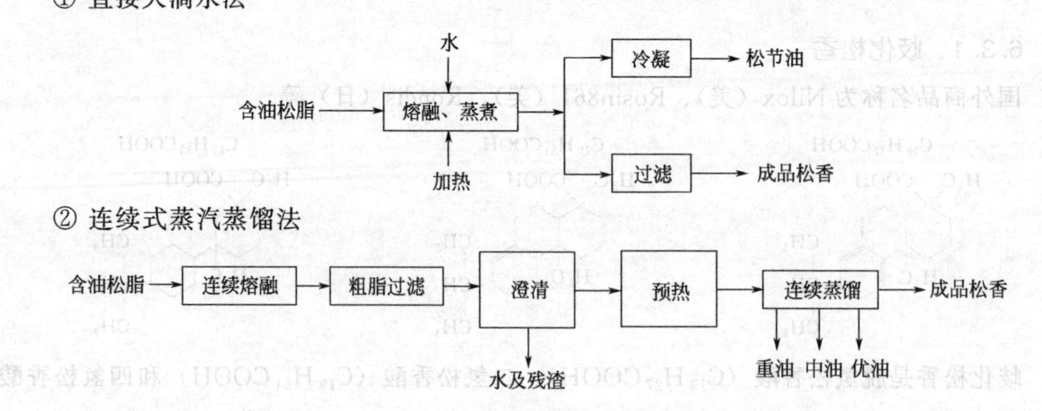

6.3.3 十二烷基硫酸钠（SDS）

又名脂肪醇硫酸钠，分子式 $C_{12}H_{25}SO_4Na$。其商品名有 Texapon R_{12}（德国）、Empicol L_2（英国）、Tensopol DP（比利时）。

本品为白色至微黄色粉末，具有轻微的特殊气味，易溶于水，无毒。用作氯乙烯乳液聚合用乳化剂或悬浮聚合用助分散剂，以及合成橡胶等聚合用乳化剂。还可用作合成纤维纺丝的抗静电剂，纺织品的洗涤剂、助染剂。也用作牙膏发泡剂，医药用乳化分散剂以及金属选矿的浮选剂等。

其制备工艺为：

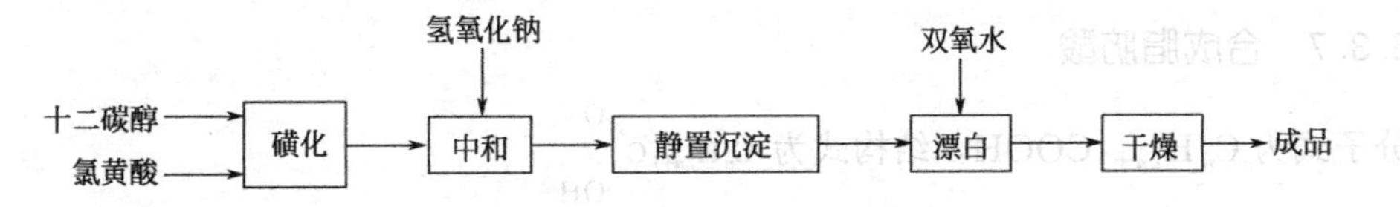

6.3.4 烷基磺酸钠

又名石油磺酸钠，分子式 RSO_3Na（$R=C_{14}\sim C_{18}$烷基）。

随烷基 R 的不同性状有所区别，通常有臭味，能完全溶于水，对酸碱均稳定，具有较强的去污、渗透及发泡性能。

在氯乙烯悬浮聚合中用作助分散剂。还广泛应用于合成橡胶、纺织、印染、皮革、造纸、建筑、铸造、选矿、爆破及消防等方面作乳化剂、起泡剂、润湿剂、洗涤剂、油类增溶剂等。

其制备工艺为：

二氧化硫、氯气、石油烃 → 磺酰氯反应（光）→ 脱气（空气）→ 皂化（氢氧化钠）→ 静置、分馏（→ 未反应石油烃）→ 成品

6.3.5 二丁基萘磺酸钠

又名渗透剂 BX、拉开粉 BN、拉开粉 BNS。

（结构式：萘环上带 NaO_3S 基团及两个 C_4H_9 基团）

本品为浅橙色透明的液体，固状物为米白色粉末，易溶于水，对酸、碱、硬水都较稳定，是一种阴离子表面活性剂。具有优良的润湿性、渗透性、乳化及起泡等性能，有毒，对口腔、咽喉黏膜有刺激使用。易受潮结块，应贮存于阴凉、干燥通风处。

在合成橡胶生产中做乳化剂，也可以用作洗涤剂、助染剂、分散剂、润湿剂等。

其制备工艺如下：

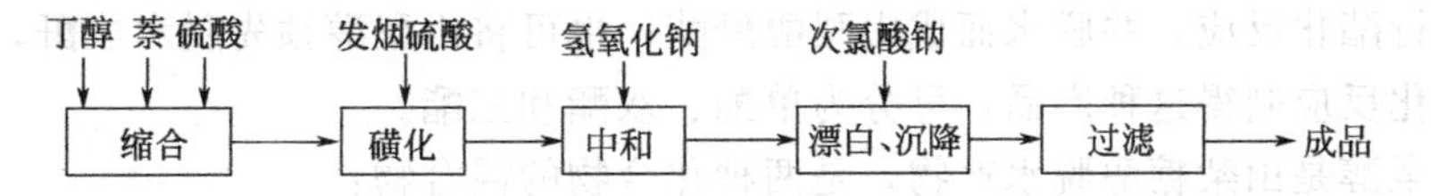

6.3.6 匀染剂 O

即脂肪醇聚氧乙烯醚，其他商品名称有匀染 102、平平加 O、乳化剂 O、平平加 X-102、平平加-20。国外商品名为 Nekanil O（德）、Emulphor O（德）、Peregal O（美）。

本品为白色至微黄色膏状物，10%水溶液在 25℃澄清透明，具有良好的乳化、匀染扩

散等性能。可用作涤纶等合成纤维纺丝油剂的组分之一。在乳胶工业中用作乳化剂。在纺织工业中广泛用作各类染料的匀染剂、剥色剂，一般用量为 0.2～1g/L。本品对硬脂酸、石蜡、矿物油等物具有独特的乳化性能。高分子乳液聚合时用 作乳化剂的组分之一，亦可作为玻璃纤维润滑油的乳化剂。

其制备工艺如下：

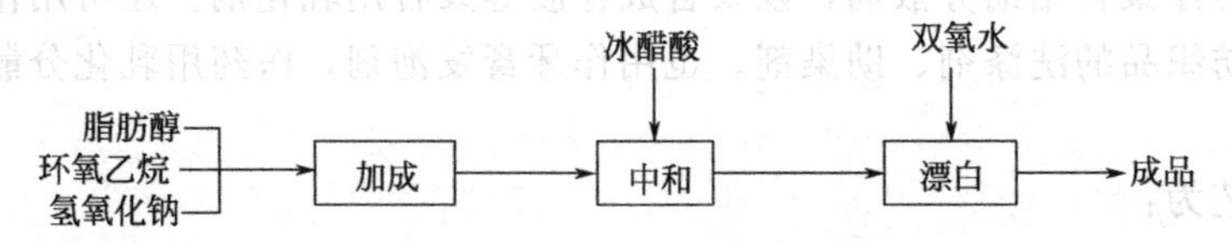

6.3.7 合成脂肪酸

分子式为 $C_nH_{2n+1}COOH$，结构式为 $C_nH_{2n+1}C(=O)OH$

合成脂肪酸不溶于水及乙醇，但溶于石油醚。无毒，无爆炸性。对一般金属有腐蚀，需贮运于玻璃、陶瓷、塑料和铝制容器中。

合成脂肪酸用于制造增塑剂、表面活性剂、胶黏剂、纺织助剂、润滑油、石油破乳剂等；也是 ABS 乳液聚合时的乳化剂，并可代替动植物生产合成硬脂酸及肥皂。

其制备工艺如下：

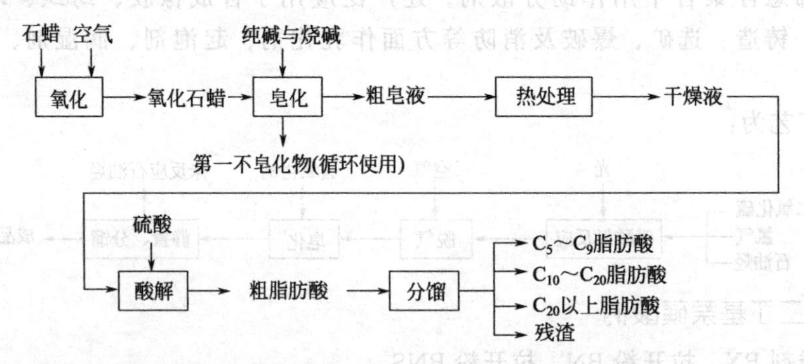

6.3.8 非离子型乳化剂

非离子型乳化剂可以在很宽泛的 pH 值条件下使用，也可用在某些对电性无要求或要求中性的乳液聚合过程中。大多数非离子型乳化剂由环氧乙烷与带有活泼氢的化合物加酚、醇、羧酸、胺及酰胺等反应而制得。这种乳化剂可以很方便地调节分子中亲水基和亲油基的比例，以满足不同的需要。还有一类对于乳液聚合很有用的乳化剂，商品名为 Span 和 Tween，它们是以山梨醇为基础而制得的。Span 为部分酯化的化合物，未酯化的羟基能与环氧乙烷反应，生成的产物商品名称是 Tween。

脂肪酸山梨醇酐酯（Span）是一类高乳化能力的非离子表面活化剂。将山梨醇与脂肪酸加热，进行酯化反应，并脱水而成山梨醇酐酯；也可将山梨醇预先脱水成酐，然后再与脂肪酸进行酯化反应制得这种产品，可分为单酯、双酯和三酯。

失水山梨醇是山梨糖醇脱水产物，是两种化合物的混合物：

根据脂肪酸的不同，Span 系列产品性质也不同。主要产品有单月桂酸山梨醇酐酯

(Span80，HLB 值 4.3)、三油酸山梨醇酐酯 (Span85，HLB 值 1.8)、单硬脂酸山梨醇酐酯 (Span60，HLB 值 4.7)、单棕榈酸山梨醇酐酯 (Span40，HLB 值 6.7) 等。

脂肪酸山梨醇酐酯在食品工业中的用量约占 10%，主要用于面包、糕点、冰淇淋等乳化食品中，起乳化、分散和稳定作用。

Tween 系列是指脂肪酸山梨醇酐酯聚氧乙烯醚。

6.4 新型乳化剂

传统乳化剂虽然品种、数量很多，但均存在某些缺点，如产品稳定性差、影响成膜速度、造成环境污染、影响聚合产物及膜性能等。为了克服传统乳化剂的不足，已开发了一些新型表面活性剂用作乳化剂，包括低泡沫表面活性剂、高分子表面活性剂、易分解的乳化剂以及可聚合表面活性剂 (以下称可聚合乳化剂)。

低泡沫乳化剂主要是含有聚环氧乙烷、聚环氧丙烷的乳化剂，特点是聚合中及产品起泡性小，便于聚合操作和改善膜性能。

高分子表面活性剂是指亲油端或亲水端至少一个是聚合物链，分子量通常很大，其乳化效果一般较好。这是由于其亲油链长，可以“溶”于单体或乳胶粒中，因此，其稳定性比全靠物理吸附的传统乳化剂更好。

易分解的乳化剂是指在膜形成后乳化剂分子容易被破坏，例如热敏性乳化剂，这类乳化剂的亲油端和亲水端都有一个易断的共价键。

可聚合乳化剂特点是：在聚合过程或聚合作用发生以后表面活性剂分子可以永久地键合到胶粒上，用它制备的乳液稳定性最为可靠。它可以克服传统乳化剂的许多弊端。

这里主要介绍可聚合乳化剂

可聚合乳化剂系指分子结构中含有可发生聚合反应基团的一类乳化剂。这类乳化剂在较高温度或引发剂存在下可发生聚合反应，因此，国外又称为表面活性单体 (surface active monomer，SURFMER)。

根据可聚合基团的不同，可聚合乳化剂可分为以下几类。

6.4.1 烯丙基类可聚合乳化剂

此类乳化剂可聚合基为烯丙基，由于与双键相连的是亚甲基，故双键活性较低，一般只能与丙烯酸酯、醋酸乙烯酯等活性较高、水溶性单体共聚，而对于苯乙烯这类水难溶的、活性不高的单体不适用。同时由于烯丙基活性较低，键合率不高，其应用受到了一定限制。

乳化剂 (DUSS) 只能在紫外线引发下进行自由基聚合，这主要是烯丙基聚合能力低所造成的，但 DUSS 与一些较强受电子单体共聚时也能有较高的聚合速率。DUSS 结构式如下：

$$CH_2{=}CH{-}(CH_2)_9{-}O\overset{O}{\overset{\|}{C}}{-}\underset{SO_3Na}{\underset{|}{CH}}{-}CH_2{-}\overset{O}{\overset{\|}{C}}{-}O{-}(CH_2)_9{-}CH{=}CH_2$$

烯丙基烷基琥珀酸磺酸钠结构式如下：

$$CH_2{=}CH{-}CH_2O{-}\overset{O}{\overset{\|}{C}}{-}\underset{SO_3^-}{\underset{|}{CH}}{-}CH_2{-}\underset{O}{\underset{\|}{C}}{-}O(CH_2)_n{-}CH_3$$

当$n>11$时性能优良，可用于醋酸乙烯酯、丙烯酸酯等单体乳液聚合或共聚；乳液稳定性能好，用于乳胶涂料制备可提高胶膜的耐水性和机械强度。

6.4.2 马来酸可聚合乳化剂

该类乳化剂可聚合基团为马来酸酯，通式为：

$$R-O-\underset{\underset{O}{\|}}{C}-CH=CH-\underset{\underset{O}{\|}}{C}-O-R'$$

如乳化剂 11，当$n>6$时，具有表面活性。它可用于氯乙烯和丙烯酸酯共聚，制备的改性丙烯酸纤维具有较好的力学性能及优良的光热稳定性。

Tauer K 等人合成了一系列$n=12\sim18$的乳化剂 11。这些乳化剂在苯乙烯乳液聚合中能有效地键合到胶粒表面。

$$^{-}O_3S-(H_2C)_3-O-\underset{\underset{O}{\|}}{C}-HC=CH-\underset{\underset{O}{\|}}{C}-O-(CH_2)_n-CH_3$$

乳化剂 11

近年来，Desmazer 等人使用马来酸可聚合乳化剂 12，用分散聚合法制备单分散的粒径为 900～2000mm 的苯乙烯粒子。实验结果显示，马来酸类可聚合乳化剂转化率相当高，而乳化剂在粒子表面的键合率却较低。乳液聚合与分散聚合由于聚合介质和条件不同，导致结果有如此差异。

$$^{-}O_3S-(H_2C)_{11}-O-\underset{\underset{O}{\|}}{C}-HC=CH-\underset{\underset{O}{\|}}{C}-(CH_2CH_2O)_n-H$$

乳化剂 12

6.4.3 苯乙烯类可聚合乳化剂

这类乳化剂其乙烯基与苯环相连，活性一般。TsaurL 等人合成了乳化剂 13（SSDSE)，并用它制备了几组单分散苯乙烯胶粒，粒径为 90～120nm。胶粒合成分两步：第一，通过传统乳液聚合制得低表面电荷密度的单分散种子；第二，加入乳化剂 12 进行种子乳液共聚。

$$CH_2=CH-C_6H_4-O-(CH_2)_{12}SO_3Na$$

乳化剂 13

6.4.4 丙烯酰胺类可聚合乳化剂

该类乳化剂含有丙烯酰胺基团，活性较高，可用于苯乙烯单体的乳液聚合。如丙烯酰胺烷基磺酸盐乳化剂 14（$n>7$）广泛应用于苯乙烯、丙烯酸酯等的聚合，所得到的胶乳与使用传统乳化剂比，具有低的起泡性和较高的耐水性，还可改善聚合材料的力学性能。

$$CH_2=CH-\overset{\overset{O}{\|}}{C}-NH-\underset{\underset{CH_2-SO_3^-}{|}}{CH}-(CH_2)_n-CH_3$$

乳化剂 14

Greene 很早就合成了乳化剂 15 并应用于丁苯胶乳聚合。发现在丁苯胶粒上能键合的乳化剂为 80%，不能键合的为 20%。

$$CH_3-(CH_2)_8-\underset{\underset{\displaystyle H_2C{=}HC-\underset{\underset{\displaystyle O}{\|}}{C}-NH}{|}}{CH}-(CH_2)_7-COO^-$$

乳化剂 15

6.4.5　(甲基)丙烯酸类可聚合乳化剂

该类乳化剂的反应基团是丙烯酸基或甲基丙烯酸基，活性超过以上几种。Cochin D 等人用乳化剂 16 聚合苯乙烯时发现，当苯乙烯转化率为 50%时，几乎所有的乳化剂都已反应。这说明，甲基丙烯酸基团反应活性比苯乙烯的要高得多。

$$H_2C{=}\underset{\underset{\displaystyle CH_3}{|}}{C}-COO-(CH_2)_{11}-\overset{\overset{\displaystyle CH_3}{|}}{\underset{\underset{\displaystyle CH_3}{|}}{N^+}}-CH_2CH_2-OHBr^-$$

6.5　乳化剂研究现状及发展趋势

目前市售乳化剂形形色色，名目繁多。有天然产物也有合成产物，为低分子或高分子产品。这类物质从结构上讲，它们的分子中都含有两类性质截然不同的部分：亲水或疏油的极性基团和亲油或疏水的非极性基团。近年来关于乳化剂的科学和实践发展很快，相继出现了低泡沫乳化剂、高分子表面活性剂、易分解的乳化剂、可聚合的乳化剂等高效能的乳化剂。

思考题

1. 乳化剂是如何定义和分类的？
2. 试述乳化剂作用原理。
3. 常用乳化剂有哪些？简述这些乳化剂性能。
4. 近年新近研究出的乳化剂有哪些？

第7章 分子量调节剂

7.1 概述

分子量调节剂，即聚合调节剂，又称调节剂、链转移剂，是一种能够调节、控制聚合物分子量和减少聚合物链支化作用的物质。

分子量调节剂的特征是它的链转移常数大。它在聚合体系中的用量虽然很少，一般为原料单体质量的0.1%～1%（用量太大会产生阻止聚合的负效应），但却能显著降低聚合物的分子量，缩小分子量的分布范围，从而提高聚合物的可溶性和可塑性，对改善高聚物的加工性能有着重要的意义。

分子量调节剂的种类很多，从结构上讲都是一些含有弱共价键的化合物，如偶氮键、二硫键以及苯甲氢、烯丙氢、第三氢等碳氢键等。根据其组成与结构可分为硫醇及其衍生物如十二硫醇、醋酸正十二硫醇酯，硫黄，亚油酸盐，过硫化合物如二硫代二异丙基黄原酸酯，多卤代烷如四氯化碳、四溴化碳，醇如异丙醇，氢（常用在乙烯、丙烯的聚合及溶液聚合反应中），亚硝基化合物及一些具有活性 α-H 的化合物等类型。

由于乳液聚合反应的链终止速率低，大分子自由基寿命长，可以有充分时间进行链增长，所制得的聚合物分子量要比采用其他聚合方法大得多，而且在乳胶粒中进行的聚合反应大多为无规聚合，所以加入分子量调节剂来控制聚合物的分子量及分子结构对于乳液聚合过程来讲尤为重要。例如，在乳液聚合法制橡胶中，工业上主要采用脂肪族硫醇和二硫代二异丙基黄原酸酯。

至于溶液聚合反应，由于其聚合方法和工艺上的特点，一般可以简单地采用氢作分子量调节剂，也可以利用催化剂或改变工艺条件以控制分子量，而不需要其他特殊的分子量调节剂。

本章对各类分子量调节剂作了简要介绍，并概括地讨论了各种因素对分子量调节剂调节效率的影响。

7.2 作用原理

分子量调节剂是一类链转移常数较大的化合物，它们对聚合活性链进行链转移，终止活性链，使之变成具有特定分子量的终聚物。其反应过程可简示如下：

$$M_n\cdot + M \xrightarrow{k_p} M_{n+1}\cdot \qquad \text{（链增长反应）}$$

$$M_n\cdot + Tr \xrightarrow{k_{trf}} M_n + Tr\cdot \text{(链转移反应)}$$

$$Tr\cdot + nM \xrightarrow{k_a} TrM_n\cdot \equiv M_n\cdot \text{(链再引发反应)}$$

式中，$M_n\cdot$、$M_{n+1}\cdot$为活性链自由基，M为单体，Tr为分子量调节剂，M_n为聚合度为n的终聚物，k_p、k_{trf}、k_a依次为链增长、链转移和转移链再引发的速率常数。

通过k_p、k_{trf}、k_a三者间的关系可以判定某种能发生链转移的化合物能否用作分子量调节剂。作为分子量调节剂的化合物，经链转移后生成的自由基$Tr\cdot$的活性应与活性大分子链$M_n\cdot$的活性相当，即$k_p \approx k_a$才能保持一定的聚合速率。

7.3 常用分子量调节剂

7.3.1 叔十二碳硫醇（*t*-dodecyl mercaptan）

其商品名有Sulfole（Philips Chem. Co美）、4P-Mercaptan（Hooker chem corp美）。分子式为$C_{12}H_{25}SH$，结构式为$CH_3(CH_2)_{11}SH$。

该品为无色或灰黄色黏性可燃性液体，有特殊的臭味。不溶于水，溶于乙醇、乙醚、丙酮、苯、汽油、酯类等。

用作合成橡胶和塑料常用的分子量调节剂，能降低高分子链的支化度，并使分子量分布均匀，还可用作陶瓷工业的“金水”、油井酸化剂以及制造药品、杀虫剂和杀菌剂等。

其制备工艺如下：

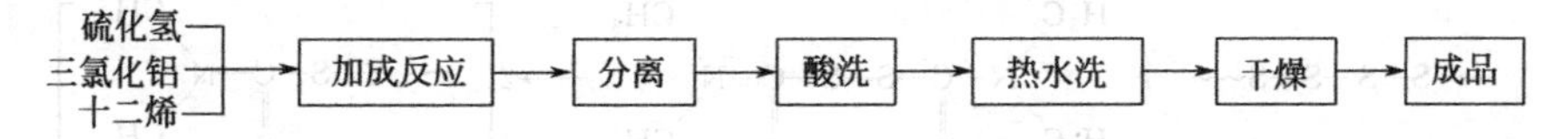

7.3.2 连二异丙基黄原酸酯（biisopropylxanthogenate）

又名分子量调节剂丁、二硫化二异丙基黄原酸酯、促进剂DIP。分子式$C_8H_{14}O_2S_4$，结构式：

$$\begin{array}{c} CH_3{-}\underset{\displaystyle CH_3}{\underset{|}{CH}}{-}O{-}\underset{\displaystyle S}{\underset{\|}{C}}{-}S{-}S{-}\underset{\displaystyle S}{\underset{\|}{C}}{-}O{-}\underset{\displaystyle CH_3}{\underset{|}{CH}}{-}CH_3 \end{array}$$

工业品为淡黄色至黄绿色粒状结晶。相对密度d_4^{20} 1.28。熔点不小于52℃。不溶于水，溶于乙醇、丙酮、苯、汽油等有机溶剂。有毒，可引起皮肤过敏肿胀。运输贮存时，严禁与过氧化物接触共存，以免产生窒息性气体（CS_2）。

可用作合成橡胶聚合用分子量调节剂、润滑油添加剂、矿石浮选剂、杀菌剂和除草剂等。还可在橡胶加工中做促进剂。

其制备工艺为：

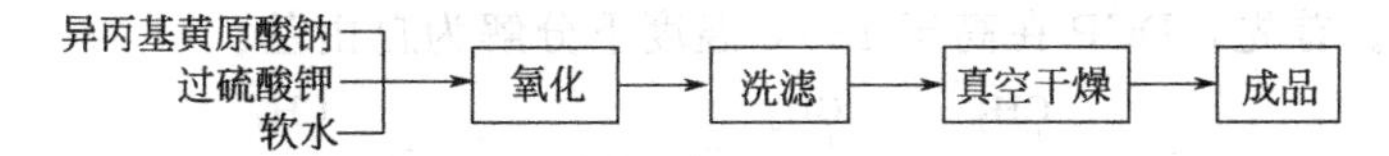

7.4 新型分子量调节剂

7.4.1 二乙基锌（$ZnEt_2$）

这是用于丁二烯阴离子聚合中的国内首个自制的金属型分子量调节剂。在n-BuLi-DPE

（二哌啶乙烷）（或 TMEDA 四甲基乙二胺）-$ZnEt_2$ 体系中，$ZnEt_2$ 的加入，导致 PB（聚丁二烯）的 1,2-结构含量、分子量、聚合速率均明显下降。

$ZnEt_2$ 的制备工艺为：

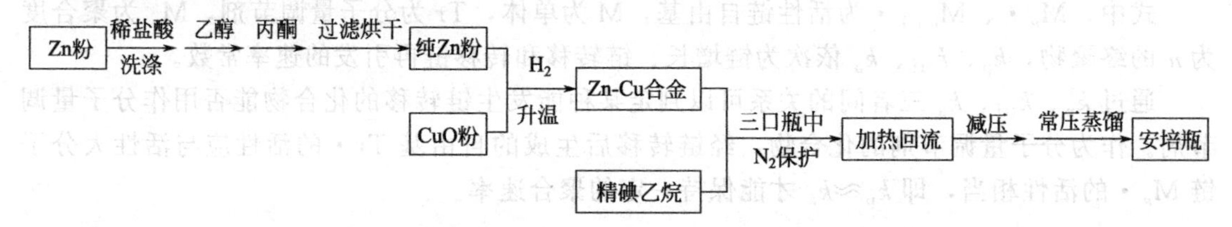

7.4.2 二硫化四乙基秋兰姆（TETD）

$$(H_3C)_2N-\underset{\underset{S}{\|}}{C}-S-S-\underset{\underset{S}{\|}}{C}-N(CH_3)_2$$

该品用于氯丁二烯聚合反应中，不仅可控制分子量和凝胶含量，而且还可控制分子结构。TETD 的调节作用与硫黄调节机理相似，硫黄的结构多为硫键，硫黄同氯丁二烯发生共聚，使共聚物分子链中含有—S—S—、—S—S—S—S— 等多硫键，含硫键在 6 个硫原子以下。不仅主链上含硫键，而且还有支链和交联的多硫键。

生成多硫键热稳定性差，容易断链，使聚合物的分子量和结构得到控制，减少支链和交链结构。秋兰姆（TETD）的分子中也有多硫键，与硫砜的多硫键反应，使链断裂，反应如下：

$$\sim\sim S-S-S-S\sim\sim + (H_3C)_2N-\underset{\underset{S}{\|}}{C}-S-S-\underset{\underset{S}{\|}}{C}-N(CH_3)_2 \longrightarrow 2\left[\sim\sim S-S-\underset{\underset{S}{\|}}{C}-N(CH_3)_2\right]$$

7.4.3 复合分子量调节剂 1G/THF、2G/THF

乙二醇二甲醚/四氢呋喃（1G/THF）、二乙二醇二甲醚/四氢呋喃（2G/THF）复合分子量调节剂对合成锂系聚丁二烯橡胶是较方便、有效、具有实用价值的微观结构调节剂。

1G 及 2G 与 THF 复合使用，可大幅度降低 THF 的用量，使微观结构的调节变得温和，从而使工业生产容易控制。

7.4.4 过氧化物 DCP

分子量调节剂已广泛应用于丙纶纺丝技术中，它可以加速均聚聚丙烯的降解，使树脂在较低的温度下、在纺丝机中停留较短的时间内，就能迅速地降到适当的分子量，提高加工流动性，同时分子量分布变窄，更有利于纺丝过程。用做分子量调节剂的化合物有：有机锡化合物、卤代烷烃、有机过氧化物等。有机过氧化物对均聚聚丙烯分子量的调节机理（以 DCP 为例）如下。首先，DCP 在高于 180℃温度下分解为自由基：

$$C_6H_5-C(CH_3)_2-O-O-C(CH_3)_2-C_6H_5 \xrightarrow{180℃} 2\ C_6H_5-C(CH_3)_2-O\cdot$$

随之，这些自由基夺走聚丙烯分子链上叔碳原子的氢原子：

$$C_6H_5-C(CH_3)_2-O\cdot + R-\underset{CH_3}{\overset{H}{C}}-CH_2-\underset{CH_3}{CH}-R \longrightarrow C_6H_5-C(CH_3)_2-OH + R-\underset{CH_3}{\overset{\cdot}{C}}-CH_2-\underset{CH_3}{CH}-R$$

然后，带有自由基的聚丙烯分子链发生断链：

$$R-\dot{C}(CH_3)-CH_2-CH(CH_3)-R \longrightarrow R-\dot{C}H(CH_3) + H_2C=C(CH_3)-R$$

最后，是各种自由基的复合反应。在这个反应过程中，随 DCP 数量的消耗，聚丙烯分子不断地断链，自由基相互复合，最后达到某一平衡，此时完全耗尽，不再有自由基的来源，这就把聚丙烯的分子量调节到一个新的、较低的数值，表现为 MFR（共聚聚丙烯）值提高，加工流动性变好。

过氧化物可以作为共聚聚丙烯的分子量调节剂，且具有很好的降解彻底性和加工稳定性。

7.5 分子量调节剂研究现状及发展趋势

分子量调节剂的种类较多，大体上可分脂肪族的硫醇类、黄原酸二硫化物类、多元酚、卤化物、硫黄以及各种亚硝基化合物等。

对许多单体的乳液聚合过程来说，应用最多的分子量调节剂是硫醇，其中包括正硫醇和带支链的硫醇，并且伯、仲、叔硫醇均可应用。

以脂肪族硫醇作为分子量调节剂，不但能在聚合过程中较易调节聚合物的分子量，控制分子量分布和减少凝胶及支化作用，而且还可以相应地加快聚合反应速率。但是由于硫醇分子中碳原子的数目能影响硫醇的活性，一般以平均含有 10～12 个碳原子的硫醇最为活泼，较多或较少碳原子数目的硫醇均不适宜。

例如在丁苯橡胶生产过程中，采用十二碳硫醇可获得很好的调节效果。在不少的情况下，有时也采用硫醇的衍生物来作为乳液聚合时的分子量调节剂。例如有人曾采用过如下 9 种硫醇的衍生物：①乙酸正十二烷基硫醇酯；②丁二酸单-正十二烷基硫醇酯；③乙二酸二-正十二烷基硫醇酯；④苯甲酸-正十二烷基硫醇酯；⑤单-正十二烷硫基磺酸钠；⑥三-正十二烷硫基甲烷；⑦三硫代碳酸二-正十二烷基酯；⑧1-正十二烷硫基三氯乙醇；⑨β-苯基-β-正十二烷基乙基苯基酮。

有人采用二烷基二硫化黄原酸酯和四烷基二硫化黄原酰胺在乳液中作分子量调节剂，其一般结构为：

$$R-O-\underset{\underset{S}{\|}}{C}-S-S-\underset{\underset{S}{\|}}{C}-O-R$$

$$(R)(R')N-\underset{\underset{S}{\|}}{C}-S-S-\underset{\underset{S}{\|}}{C}-N(R'')(R''')$$

式中，R、R′、R″及 R‴一般为碳原子数为 1～8 的烷基。例如在丁腈橡胶和低温丁苯橡胶生产中都采用 R 及 R′均为异丙基的二硫化黄原酸酯，又称分子量调节剂丁；在氯丁橡胶生产过程中采用二硫化原黄原-*N*,*N*-二甲酰胺，又称二硫化秋兰姆，其结构式为：

$$(H_3C)_2N-\underset{\underset{S}{\|}}{C}-S-S-\underset{\underset{S}{\|}}{C}-N(CH_3)_2$$

Frand 等研究了二芳酰二硫化物乳液聚合分子量调节剂，其通式为：

$$\mathrm{Ar{-}\overset{\overset{}{}}{\underset{\underset{O}{\|}}{C}}{-}S{-}S{-}\underset{\underset{O}{\|}}{C}{-}Ar}$$

其中 Ar 可以为苯基、对甲氧基苯基、3,4-二甲氧基苯基、对溴苯基、对甲基苯基及对 *N*,*N*-二甲基磺酸基苯基等。

除了以上介绍的几种分子量调节剂之外，文献中还报道了各种各样的分子量调节剂在乳液聚合中的应用，例如四氯化碳、氯仿、碘代苯、烷基碘化物、卤化硅、二硫代异腈酸酯、二噻唑硫醚、联氨、硝基化合物、席夫（Schiff）碱、二偶氮化合物、硫、硒、不饱和脂肪酸、二甲基丙酸、乙二醇、异丙醇等。

思 考 题

1. 分子量调节剂是如何定义和分类的？
2. 试述分子量调节剂作用原理。
3. 简述叔十二碳硫醇的物理性能和用途。
4. 脂肪族硫醇作为分子量调节剂优、缺点是什么？

第8章 终止剂

8.1 概述

在聚合反应中，由于单体的竞聚率不同，某共聚物的组成将随转化率的升高而发生变化。转化率不仅影响聚合物共聚组成，而且会影响聚合物的平均分子量、分子量分布以及分子结构。终止剂的适时加入，迅速终止聚合的进行，使得到的聚合物分子量均匀，分子结构稳定，成为高品质产品。

终止剂是终止聚合反应的物质。当单体聚合到一定程度时，为了保证聚合物的优良性能，就必须利用终止剂使聚合反应完全停止或急剧减慢，以达到控制聚合物分子量大小及分子量分布等目的。终止剂一方面起消除体系中活性中心的作用，另一方面往往具有防止老化的作用，工业生产中许多防老剂同时也是终止剂。

实际中，乳液聚合过程中常用二硫代氨基甲酸盐、对苯二酚类与多硫化钠的混合物、硫黄和苯基-β-萘胺（防老剂）作为终止剂；溶液聚合过程中一般用水与醇作终止剂，也可以与防老剂并用；离子型聚合反应中，活性聚合端基的负离子容易转化成其他官能团，如用CO终止可以得羧基，环氧乙烷终止可转变成羟基，也可以卤化和氨基化，用甲基丙烯酸酰氯终止得大分子单体等。

由于大分子自由基之间的偶合终止和歧化终止的反应活化能很低，链终止反应速率极快，因此在许多高温聚合的情况下，当达到所要求的转化率后，只需将物料温度降低至室温，引发剂分解反应及聚合反应均自行停止，无需加入终止剂。但是对于采用氧化还原引发体系的低温乳液聚合过程来说，必须加入终止剂，才能使反应停止。

终止剂的主要作用，一是消除体系中的活性中心，使聚合反应达到一定转化率后，使反应停止，另一方面起到防止老化作用。多数防老剂可作为终止剂使用。工业生产上使用的终止剂有亚硝基苯、对苯二酚、吩噻嗪、木焦油、二苯胺、苯基萘胺等化合物。

具有如下结构或可以形成如下结构的物质都可以作为终止剂：醌、硝基、亚硝基、芳香多羟基化合物以及许多含硫的化合物。在高温乳液聚合反应中，常用的终止剂有对苯二酚、二异丙基二硫代黄原酸酯（防老剂J）、木焦油、对叔丁基邻苯二酚、二叔丁基对苯二酚及氧气等。在低温乳液聚合反应中，常用的终止剂有二甲基二硫代氨基甲酸钠、二乙氨基二硫代氨基甲酸钠、多硫化钠及亚硝酸钠等。此外，有时也用如下物质作为终止剂：对苯基苯酚、p,p'-二羟基苯硫化物、四甲基二硫化秋兰姆、硫化钠、硫、二硝基苯、2,4-二硝基氯苯、2,4-二硝基硫醇及2,4-二硝基苯基吡啶氯化物等。

8.2 作用原理

终止剂的作用原理一般认为有以下两方面。

① 大分子自由基可以向终止剂进行链转移，生成没有引发活性的小分子自由基；也可以和终止剂发生共聚合反应，生成带有终止剂末端的没有引发活性的大分子自由基。虽然不能进一步引发聚合，但是它们可以和其他的活性自由基链发生双基终止反应，而使链增长反应停止。

② 终止剂可以和引发剂或者引发剂体系中一个或多个组分发生化学反应，将引发剂破坏掉。这样既可以使聚合反应过程停止，也避免了在以后的处理和应用过程中聚合物性能发生变化。

例如，氯丁二烯用的终止剂为防老剂 D（即苯基萘胺）反应如下：

$$M_n\cdot + C_{10}H_7\text{—NH—}C_6H_5 \longrightarrow M_nH + C_{10}H_7\text{—}\dot{N}\text{—}C_6H_5$$

又如，终止剂二烷基二硫代氨基甲酸钠对随机过程的终止反应可能有以下三种机理。

a. 二烷基二硫代氨基甲酸负离子直接破坏氧化还原体系中的过氧化物，生成了四烷基二硫代秋兰姆：

$$2\,R_2N\text{—}\underset{\underset{S}{\|}}{C}\text{—}S^- + R'OOH + H_2O \longrightarrow R_2N\text{—}\underset{\underset{S}{\|}}{C}\text{—}S\text{—}S\text{—}\underset{\underset{S}{\|}}{C}\text{—}NR_2 + R'OH + 2OH^-$$

一个四烷基二硫代秋兰姆分子可以分解成两个自由基，这些自由基没有引发活性，不能引发聚合，但是它们可以和大分子自由基进行双基终止反应。

$$R_2N\text{—}\underset{\underset{S}{\|}}{C}\text{—}S\text{—}S\text{—}\underset{\underset{S}{\|}}{C}\text{—}NR_2 \longrightarrow 2\,R_2N\text{—}\underset{\underset{S}{\|}}{C}\text{—}S\cdot$$

$$R_2N\text{—}\underset{\underset{S}{\|}}{C}\text{—}S\cdot + P_n\cdot \longrightarrow R_2N\text{—}\underset{\underset{S}{\|}}{C}\text{—}S\text{—}M_n$$

式中，$P_n\cdot$ 和 M_n 分别表示聚合度为 n 的大分子自由基和死聚物分子链。

b. 大分子自由基和二烷基二硫代氨基甲酸负离子直接反应，生成带硫基末端的大分子链和一个没有活性的自由基，这个自由基可以进行和以上相同的反应。

$$P_n\cdot + H_2O + {}^-S\text{—}\underset{\underset{S}{\|}}{C}\text{—}NR_2 \longrightarrow M_nSH + \cdot\underset{\underset{S}{\|}}{C}\text{—}NR_2 + OH^-$$

$$P_n\cdot + \cdot\underset{\underset{S}{\|}}{C}\text{—}NR_2 \longrightarrow M_n\text{—}\underset{\underset{S}{\|}}{C}\text{—}NR_2$$

c. 二烷基二硫代氨基甲酸负离子与初始自由基作用，生成一个二硫化碳分子和一个仲胺自由基。

$$R'O\cdot + {}^-S\text{—}\underset{\underset{S}{\|}}{C}\text{—}NR_2 \longrightarrow R'O^- + CS_2 + \cdot NR_2$$

式中，R′O·为初始自由基。

所生成的仲胺自由基没有引发活性，但可以终止大分子自由基：

$$P_n\cdot + \cdot N\begin{matrix}R\\R\end{matrix} \longrightarrow M_n—N\begin{matrix}R\\R\end{matrix}$$

在异丁基苯合成时，甚至可以用水作终止剂，不但操作简便，成本低，而且终止效果十分理想。

8.3 常用终止剂

8.3.1 福美钠

化学名称：二甲基二硫代氨基甲酸钠、*N*-二甲基二硫代甲酸钠。分子式 $C_3H_6NS_2Na$，相对分子质量 143.21，结构式：

$$(H_3C)_2N—\underset{\underset{S}{\parallel}}{C}—S—Na$$

① 物化性质 琥珀色至浅绿色结晶，或淡黄色至橘黄色液体。可用作白色和透明乳胶制品的促进剂、农药福美双的中间体。

② 生产工艺过程

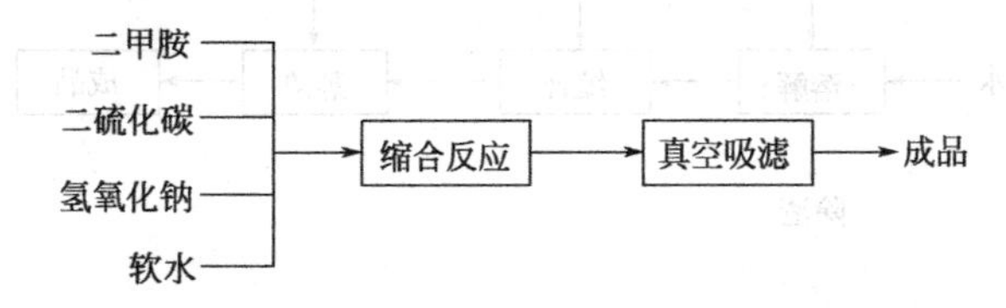

8.3.2 苯基-β-萘胺

其他名称：防老剂 D、尼奥宗 D。化学名称：*N*-苯基-2-萘胺。分子式 $C_{16}H_{13}N$，相对分子质量 143.21，结构式：

① 物化性质 纯品为浅灰色针状结晶，曝露于空气中及日光下能逐渐转为灰红色。相对密度 1.18，熔点 108℃，沸点 395.5℃。极易溶于丙酮、醋酸乙酯、氯甲烷、苯、二硫化碳中，可溶于乙醇、四氯化碳，而不溶于汽油。本品对皮肤有一定刺激性，应尽量避免与皮肤接触。以麻袋内衬塑料袋包装。贮存于阴凉干燥处，贮运时注意防火、防毒、防潮、防晒。

② 用途 防老剂 D 是重要的通用型防老剂之一。对氧、热、屈挠引起的老化有防护效能，对有害金属亦稍有防护作用。广泛用于天然胶及各种合成胶中，用于制造各种黑色橡胶制品。本品有污染性，会使胶料变色，故不适用于浅色及艳色制品中。在橡胶中的用量一般为 1～2 份，当用量超过 2 份时会产生喷霜，与防老剂甲并用时，则可加大用

量。本品可单独使用，亦可与其他防老剂配合使用。例如，与防老剂 4010 或防老剂 4010NA 以 1∶1 或 2∶1 之比配合使用时，其抗热、抗氧、抗屈挠老化的作用显著增加。

③ 生产工艺过程

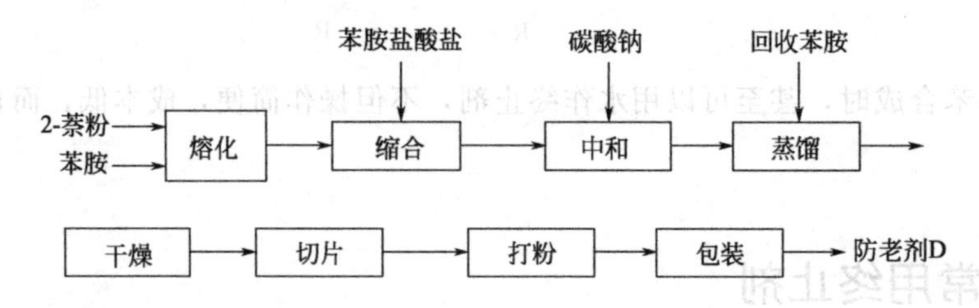

8.3.3 多硫化钠

分了式 Na_2S_n，相对分子质量 135.75～158.19，结构式：

$$Na—S\cdots S—Na$$

① 物化性质　黄色或灰黄色结晶粉末，吸湿性很强，易溶于水，加热变橙红色。Na_2S_3 远在熔点以下的温度即已分解为 $Na_2S_2+Na_2S_4$。一般终止剂均采用多硫化钠水溶液，相对密度 d_4^{25} 1.23～1.28。

② 用途　聚合终止剂，与二甲基二硫代氨基甲酸钠配用可明显增强丁苯胶聚合的终止效果，且不会使聚合物着色。是促进剂 M 中间体。

③ 生产工艺过程

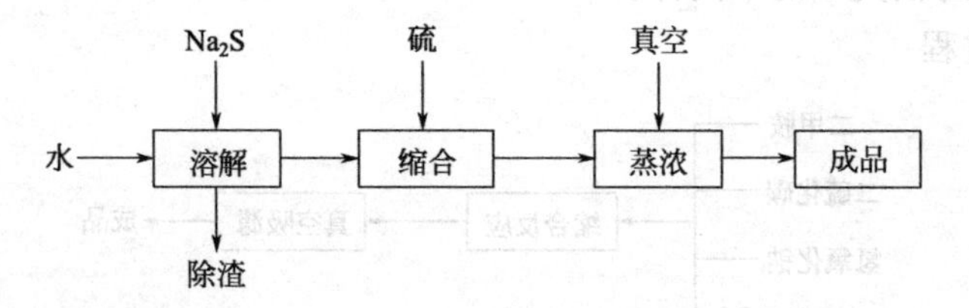

8.4 终止剂的选择

作为一个理想的终止剂应当能够满足以下几点要求：

① 仅加入少量终止剂就可以使聚合反应停止；

② 在后续处理过程（如单体脱除等）中，终止剂仍然起作用；

③ 不应影响乳液的稳定性；

④ 不应对聚合物的化学性质及物理性质有不良影响；

⑤ 被终止的聚合物乳液出料后，终止剂应当很容易从反应器中除尽，否则，将会对下一批聚合反应起严重的阻聚作用；

⑥ 不应引起聚合物变色；

⑦ 应便宜，易得，没有危险；

⑧ 为了便于处理，所用的终止剂应易溶于水中，并且能够以水溶液的形式长期贮存；

⑨ 适用性广，同一单体采用不同的聚合方法时，所用的终止剂均能满足以上八项要求。

8.5 终止剂研究现状及发展趋势

引发转移终止剂（Iniferter）是指在自由基聚合过程中同时起到引发、转移和终止作用的一类化合物，一般可分为热分解和光分解两种类型。它是最早实现活性自由基聚合的方法，尽管它对聚合过程控制得不是很好，但是可聚合单体多，能方便地制备接枝和嵌段共聚物。因此近几十年来，它一直是高分子合成化学领域的一个研究热点，许多新颖结构的引发转移终止剂被合成并用于制备端基功能化聚合物、遥爪聚合物、大分子单体以及接枝和嵌段聚合物等。文献中对热引发转移终止剂研究的报道比较少，除了三苯甲基偶氮苯（APT）和四乙基秋兰姆（TD）分别为偶氮键和S—S键外，其余的均是C—C键对称的六取代乙烷类化合物。其中，又以1,2-二取代的四苯基乙烷衍生物居多，包括四苯基丁二腈（TPSN），四（对甲氧基）苯基丁二腈（TMPSN），五苯基乙烷（PPE），1,1,2,2-四苯基-1,2-二苯氧基乙烷（TPPE）和1,1,2,2-四苯基-1,2-二（三甲基硅氧基）乙烷（TPSE）等。研究发现，这些对称的碳-碳键热引发转移终止剂引发极性单体MMA的聚合为活性聚合，并且引发剂的活性顺序为PPE＞TMPSN＞TPSN。所得的PMMA可以作为大分子引发剂引发第二单体苯乙烯聚合，制备PMMA-b-PSt共聚物，但嵌段效率比较低。然而，对于引发非极性单体St的聚合来说，它们的作用与传统自由基聚合引发剂类似，没有活性聚合的特征。Braun认为，当1,2-二取代的四苯基乙烷衍生物引发苯乙烯聚合时，得到的聚合物X-端为五取代的C—C键，键能比较高，受热时不能再分解，为死端聚合；而在引发MMA聚合时，得到的聚合物X-端为六取代的C—C键，键能较低，受热时仍能可逆分解，实现活性自由基聚合。

光引发转移终止剂主要是指含有二乙基二硫代氨基甲酰氧基（DC）基团的化合物。相对来讲，它的种类比较多，文献中报道的有*N*,*N*-二乙基二硫代氨基甲酸苄酯（BDC）、双（*N*,*N*-二乙基二硫代氨基甲酸）对苯二甲酯（XDC）、*N*-乙基二硫代氨基甲酸苄酯（BEDC）、双（*N*-乙基二硫代氨基甲酸）对苯二甲酯（XEDC）、2-*N*,*N*-二乙基二硫代氨基甲酰氧基异丁酸乙酯（MMADC）、2-*N*,*N*-二乙基二硫代氨基甲酰氧基丙酸乙酯（MADC）和*N*,*N*-二乙基二硫代氨基甲酸（4-乙烯基）苄酯（VBDC）等。这些光引发转移终止剂多用来引发乙烯类单体活性聚合来制备端基功能化聚合物及嵌段、接枝共聚物。光引发转移终止剂的一个显著的优点是可聚合单体多，尤其是能实现乙酸乙烯酯和异戊二烯等单体的活性聚合，这是采用目前其他活性自由基聚合方法不能或难以实现的。

如上所述，文献中报道的热引发转移终止剂种类少，活性低；光引发转移终止剂虽然种类多，但在结构上没有突破，只是改变与DC基团相连的基团的结构，以考察它们的引发单体聚合行为。高活性的热引发转移终止剂的合成，设计并合成了新型的光引发转移终止剂、可聚合型光引发转移终止剂以及多功能引发转移终止剂，考察了它们引发乙烯基单体活性聚合行为，并制备了相应的共聚物。在热引发转移终止剂领域，通过采用高活性的六取代乙烷型C—C键化合物作为热引发转移终止剂，不但在较低温度下实现了极性单体MMA的活性聚合，而且首次实现了非极性单体St的活性聚合。在光引发转移终止剂领域，不但合成了一些新的小分子和大分子光引发转移终止剂，用于制备端基功能化聚合物和嵌段共聚物，而且设计、合成了一些新型的可聚合光引发转移终止剂，通过两种途径制备了接枝共聚物。另外，创造性地将热解和光解基团设计到同一分子中，合成了新型的多功能引发转移终止剂DDDCS，为方便地制备ABA型嵌段聚合物，特别是PVAc-*b*-PSt-*b*-PVAc的制备提供了一种有效的方法。

思 考 题

1. 终止剂是如何定义和分类的？
2. 试述终止剂作用原理。
3. 概述苯基-β-萘胺的物理性能和用途。
4. 引发转移终止剂（Iniferter）是如何定义和分类的？

第9章

增塑剂

9.1 概述

9.1.1 增塑剂的定义

增塑剂：加到聚合物体系中能使聚合物体系塑性增加的物质。

增塑剂的作用：削弱聚合物分子间的次价键，进而增加聚合物分子链的移动性，降低聚合物分子链的结晶性，即增加聚合物的塑性。

聚合物塑性增加的表现：硬度、模量、转化温度、脆化温度下降；伸长率、屈挠性、柔韧性提高。

塑性：是材料在某种给定载荷下产生永久变形而不破坏的能力。对于大多数的工程材料，当其应力低于比例极限（弹性极限）时，应力-应变关系是线性的，表现为弹性行为，也就是说，当移走载荷时，其应变也完全消失。而应力超过弹性极限后，发生的变形包括弹性变形和塑性变形两部分，塑性变形不可逆。

次价键：即范德华力，存在于分子间的一种吸引力，它比化学键弱得多。

模量：材料在受力状态下应力与应变之比。

脆化温度：塑料低温力学行为的一种量度。即以具有一定能量的冲锤冲击试样时，当试样开裂概率达到50%时的温度。

屈挠性：flexibility，即弯曲性。

9.1.2 增塑剂的分类

(1) 按相容性分　主增塑剂、辅助增塑剂。

① 主增塑剂（溶剂型增塑剂）：能和树脂充分相容的增塑剂。

作用方式：不仅能进入树脂分子链的无定形区，也能插入分子链的结晶区。

特点：不会渗出而形成液滴、薄膜，也不会喷霜而形成表面结晶。

② 辅助增塑剂：一般只能进入树脂无定形区域，不能进入树脂分子链的结晶区，必须与主增塑剂配合使用。

(2) 按作用方式分　内增塑剂、外增塑剂。

① 内增塑剂：聚合过程中加入第二单体进行共聚，对聚合进行改性；聚合物分子链上引入支链，使聚合物链与链之间的作用力降低，分子链易于移动。

② 外增塑剂：添加到聚合物中，以增加塑性。一般为低分子量的化合物或聚合物，通常是高沸点、难挥发的液体或低熔点固体，不与聚合物起化学反应。其作用方式主要是在升

高温度时的溶胀作用，与聚合物形成一种固体溶液。

（3）按性能分　通用增塑剂、耐寒增塑剂、耐热增塑剂。

（4）按化学结构分　邻苯二甲酸酯、脂肪族二元酸酯、磷酸酯、环氧化合物、多元醇酯、含氯增塑剂、聚合型增塑剂、苯多酸酯、石油酯、酰胺等。

9.1.3 增塑剂的性能

（1）对增塑剂性能的基本要求　增塑剂的作用：①使高聚物的柔软温度降低，在使用温度范围内，使高聚物具有柔软性、弹性、黏着性等特性，从而改善制品的性能；②使高聚物的熔融温度或熔融黏度降低，使之易于加工成型。

增塑剂性能的基本要求：与高聚物（如树脂、橡胶等）的相容性好；增塑效果好；耐热、耐光性能好；耐寒性好；耐候性好；迁移性小；挥发性小；耐水、耐油、耐溶剂；阻燃性好；耐菌性好；绝缘性能好；无色、无味、无嗅、无毒；价廉易得。

（2）相容性　增塑剂在聚合物分子链间处于稳定状态下相互掺混的性能。

助剂与聚合物的相容性通常情况下尽可能好一些，可以减少助剂从聚合物表面析出。

（3）塑化效率　是指增塑剂使树脂达到某一柔软程度的用量，它是用来比较增塑剂的塑化效果的。

在塑料加工中添加塑化剂，可以使其柔韧性增强，容易加工。

塑化效率是一个相对比值，通常以邻苯二甲酸辛酯（DOP）为基准（以100%来表示），和其它增塑剂的效率值比较，就可以计算出增塑剂间的相对效率值。各种增塑剂对PVC的塑化效率相对效率比值见表9-1。

表9-1　各种增塑剂对PVC的塑化效率及相对效率比值

增塑剂种类	黏度/$\times10^{-3}$Pa·s	塑化效率①（增塑剂量）/%	相对效率值②
邻苯二甲酸二(2-乙基己酯)(DOP)	80.0	33.5	1.00
邻苯二甲酸二丁酯(DBP)	20.3	28.5	0.81
邻苯二甲酸二异丁酯(DIBP)	36.4(25℃)		0.87
癸二酸二丁酯(DBS)	10.0	26.5	0.79
癸二酸二(2-乙基己酯)(DOS)	20.8	32.5	0.93
乙二酸二(2-乙基己酯)(DOA)	15.3		0.91
磷酸三甲苯酯(TCP)	120.0	35.3	1.12
磷酸三(丁氧乙基)酯	20.1	29.5	0.92
环氧乙酰麻酸丁酯	35.3	34.6	1.03
氯化石蜡(含Cl 40%)			1.80～2.20

① 塑化效率是里德测定的数值。
② 表中数值为不同人测得的数据的平均值。

塑化效率影响因素：增塑剂分子量越小，塑化效率越高；增塑剂相同分子量，分子内极性减小、支链烷基减少、环状结构减少，有利于塑化效率的提高。

（4）挥发性　增塑剂的挥发性尽可能的低，可以使聚合物加热成型以及增塑制品在贮存时减少增塑剂在制品表面的挥发散失。

PVC极性高，与PVC相容性好的增塑剂极性也高，低温下极性基团彼此束缚力比较大，导致聚合物链段运动受阻。

（5）耐寒性　耐寒性与其结构的关系：①相容性较好的增塑剂，耐寒性都较差；②分子中带环状结构（包括芳环和脂环类）的增塑剂耐寒性不好；③以直链的亚甲基为主体的脂肪族酯类有良好的耐寒性；④烷基链越长，耐寒性越好；⑤有支链，耐寒性降低。

(6) 耐老化性 耐老化性主要是指对光、热、氧、辐射等的耐受力。

增塑剂耐老化性的影响因素：①相对直链烷基的增塑剂，烷基支链多的增塑剂耐热性相对差一些；②环氧系列增塑剂具有良好的耐候性；③抗氧剂的加入会大大改善塑化制品的耐老化性能。

(7) 耐久性 耐久性是指由于增塑剂（也包括其他添加剂）的挥发、抽出和迁移等的损失而引起塑料的老化。

影响耐久性的因素如下。

① 耐挥发性方面：增塑剂的分子量小、与PVC树脂相容性好、外界温度高等因素都会使挥发性增加；增塑剂分子内具有体积较大的基团，由于它们在塑化物内向外扩散较困难，因而挥发性小。

② 耐抽出性方面：分子量大、极性基团多、烷基支链多的增塑剂耐油抽出性好。

③ 耐迁移性方面：增塑剂容易向相容性好的高聚物迁移。

(8) 电绝缘性能 影响电绝缘性的因素如下。

① 通常极性低的增塑剂化合物电绝缘性能差，因为此时聚合物分子链上的偶极自由度较大，从而使电导率增大。

② 分子内支链较多、塑化效率较差的增塑剂，电绝缘性较好。

③ 增塑剂的纯度与电性能也有关，增塑剂不纯，内含离子性杂质或填充料，电绝缘性则较差。

(9) 具有难燃性能 在增塑剂中，氯化石蜡、氯化脂肪酸酯、磷酸酯类都具有阻燃性，特别是磷酸酯，阻燃性很强。

氯化石蜡价廉，大量用作辅助增塑剂，当其氯含量增加时，阻燃性和相容性也提高，但耐寒性变差。

(10) 尽可能无色、无嗅、五味、无毒 根据不同的场合有不同的使用要求。

(11) 耐霉菌性 增塑剂结构对耐霉菌性的影响：①邻苯二甲酸酯类和磷酸酯类抗菌性强；②长链的脂肪酸酯类最易受霉菌侵害；③环氧大豆油易成为菌类的营养源；④以酚类为原料的磷酸酯、氯化石蜡具有较好的耐霉菌性能。

(12) 配制增塑剂糊的黏度稳定性好 聚氯乙烯增塑剂糊（PVC塑溶胶）是将PVC微粒分散在增塑剂介质中而配成的高黏度糊状混合物，广泛用于人造革、纸张涂层、金属防腐、浇注制品等方面。

(13) 良好的耐化学药品和耐污染性 主要指耐酸碱腐蚀性、耐溶剂性等。

(14) 价格低廉 增塑剂如果性能优异但价格昂贵在工业上没有推广价值。

增塑剂符合上述全部条件是很难做到的，在具体选用增塑剂时，要抓住主要矛盾，选择合适的品种单独或混合使用，以达到价廉物美的要求，这是一个非常复杂而又很重要的问题。

9.2 增塑机理

增塑剂的作用机理是增塑剂分子插入到聚合物分子链之间，削弱了聚合物分子链间的引力，结果增加了聚合物分子链的移动性，降低了聚合物分子链的结晶度，从而使聚合物的塑性增加。也就是说，对抗塑化作用的主要因素是聚合物分子链间的引力和聚合物分子链的结晶度，而它们则取决于聚合物的化学结构和物理结构。

9.2.1 对抗塑化作用的主要因素

9.2.1.1 聚合物的分子间力

非极性高分子：色散力。

极性高分子：色散力、偶极引力。

由于分子中电子和原子核不停地运动，非极性分子电子云的分布呈现有涨有落的状态，从而使它与原子核之间出现瞬时相对位移，产生了瞬时偶极，分子也因而发生变形。分子中电子数愈多、原子数愈多、原子半径愈大，分子愈易变形。

瞬时偶极可使其相邻的另一非极性分子产生瞬时诱导偶极，且两个瞬时偶极总采取异极相邻状态，这种随时产生的分子瞬时偶极间的作用力为色散力（因其作用能表达式与光的色散公式相似而得名）。

虽然瞬时偶极存在短暂，但异极相邻状态却此起彼伏，不断重复，因此分子间始终存在着色散力。无疑，色散力不仅存在于非极性分子间，也存在于极性分子间以及极性与非极性分子之间。

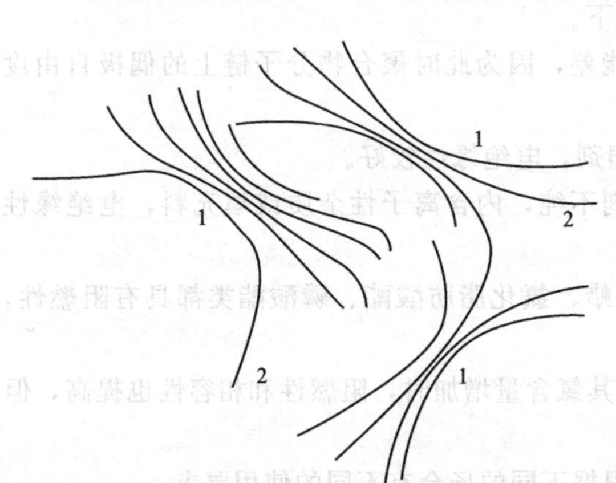

图 9-1 部分有规结晶的聚合物示意图
1—结晶区；2—无定形区

9.2.1.2 聚合物的结晶度

增塑剂的分子进入结晶区域要比进入无定形区域困难得多，因为在结晶区域，聚合物与链之间的自由空间最小。

9.2.2 增塑剂的塑化作用机理

以邻苯二甲酸酯类增塑剂塑化聚氯乙烯为例。聚氯乙烯由于氯原子的存在使聚氯乙烯分子链间具有较强的偶极引力，但在加热的情况下，分子链热运动加剧，分子链间相互吸引减弱，距离增大，这时增塑剂就可以加入到聚氯乙烯分子链与分子链之间。如果增塑剂分子中含有极性基团与非极性部分，则此极性基团与聚氯乙烯分子链上的极性部分发生偶极吸引力，这样，在冷却后，增塑剂分子仍可停留在聚氯乙烯中原来的位置，增塑剂的非极性部分可将聚氯乙烯分子链隔开，增大它们之间的距离，减弱分子链间的吸引力，使聚氯乙烯分子链的运动比较容易，结果就会导致聚氯乙烯一系列的力学性能的改变，这样就可起到调节性能、易于加工的作用。

简言之，增塑剂极性部分与 PVC 极性部分吸引，非极性部分隔开分子链起到降低分子间作用力的作用。

9.2.3 增塑剂的结构与增塑剂性能的关系

(1) 增塑剂极性基团对性能的影响

① 极性基团种类

a. 邻苯二甲酸酯的相容性、增塑效果均好，性能比较全面，常作为主增塑剂使用。磷酸酯和氯化物具有阻燃性，环氧化物的耐热性能好，脂肪族二元羧酸酯的耐寒性优良。

b. 酯基 A—COO—B 与 B—COO—A 结构的增塑剂性能差别不大。

c. 由仲醇合成的酯与由伯醇合成的酯相比，相容性、塑化效果、耐寒性、耐热性都较差。

② 极性基团数量　酯基的数目通常是 2～3 个，一般酯基较多，混合性、透明性较好。

(2) 增塑剂非极性基团对性能的影响

① 芳环、脂环、脂肪

a. 相容性：芳环＞脂环＞脂肪。

b. 耐寒性：脂肪＞脂环＞芳环。

② 碳原子数

a. 碳原子数在 4 个以上的：碳链越长，耐寒性越好。

b. 碳原子数在 12 个以上，碳链越长，挥发性、迁移性越小，相容性、塑化效果下降。

(3) 增塑剂的分子量对性能的影响　增塑剂分子量的大小要适当：过小则挥发性大；过大则增塑效果下降，并引起加工困难。较好的增塑剂，相对分子质量一般在 300～500。

以 PVC 为例，一个性能良好的增塑剂，分子结构应该具备以下几点：

① 分子量在 300～500；

② 具有 2～3 个强极性基团；

③ 非极性部分和极性部分保持一定的比例；

④ 分子形状呈直链状，少分枝。

9.3 常用增塑剂

9.3.1 邻苯二甲酸酯类

① 直接酯化法　反应一般是在酸性催化剂的作用下进行的，常用的酸有硫酸、对甲苯磺酸、磷酸等，但酸性催化剂易于引起副反应，致使增塑剂着色，有人研究用非酸催化剂，如氧化铝、氢氧化铝等进行酯化，效果较好。

$$C_6H_4(CO)_2O + 2ROH \xrightleftharpoons{H^+} C_6H_4(COOR)_2 + H_2O$$

反应温度一般是 130～150℃，可在常压下进行，也可以在减压的条件下进行，视所用醇的沸点不同而不同。

② 用 α-烯烃代替一半的原料醇　用 α-烯烃代替一半的原料醇，可以降低增塑剂的成本。

$$C_6H_4(CO)_2O + n\text{-}C_4H_9\text{—}OH \xrightleftharpoons{H^+} \underset{\text{单丁酯}}{C_6H_4(COOC_4H_9)(COOH)} + RCH{=}CH_2 \xrightarrow{\text{过氧酸}} C_6H_4(COOC_4H_9)(COOCH_2CH_2R)$$

③ 卤代物与羧酸作用　邻苯二甲酸酯大多数具有比较全面的性能，一般作为主增塑剂使用，其中最常用的是邻苯二甲酸-(2-乙基)己酯（DOP)，其相对分子质量 390，沸点 387℃（760mmHg)，为无色油状液体，可与聚氯乙烯（PVC）树脂很好的混合。由于有很好的电性能、较好的低温性、不大的挥发性、相当低的抽出性与毒害性等许多优点，因此可以用于各种配方中，如电缆、薄膜等。

$$C_6H_4(CO)_2O + C_4H_9OH \xrightleftharpoons{H^+} C_6H_4(COOC_4H_9)(COOH) + ClCH_2C_6H_5 \xrightarrow{Na_2CO_3} C_6H_4(COOC_4H_9)(COOCH_2C_6H_5) + HCl$$

邻苯二甲酸二丁酯（DBP）也用得较广泛，但由于挥发性较大，耐久性较差，其发展受到一定的限制。

邻苯二甲酸二甲酯（DMP）与邻苯二甲酸二乙酯（DEP）常用于硝酸纤维与醋酸纤维。

高级直链醇的邻苯二甲酸酯，如邻苯二甲酸二正辛酯（DNOP）与许多聚合物都有良好的相容性，且挥发性小，耐久性与低温柔软性均好，比多支链醇具有更突出的优点，但价格较高。近年出现的用混合支链醇合成邻苯二甲酸酯，如邻苯二甲酸 79 酯、610 酯，性能均好，价格也较低。

具有支链高级醇的酯，如 DIDP、DTDP（十三酯）挥发性低、迁移性小、耐水抽出、耐热性优良、电绝缘性好，大量用于高温电缆电线，但相容性与增塑剂效果较 DOP 差。

不对称的邻苯二甲酸酯即分子内混酯，它们的增塑性能比相应的醇的对称双酯的机械混合性好，能得到良好的性能平衡及成本平衡。如丁辛酯（BOP）的性能介于 DBP 和 DOP 之间，混合性能优于 DOP，挥发性比 DBP 小，成本较 DOP 低，混合酯内有芳基存在（如 $C_6H_4(COOC_6H_5)(COOR)$），可以改善挥发性和迁移性。常用的混合酯有丁辛酯、丁苄酯、丁癸酯等。

9.3.2 脂肪族二元酸酯

脂肪族二元酸酯增塑剂主要有己二酸、壬二酸、癸二酸的酯，它们由这些二元酸与一元醇直接酯化而成。

这类增塑剂的特点是具有优良的低温性能，加入高分子材料中，可以使材料或制品的脆化温度达到−70～−30℃。其中以癸二酸酯最为突出，尤以 DOS（癸二酸二辛酯）应用最广，其相对分子质量 428，沸点 270℃（4mmHg)，接近无色液体。它们的缺点是相容性较差，因此一半作为辅助增塑剂用。

壬二酸酯的耐寒性也好，但原料壬二酸来源比较困难，价格也就比较昂贵。

己二酸酯的耐寒性也不错，但由于己二酸二辛酯（DOA）分子量较小（370），挥发性较大（沸点 210℃/5mmHg)，使用受到一定限制。己二酸的直链醇酯耐寒性比 DOA 好，挥发也较小。

十二烷二羧酸酯耐寒性能很好。其原料十二烷二羧酸是以丁二烯为原料，通过三聚、加氢、氧化来制备的，合成方法如下：

$$3CH_2{=}CHCH{=}CH_2 \xrightarrow{El_2AlCl/Ti(OC_4H_9)_4} \text{环十二-1,5,9-三烯} \xrightarrow{3H_2/Ni} \text{环十二烷} \xrightarrow{[O]} HOC(CH_2)_{10}COH \text{（两端为} -\overset{O}{\overset{\|}{C}}-OH\text{）}$$

环十二-1,5,9-三烯

十二烷二羧酸

十二烷二羧酸与醇进行酯化反应，就可制得十二烷二羧酸酯：

$$(CH_2)_{10}(COOH)_2 + 2CH_3CH_2CH_2CH_2CH(CH_2CH_3)CH_2OH \overset{H^+}{\rightleftharpoons} (CH_2)_{10}[COOCH_2CH(CH_2CH_3)CH_2CH_2CH_2CH_3]_2$$

十二烷三羧酸　　2-乙基己醇　　十二烷二羧酸二（2-乙基乙酯）

这种增塑剂原料来源丰富，低温性能又好，是一种有前途的耐寒增塑剂。

9.3.3 磷酸酯

通式：

$$(R^1O)(R^2O)(R^3O)P{=}O$$

分类：磷酸三烷基酯；磷酸三芳基酯；磷酸烷基芳基酯；含氯磷酸酯。

在性能上，磷酸酯和各类树脂（如聚氯乙烯、聚乙烯、聚乙烯醇、聚苯乙烯、聚氯乙烯-醋酸乙烯酯、聚乙烯醇缩丁醛、纤维素等）都有良好的相容性。磷酸酯的突出特点是其阻燃性，特别是单独使用时效果更佳，但实际使用时往往还要考虑到种种别的因素，通常都和其它增塑剂混用，这样相对的降低其阻燃作用。另外，磷酸酯类增塑剂挥发性较低，抗抽出性也优于 DOP，多数磷酸酯都有耐菌性和耐候性。这类树脂的主要缺点是价格较贵，耐寒性较差，大多数磷酸酯类的毒性较大，特别是 TCP（邻酸三甲苯酯），不能用于和食品相接触的场合，因为 TCP 的原料是三氯氧磷和甲酚。甲酚即甲基苯酚，有邻、间、对结构，其中邻甲酚的毒性较大。

9.3.4 环氧化合物

用作增塑剂的化合物主要有环氧脂肪酸甘油酯、环氧脂肪酸单酯、环氧四氢邻苯二甲酸酯。

环氧脂肪酸甘油酯的耐热性、耐候性较好，挥发度低，迁移性小，与 PVC 的相容性好，主要用于耐热电线和农业薄膜的增塑剂。此外，由于它们无毒，所以也可用于食品包装材料的增塑剂。典型的有环氧大豆油，结构如下：

$$
\begin{array}{l}
CH_2-O-\overset{O}{\overset{\|}{C}}-R'-CH\overset{O}{—}CH-R \\
| \\
CH-O-\overset{O}{\overset{\|}{C}}-R'-CH\overset{O}{—}CH-R \\
| \\
CH_2-O-\overset{O}{\overset{\|}{C}}-R'-CH\overset{O}{—}CH-R
\end{array}
$$

环氧脂肪酸单酯因脂肪酸的来源（油脂）及所用的原料醇的不同而不同。环氧脂肪酸单酯大都是浅黄色透明液体，它们的低温性能较好，可作为耐寒增塑剂使用，但迁移性较大。

环氧四氢邻苯二甲酸酯既具有邻苯二甲酸酯的比较全面的性能，又具有环氧增塑剂耐候性优良、耐热好等特点。常用的EPS（环氧四氢邻苯二甲酸二辛酯）是无色到浅黄色的油状液体，其增塑效果与DOP相当，混合性能优于DOP，且无毒、防霉，具有优良的光、热稳定性，可用于薄膜、薄板、人造革、电缆料和各种成型品的增塑剂。环氧四氢邻苯二甲酸酯合成方法如下：

$$
CH_2=CH-CH=CH_2 + \text{马来酸酐} \longrightarrow \text{四氢邻苯二甲酸酐} \xrightarrow[H^+]{ROH} \text{四氢邻苯二甲酸二酯}\ (-\overset{O}{\overset{\|}{C}}-O-R)_2 \xrightarrow{H_2O_2,\ HCOOH} \text{环氧四氢邻苯二甲酸二酯}
$$

环氧增塑剂还有一个共同的特点，即热稳定性好，在PVC中，它们能与钡、镉等热稳定剂协同作用，兼有稳定剂的作用。

9.3.5 聚酯增塑剂

（1）结构通式：

$$
R^3-\overset{O}{\overset{\|}{C}}\!\left(O-R^2-O-\overset{O}{\overset{\|}{C}}-R^1-\overset{O}{\overset{\|}{C}}\right)_{\!n}O-R^2-O-\overset{O}{\overset{\|}{C}}-R^3
$$

（2）特点　最大特点是耐久性突出，因而有永久性增塑剂之称，其中大部分用于PVC制品，少量用于橡胶制品、黏合剂和涂料中。

（3）品种分类（以所用的二元酸分）己二酸类、壬二酸类、戊二酸类、癸二酸类。

（4）性能　不同二元酸制成的聚酯增塑剂的相容性不同，由低碳数二元酸制成的聚酯易产生渗出现象。在二元酸固定时，改变二元醇也对相容性产生影响。在塑化效率上，一般聚酯增塑剂不如DOP。其次，这类增塑剂挥发性较低，较耐抽出、迁移性小。另外，聚酯增塑剂一般为无毒或低毒化合物，用途很广泛。

9.3.6 含氯化合物

含氯化合物作为增塑剂最重要的是氯化石蜡，其次为含氯脂肪酸酯等。它们最大的优点是具有良好的电绝缘性和阻燃性。其缺点是与PVC相容性差，热稳定性也不好，因而一般作为辅助增塑剂使用。高含氯量（70%）的氯化石蜡可作为阻燃剂使用。

氯化石蜡是C_{10}～C_{30}正构混合烷烃的氯化产物，外观有液体和固体两种，按含氯量多少可以分为40%、50%、60%和70%几种。低含量品种与PVC的相容性差，高含量则黏度大，也会影响塑化效率和加工性能。其合成方法通常是在石蜡中通入氯气，一般含氯量为35%～70%。

氯化脂肪酸酯主要有五氯硬脂酸甲酯与三氯硬脂酸甲酯，通常有较好的电绝缘性能和耐油性，常用于电缆。其制备方法是先将硬脂酸氯化，然后再与甲醇进行酯化，或以硬化油[主要成分为饱和脂肪酸甘油酯（脂肪酸主要为硬脂酸）；硬脂酸即十八烷酸$C_{18}H_{36}O_2$]为原料，先用甲醇醇解，得硬脂酸甲酯，然后进行氯化。

$$C_{17}H_{35}COOH \xrightarrow{Cl_2} C_{17}H_{30}Cl_5COOH \xrightarrow[H^+]{CH_3OH} C_{17}H_{30}Cl_5COOCH_3$$

此外，还有一种含氯脂肪酸酯是氯化甲氧基油酸酯，它是将油酸酯在甲醇溶液中通入氯气氯化生成的。

$$CH_3(CH_2)_7CH{=}CH(CH_2)_7COOC_4H_9 + Cl_2 + CH_3OH \longrightarrow CH_3(CH_2)_7{-}\underset{\displaystyle Cl}{\underset{|}{CH}}{-}\underset{\displaystyle OCH_3}{\underset{|}{CH}}(CH_2)_7COOC_4H_9$$

9.3.7 其它类别的增塑剂

除上述增塑剂外，还有苯多酸酯类（耐热性、耐久性好），烷基磺酸苯酯类（力学性能好、耐皂化、迁移性低、电性能好、耐候等），多元醇酯类（耐寒），柠檬酸酯（无毒）等。其中，柠檬酸三丁酯（TBC）因具有相容性好、增塑效率高、无毒、不易挥发、耐候性强等特点而广受关注，成为替代邻苯二甲酸酯类的绿色环保产品。柠檬酸结构式：

$$HOOC{-}CH_2{-}C(OH)(COOH){-}CH_2{-}COOH$$

9.4 增塑剂的应用

9.4.1 从性能和技术经济角度选用增塑剂

以使用量最大的PVC的增塑剂为例：DOP由于其综合性能好、无特殊缺点、价格适中以及生产技术成熟、产量较大等特点而成为PVC的主要增塑剂。在一般情况下，对无特殊要求的增塑PVC制品都可采用DOP作为增塑剂，其用量主要根据对制品的性能要求来确定。此外，还要考虑加工性能问题，DOP用量越大，则制品越柔软；PVC软化点下降越多，则流动性越好，但过量添加会使增塑剂渗出。在对PVC增塑中，除增塑剂外，还要加入填料、颜料等其它成分，这些组分对增塑剂的用量是有影响的，因为这些填料和颜料都具有不同的吸收增塑剂的性能，因此应使增塑剂有不同程度的增加，以获得同样柔软程度的制品。配方举例：普通的农用薄膜，100份PVC中，加入DOP50份、稳定剂2份、润滑剂2.5份。如果要使用薄膜具有更好的耐热、耐不稳定性和阻燃性，从增塑剂的角度可以作以下调整。

① 加入部分环氧大豆油以取代部分DOP，使薄膜具有更好的热、光稳定性。

② 加入适量磷酸三甲苯酯（TCP）取代部分DOP来提高阻燃性。

③ 由于加入TCP后，制品的耐寒性有所下降，为了弥补这个缺陷，可以加入少量环氧油酸丁酯或直链邻苯二甲酸酯；也可加入一定量己二酸二辛酯（DOA），但用量不能超过10份，否则就有可能渗出。

④ 如果要强调耐水性，则可用邻苯二甲酸二正辛酯（DnOP）作为主增塑剂。DnOP耐寒性优于DOP，耐水性优于DOA，但DnOP塑化效率不好，混炼时间延长，因而加适量邻

苯二甲酸二己酯（DHP）配合使用效果更好。

在选用某种增塑剂来部分或全部代替DOP时，一般要注意以下问题。

① 新选用的增塑剂不仅在主要性能上满足制品的要求，而且其它性能最好不下降，否则就需要采取弥补措施。

② 新选用的增塑剂必须与PVC相容性较好，否则就不能取代DOP，或只能部分取代。

③ 由于增塑效率不同，因而用新的增塑剂去取代DOP的量必须经过计算。

④ 由于增塑剂选用的影响因素很多，因此配方经过调整以后还需经各项性能的综合测试才能最后确定，不能光用数学计算来进行配方设计。

9.4.2 增塑剂在各行业中的应用简介

（1）增塑剂在聚氯乙烯（PVC）制品中的应用　目前生产的增塑剂有几百种，大部分可用在对PVC的增塑上，其中比较常用的PVC增塑剂有几十种。PVC是当前最重要的通用树脂，具有强度大、耐腐蚀性好、电绝缘性优良、加工容易、价格低廉等优点，因而应用最为广泛。一般硬质的PVC制品，增塑剂可以不加或加10%以下，如果增塑剂加入量达10%～30%是半硬质的，加入30%以上是软质的。

聚氯乙烯糊是由高分散性PVC树脂加稳定剂等各种添加剂与增塑剂调制成的糊状物。与通用型PVC树脂相比，它具有独特的加工工艺特点，在常温成型后，只需通过加热就可以变为PVC制品。

目前世界上聚氯乙烯糊的产量占总聚氯乙烯树脂的10%～15%，其特征是树脂颗粒特细，仅约1μm，而普通用悬浮法生产的PVC树脂颗粒则为50～200μm。

PVC糊中的增塑剂选用典型实例：

① 汽车内装饰材料的典型配方/(份/100份树脂)

组分	表面层	发泡层
PVC糊树脂	100	100
增塑剂	60～80	65～85
环氧增塑剂	3	3
稳定剂22、碳酸钙	5～20	10～25
发泡剂-2、颜料	适量	适量

由配方可见，软PVC材料中增塑剂的加入量是比较大的，加入环氧增塑剂时考虑到其耐久性和无毒性，在发泡层还需加入发泡剂，以碳酸钙为填料。

② 典型的家具装饰用人造革配方/(份/100份树脂)

组分	表面层	发泡层
PVC糊树脂	70～80	75
掺混型PVC树脂	20～30	25
邻苯二甲酸C_7～C_{11}	70	60
邻苯二甲酸丁苄酯	—	15
环氧增塑剂	3	3
稳定剂	2	2
发泡剂	—	2
碳酸钙	20	25
颜料	适量	适量

如果要求不高时，可以不必全部采用PVC糊，而可以加入一部分细粒的悬浮法PVC树脂混用。增塑剂可以用一般的邻苯二甲酸酯类。如果加一些聚酯型增塑剂，可以用作较高档的耐抽出性能好的制品。在发泡层中如果加入15份左右的邻苯二甲酸酯增塑剂，则可得到较佳的发泡效率。

(2) 增塑剂在其它塑料加工中的应用

① 热塑性树脂

a. 聚乙烯和聚丙烯　聚乙烯是非极性且有较高结晶度的聚合物，熔体流动性好，易于成型，因此通常是不用增塑的，而且增塑剂的加入反而会使制品的物理性能普遍下降。对于某些制品如薄膜，有时只需加入少量油酸酰胺起加工助剂作用，使制品爽滑。聚丙烯大分子链中由于存在甲基，其空间排列规整性和平均分子量会影响到聚合物的脆性温度。与聚乙烯相比，它在低于室温下是脆性材料，为了提高聚丙烯的韧性，改善其低温脆性，某些制品要考虑加增塑剂，如壬二酸酯类，应用凡士林增塑剂也能改善低温性能。

b. 纤维素　纤维素是天然高分子化合物，乙基纤维素（纤维素乙醚）是其中一个代表，可以用来制造塑料，没有增塑的塑料制品尽管有良好的机械强度和较大的延伸率，但柔软性差、成型温度高。这种聚合物的结晶度较低，与各种类型增塑剂都有较好的相容性，最常用的是邻苯二甲酸二甲酯。

c. 聚酰胺　由于酰氨基的存在，大分子间的氢键作用力很强，因而具有高度结晶性，对其进行增塑是十分困难的，各种增塑剂对其增塑效果都不好。对具有较高溶解度的共聚聚酰胺，可以较好的增塑。其选用方法如下。

ⅰ. 采用的增塑剂是含羟基和酰氨基的化合物，它们和共聚酰胺有较好的相容性，如二羟基联苯、二羟基苯甲酸酯、二苄基苯酚、磷酸间苯二酚酯、*N*-烷基取代磺酰胺等。

ⅱ. 尼龙-66和尼龙-6常用作合成纤维，为了增加聚合物溶体流动性、防止降解，通常加入2～5份强极性具有氢键的增塑剂，如*N*-乙基-(邻，对)甲苯磺酰胺。

ⅲ. 对某些柔性尼龙丝、片、管等则需加入多量增塑剂，如磺酰胺类。

ⅳ. 对于均聚聚酰胺，某些酚类对熔融聚酰胺起增塑作用，特别是对薄壁制品效果较好，如工业上制尼龙-6薄膜时，可加20%以下的二苄基苯酚。

② 热固性树脂　增塑剂的加入仅在于在加工过程中增加物料的可塑性，改善成型工艺性能、改善树脂对填料等配合剂的润滑和渗透性，有时也改善制品的其它性能。以酚醛树脂为例，其特点是成本低、尺寸稳定性好、力学性能也好，可以制造各种用途的制品，但其最大的缺点是性脆。为了使其具有弹性，改善脆性，加工过程必须考虑增塑。酚醛树脂在固化成为体型高聚物前，其线型分子上还带有未反应的活性基团，所以采用的增塑剂可以分为反应活性增塑剂和无反应活性增塑剂两大类，即内增塑剂和外增塑剂。

(3) 增塑剂在橡胶制品生产中的应用　生胶的塑炼和胶料的混炼过程顺利进行，生产上通常都要使用增塑剂，按功能可以分为塑解剂（化学增塑剂）和软化剂（物理增塑剂）。

通过化学作用增强生胶塑炼效果，缩短塑炼时间的物质称为化学增塑剂，即塑解剂。塑解剂的作用原理有两种不同的情况：其一为引发剂，这类塑解剂受热分解为自由基，促使橡胶大分子分裂，提高生胶的可塑性，运用于高温塑炼，即使在没有机械作用时，也能起化学增塑作用，这类化合物是某些有机过氧化合物或偶氮化合物；其二为接受型，这类塑解剂本身分解后能封闭生胶在机械作用断裂后大分子的端基，使其失去活性，不再重新结聚，从而使生胶可塑性提高，适用于低温塑炼，这类塑解剂有五氯苯酚及其锌盐、偶氮苯、苯肼

(C_6H_5—NH—NH_2)、β-萘硫酚、二甲苯基硫酚等。此外，还有一些兼有上述两种作用的增塑剂，也称为链转移型化学增塑剂，如硫醇类化合物。

通过物理作用增强胶料塑性而有利于配合剂在橡胶中混合和分散，从而使胶料易于成型的物质称为物理增塑剂，通常又称为软化剂，这类化合物能增大橡胶分子链间的距离，减少分子间的作用力并产生润滑作用，使分子链易于移动。在橡胶加工中，软化剂的用量是比较大的，其种类比较多，按其来源不同可分为以下五类。

① 石油系软化剂：石油加工过程的产物，如机械油、柴油、石蜡等。

② 煤焦油系软化剂：煤经平馏后的产物，如煤焦油、煤沥青、古马隆树脂等，其化学成分是含酚基或活性炭的化合物。

③ 松油系软化剂：包括松焦油、松香、松香油和妥尔油等，化学结构上多含有机酸基团。

④ 脂肪油系软化剂：包括植物油及由动植物油制取的脂肪酸，如甘油、大豆油、软脂酸、油酸等。

⑤ 合成增塑剂。

(4) 增塑剂的其他应用

① 涂料和黏合剂　在涂料生产中，可增加涂膜的柔韧性，提高附着力，克服涂膜硬脆易裂的缺点，同时改善配制工艺性能。这类增塑剂应与树脂有良好的相容性，能溶于涂料用的溶剂中，不易挥发，并具有耐久、耐热、耐寒、耐光等性能。常用的有苯二甲酸酯、磷酸酯、含氯化合物、已二酸酯和癸二酸酯等。在黏合剂生产中，增塑剂可起到同样的效果，例如，丙烯酸树脂既可以用作涂料又可以用作黏合剂，可以添加增塑剂改善丙烯酸树脂的性能。

② 高分子混合炸药　添加增塑剂的主要作用是降低高分子化合物之间的作用力，降低软化点，增加塑性，改善加工性能和成型性；添加增塑剂还能降低高效炸药的机械敏感度，从而提高生产操作的安全性。常用的增塑剂有活性增塑剂（苯二甲酸酯等）和烃类增塑剂（石油系加工产物、稠化的动植物油类等）。

9.5 增塑剂市场现状及发展趋势

增塑剂行业的总体特征是主要产品规模化生产，特别是我国台湾，生产规模大，占据很大市场份额，行业内部竞争激烈，许多中小型装置正面临被淘汰的窘境。目前我国增塑剂产品仍以DOP和邻苯二甲酸二丁酯（DBP）为主，其中DOP约占总量的绝大部分，此外还生产DINP、DIDP、对苯甲酸酯类、氯化石蜡、烷基磺酸酯、脂肪族二元酸酯、环氧类、偏苯酸酯类、磷酸酯类等产品；同时环氧大豆油、偏苯三酸酯类、柠檬酸酯类等绿色增塑剂产量均大幅增长。尽管我国增塑剂生产与应用取得了长足的进展，但与国外先进水平和国内PVC软制品加工的要求相比差距还很大，增塑剂行业存在的主要问题有：

① 生产工艺参差不齐，总体技术水平较低，许多企业仍然采用酸性酯化工艺，产品质量差、生产规模小、环境污染严重；

② 产品结构不合理，品种单一，许多专用和高性能品种完全依赖进口；

③ 产能严重过剩，装置开工率低，企业利润低下，行业竞争力不高。

近些年，薄膜、鞋类、人造革等下游制品出口量大幅削减，加之欧盟限制邻苯二甲酸酯类增塑剂在包装、医疗、儿童玩具等领域的使用，以及我国相关塑料制品行业遭到国外抵制，我国增塑剂需求将呈现下降趋势。因此需要行业给予足够重视，剖析其深层次原因，一方面高度重视法规政策，实施绿色化进程；同时加快产品结构调整步伐，大力开发高新品种，提升行业整体竞争力，促进我国增塑剂行业健康稳定发展。

近年，提高产品的安全性和专用性已成为国际增塑剂领域的研发重点，占主导地位的邻苯二甲酸二辛酯（DOP）增塑剂生产多采用清洁的固体酸催化替代传统的硫酸催化工艺。此外，在电气绝缘、食品包装、医药卫生等领域专用的无毒绿色增塑剂以及高性能、耐油、耐抽提和耐迁移等新型增塑剂不断被开发、生产和应用，环保型增塑剂备受青睐。

思考题

1. 增塑剂是如何定义和分类的？
2. 塑化剂的塑化作用机理是什么？
3. 概述磷酸酯类增塑剂的分类及性能。
4. 我国增塑剂行业存在的主要问题有哪些？

第10章

抗氧剂

10.1 概述

抗氧剂是指，能减缓高分子材料自动氧化速度的物质（沿袭历史习惯，在橡胶工业中，抗氧剂被叫做防老剂）。

抗氧剂的分类：按照功能不同，可分为链终止型和预防型；按照分子量的差别，可分为低分子量、高分子量、反应型；按照化学结构，可分为胺类、酚类、含硫化合物、含磷化合物、有机金属盐类等；按照用途，可分为塑料抗氧剂（塑料及纤维用）、橡胶抗氧剂、石油抗氧剂、食品抗氧剂。

高分子聚合物使用的抗氧剂应满足的要求：有优越的抗氧性能；与聚合物相容性好，并且在加工温度下稳定；不影响聚合物的其它性能，也不和其它化学助剂进行不利的反应；不变色，污染性小，并且无毒和低毒。

10.2 聚合物的氧化和抗氧化机理

10.2.1 聚合物的氧化

一般认为，自动氧化反应是自由基机理，包括链的引发、增长和终止几个过程。

（1）链的引发

$$RH \longrightarrow R\cdot + H\cdot \qquad \text{受热作用}$$

$$RH + O_2 \longrightarrow R\cdot + \cdot OOH \qquad \text{氧化作用}$$

（2）链的传递和增长　自由基 $R\cdot$ 在氧存在下，自动氧化成过氧化自由基 $ROO\cdot$ 和大分子过氧化氢：

$$R\cdot + O_2 \longrightarrow ROO\cdot \qquad \text{过氧化自由基}$$

$$ROO\cdot + RH \longrightarrow R\cdot + ROOH \qquad \text{大分子过氧化氢}$$

大分子过氧化氢又分解为烷氧自由基：

$$ROOH \longrightarrow RO\cdot + \cdot OH$$

（3）链终止

$$R\cdot + \cdot R \longrightarrow R{-}R$$

$$R\cdot + \cdot OOR \longrightarrow ROOR$$

$$ROO\cdot + ROO\cdot \longrightarrow ROOR + O_2$$

后两种终止方式由于生成的过氧化物ROOR不稳定，也很容易裂解生成大分子自由基，再引起链的引发和增长。

聚合物氧化造成力学性能下降的完整机理：

$$R\cdot \longrightarrow ROO\cdot \longrightarrow ROOH \longrightarrow RO\cdot + \cdot OH$$

$$\sim\sim CHO \quad \cdot CH_2\sim\sim$$

10.2.2 抗氧剂作用机理

抗氧剂，即抑制或延缓聚合物氧化降解的物质。分为两大类：链终止型抗氧剂（主抗氧剂）：与自由基RO·、R·反应，中断链的增长的抗氧剂；预防型抗氧剂（辅助抗氧剂）：能够抑制或减缓引发过程中自由基生成的抗氧剂。

10.2.2.1 链终止型抗氧剂

以AH表示链终止剂、RH为稳定化合物、A·为低活性自由基，下述反应中，反应速率常数k_1和k_2大于k_3，才能有效地阻止链增长反应。

$$R\cdot + AH \xrightarrow{k_1} RH + A\cdot$$

$$RO_2\cdot + AH \xrightarrow{k_2} ROOH + A\cdot$$

$$RO_2\cdot + RH \xrightarrow{k_3} ROOH + R\cdot$$

链终止型抗氧剂分为三类。

(1) 自由基捕获体　自由基捕获体能与自由基反应，使之不再进行引发反应，或由于它的加入而使自动氧化反应稳定化。

① 炭黑、醌、某些多核芳烃和一些稳定的自由基等，当与R·反应而终止动力学链。

② 某些酚类化合物作抗氧剂时，能产生ArO·自由基，它有捕集$RO_2\cdot$等自由基的作用。

$$ArO\cdot + RO_2\cdot \longrightarrow RO_2ArO \quad (Ar\text{为芳基})$$

(2) 电子给予体　由于给出电子而使自由基消失。

$$RO_2\cdot + Co^{2+} \longrightarrow RO_2^-\cdot Co^{3+}$$

(3) 氢给予体　如一些具有反应性的仲芳胺和受阻酚化合物，它们可以与聚合物竞争自由基，从而降低聚合物的自动氧化反应速率。

$$Ar_2NH + RO_2\cdot \longrightarrow ROOH + Ar_2N\cdot \quad (\text{链转移})$$

仲芳胺 $$Ar_2N\cdot + RO_2\cdot \longrightarrow Ar_2NO_2R$$

受阻酚 $$ArOH + RO_2\cdot \longrightarrow ROOH + ArO\cdot \quad (\text{链转移})$$

$$ArO\cdot + RO_2 \longrightarrow RO_2ArO$$

上述反应只能在聚合物与自由基（$RO_2\cdot$）反应速率小于ArN·或ArO·捕集$RO_2\cdot$速率时实现。

10.2.2.2 预防型抗氧剂

(1) 与过氧化物反应并使之转变为稳定的非自由基产物（如羟基化合物），从而完全消除自由基的来源（直接消除自由基）。

$$ROOH + R^1SR^2 \longrightarrow ROH + R^1SOR^2$$

硫化物

$$ROOH + R^1SOR^2 \longrightarrow ROH + R^1SO_2R^2$$

硫酯

$$ROOH + (RO)_3P \longrightarrow ROH + (RO)_3P{=}O$$

亚磷酸酯

以 R^1SH 为例，将 ROOH 还原为 ROH，其机理如下：

$$RO_2\cdot + R^1SH \longrightarrow ROOH + R^1S\cdot$$

$$2R^1S\cdot \longrightarrow R^1SSR^1$$

$$RO_2\cdot + R^1S\cdot \longrightarrow \text{稳定产物}$$

$$2R^1SH + ROOH \longrightarrow ROH + R^1SSR^1 + H_2O$$

（2）金属钝化阻止自由基生成　金属钝化剂在聚合物材料的金属离子与过氧化物形成配合物分解以前就先和该金属离子形成稳定的螯合物，从而阻止自由基的生成。工业上使用的金属离子钝化剂应满足以下要求：

① 能与金属离子形成主体配位饱和的稳定螯合物，以抑制金属离子的催化氧化作用；

② 和聚合物有良好的相容性；

③ 加工条件下稳定、不分解、不挥发、不抽出；

④ 不着色，不影响聚合物的性质；

⑤ 无毒或低毒，价廉。

工业上生产和研制的金属钝化剂主要是酰胺和酰肼两类化合物，如：

1,2-双（α-羟基苯甲酰）肼

10.2.2.3　抗氧剂存在下的抑制自动氧化

抗氧剂的加入实质上是在自动氧化反应的基础上，引入了由于抗氧剂参与下的抑制氧化的竞争反应。

（1）链引发过程的特点　抑制自动氧化过程中，引发阶段有两种氧参与的引发。

① 高聚物的氢被氧分子夺取

$$RH + O_2 \longrightarrow R\cdot + HO_2$$

$$R\cdot + O_2 \longrightarrow RO_2\cdot$$

② 抗氧剂与氧分子直接反应

$$AH + O_2 \longrightarrow A\cdot + HO_2$$

$$A\cdot + O_2 \longrightarrow AO_2\cdot$$

（2）链增长与转移过程的特点　在链增长过程中，一部分反应与未抑制自动氧化过程相同。

① 与未抑制自动氧化过程相同的反应

$$RO_2\cdot + RH \longrightarrow ROOH + R\cdot$$

$$R\cdot + O_2 \longrightarrow RO_2\cdot$$

② 向抗氧剂链转移的反应

$$RO_2\cdot + AH \longrightarrow ROOH + A\cdot$$

$$A\cdot + RH \longrightarrow AOOH + RO_2\cdot$$

（3）链终止过程的特点　在抑制自动氧化中，温度、氧浓度、聚合物结构和抗氧剂性质与用量等都与终止反应速率有关。当使用链终止型抗氧剂的浓度比较合适时，基本能中断全部的动力学链，作为抗氧剂可以有下述链终止作用，即一个抗氧剂分子可以终止两个动力学链反应：

$$AH + RO_2 \cdot \longrightarrow ROOH + A \cdot$$
$$RO_2 \cdot + A \cdot \longrightarrow ROOA$$
$$2A \cdot \longrightarrow A{-}A$$

此时，$RO_2 \cdot$ 相互结合的链终止反应（$RO_2 \cdot + RO_2 \cdot = ROOR + O_2$）不是主要的。

10.2.3　主抗氧剂的结构与抗氧作用

在胺类与酚类抗氧剂的分子中存在着活泼氢原子，这种氢原子比高分子链上的氢原子活泼，能与被分解出来的大分子链自由基结合，从而破坏链的增长，起到抗氧剂的作用。

有效抗氧剂的结构特征如下。

① 具有活泼氢原子，而且比高分子主链上的氢原子要活泼（竞争反应）。

② 抗氧剂自由基的活性要低（不能引发聚合）。

③ 随着抗氧剂分子中共轭体系增大，抗氧剂的效果提高（自由基更稳定）。

④ 抗氧剂本身应该最难氧化。

⑤ 对酚类抗氧剂来说，邻位取代基数目增加及其分支增加，可以提高抗氧性能（保护酚氧基不受氧的袭击）。

此外，常用提高抗氧剂相对分子质量的办法来提高沸点。增大相对分子质量，一是增大取代基，二是增加芳环个数。

10.3　抗氧剂的种类

10.3.1　胺类抗氧剂

此类抗氧剂广泛使用在橡胶工业中，常用的有二芳基仲胺、对苯二胺衍生物、醛胺和酮胺缩合物。

（1）二芳基仲胺

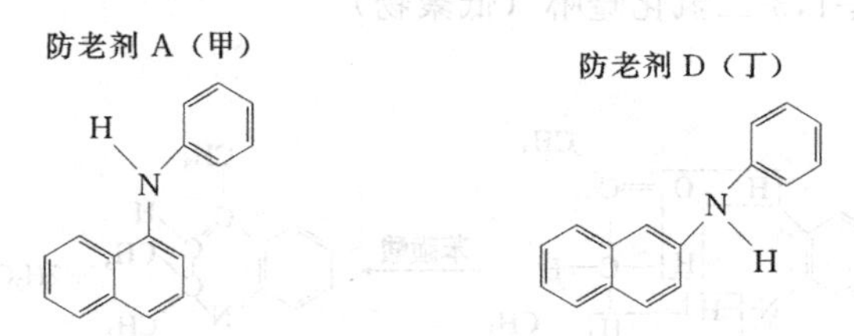

两者具有较全面的防老能力，抗热、抗氧、抗屈挠龟裂性能都很好。在橡胶工业中被广泛使用，用量一般为 1%～3%。

（2）对苯二胺衍生物　作为抗氧剂，对苯二胺衍生物是最好的一类，其中以 *N*,*N*′-二烷基衍生物具有最佳的抗臭氧作用，*N*-烷基-*N*′-芳基衍生物次之，但后者性能较全面，持久性也较前者为佳，故应用最广。

防老剂 288

H—N—CH(CH$_2$)$_5$CH$_3$（CH$_3$）

（对位苯环）

H—N—CH(CH$_2$)$_5$CH$_3$（CH$_3$）

N,*N*′-二仲辛基对苯二胺

防老剂 4010

N-环己基-*N*′-苯基对苯二胺

这类抗氧剂的缺点是污染性严重，着色范围从红色到黑褐色不一，因此，只适用于深色制品。此外，这类抗氧剂一般还有促进硫化及降低抗焦烧结性能的倾向，一般用量为 0.5%～3%。

(3) 醛胺或酮胺缩合物

① 醛胺缩合物（丁醇醛缩-α-萘胺）

AP：*N*-(3-羟基亚丁基)-α-萘胺

N=C—CH$_2$CHOHCH$_3$
H

AH：*N*,*N*′-二（3-羟基-1-丁烯基)-α-萘胺

防老剂 AP 为棕黄色粉末，遇光颜色变深，熔点为 145℃；防老剂 AH 为淡黄色至深红色的脆性玻璃状树脂，遇光颜色逐渐变深，熔点为 60～80℃。醛胺缩合物主要用作橡胶抗氧剂，其抗热抗氧性能良好，喷霜现象比较少，一般用量为 0.5%～5%。

② 酮胺缩合物

RD：2,2,4-三甲基-1,3-二氢化喹啉（低聚物）

其合成：

苯磺酸 + 2H$_2$O

2,2,4-三甲基-1,3-二氢化喹啉

聚合 HCl, 95～98℃

防老剂124

由于聚合体分子量不同，可以有不同品种，常用的有 RD（低分子量）和防老剂 124（高分子量）。前者为琥珀色至灰白色树脂状粉末，软化点不低于 74℃；后者为浅灰色粉末，熔点高于 114℃。

AW：6-乙氧基-2,2,4-三甲基-1,3-二氢化喹啉

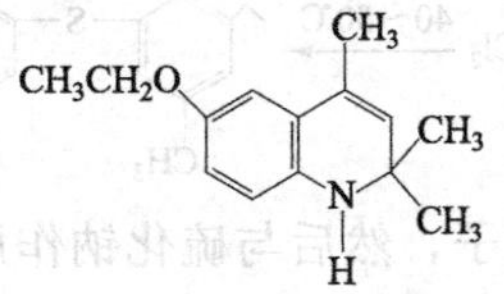

AW 为浅褐色黏稠液体，b. p. 169℃（11mmHg），有较好的抗臭氧作用，一般用量为 1%～6%。

酮胺缩合物也主要用在橡胶工业中，一般具有抗热氧化老化和抗挠曲龟裂作用，喷霜现象比较少，毒性也较低。

10.3.2 酚类抗氧剂

酚类抗氧剂是所有抗氧剂中抗污染、不变色性最好的一类，主要用于塑料与合成纤维工业。

(1) 烷基单酚

264：2,6-二叔丁基-4-甲基苯酚，其合成：

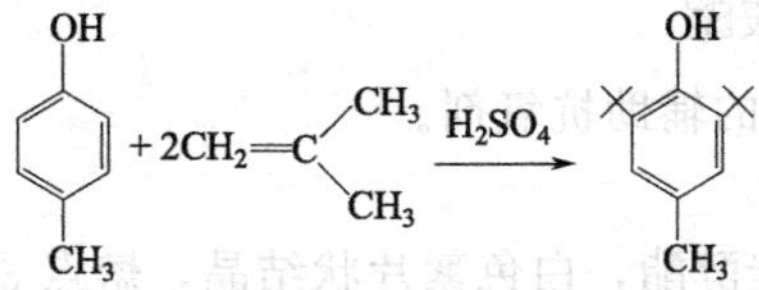

264 是烷基单酚中最有代表性品种，用途最为广泛，是白色至淡黄色的结晶粉末，熔点 68～70℃，无毒，可用于各种聚合物以及石油产品和食品加工业中。缺点是分子量较低，挥发性大，不适于高温加工塑料。一般用量在塑料中为 0.1%，在橡胶中为 0.5%～2%。

(2) 烷基双酚

2246：2,2′-亚甲基双（4-甲基-6-叔丁基苯酚），为白色粉末，熔点 125～133℃。其合成：

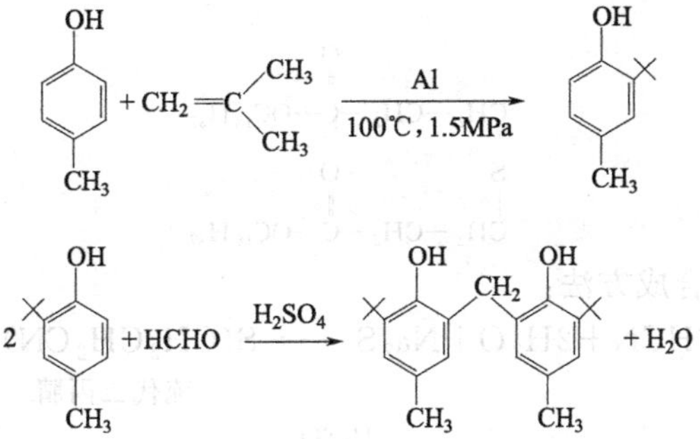

这类抗氧剂常用于聚烯烃中，也用于其他塑料、天然橡胶和合成橡胶中。由于它们分子量极大，挥发性较低，具有优异的耐热抗氧性，又无毒、不污染，所以应用广泛。其中抗氧剂 1010 和抗氧剂 1076 还有优异的耐水抽出性，也适用于纤维制品，一般用量为 0.1%～1.5%，在橡胶中用量稍大，可达 2%。

(3) 硫代双酚　也属于阻碍酚，它们是用硫原子将阻碍酚连起来的化合物。

抗氧剂 2246-S：2,2′-硫代双（4-甲基-6-叔丁基苯酚），白色粉末，熔点 82～84℃，其合成方法有两种。

① 用阻碍酚与二氯化硫作用来合成

$$2\ (\text{OH}, \text{CH}_3\ \text{阻碍酚}) + SCl_2 \xrightarrow{40\sim50℃} (\text{OH}, \text{CH}_3)\text{—S—}(\text{OH}, \text{CH}_3) + 2HCl$$

② 在阻碍酚的苯环上引进卤原子，然后与硫化钠作用。

$$2\ (\text{OH}) + Br_2 \xrightarrow[CCl_4]{20℃} 2\ (\text{OH}, \text{Br})$$

$$2\ (\text{OH}, \text{Br}) + Na_2S \xrightarrow[\text{回流}]{\text{异丙醇}} \text{HO—}\!\!\bigcirc\!\!\text{—S—}\!\!\bigcirc\!\!\text{—OH} + 2NaBr$$

这类抗氧剂的抗氧性能较 2246 高，可用于塑料和橡胶，由于它们具有硫醚结构，所以兼有链终止剂和过氧化氢分解剂的作用。

10.3.3 硫代酯和亚磷酸酯

硫代酯和亚磷酸酯是主要的辅助抗氧剂。

(1) 硫代酯

DLTDP：硫代二丙酸月桂醇酯，白色絮片状结晶，熔点 38～40℃。

其结构：

$$S\left(CH_2-CH_2-\overset{O}{\overset{\|}{C}}-OC_{12}H_{25}\right)_2$$

DSTDP：硫代二丙酸十八碳醇酯，白色絮片状结晶，熔点 63～69℃。

其结构：

$$S\left(CH_2-CH_2-\overset{O}{\overset{\|}{C}}-OC_{18}H_{37}\right)_2$$

DLTDP 和 DSTDP 合成方法：

$$2CH_2=CHCN + 2H_2O + Na_2S \longrightarrow \underset{\text{硫代二丙腈}}{S(CH_2CH_2CN)_2} + 2NaOH$$

$$S(CH_2CH_2CN)_2 + 4H_2O \xrightarrow{H_2SO_4} \underset{\text{硫代二丙酸}}{S(CH_2CH_2COOH)_2} + 2NH_3$$

再分别与月桂醇或硬脂酸（十八碳醇）酯代即得上述产物。

它们与主抗氧剂并用，产生协同效应，由于毒性低，可作包装用薄膜，用量为 0.1%～1%。

(2) 亚磷酸酯

其通式为：

$$(R^1O)(R^2O)(R^3O)P$$

R^1、R^2、R^3可为烷基或芳基

如：TPP（亚磷酸三苯酯）

$(C_6H_5O)_3P$

为无色透明液体，凝固点20～40℃。

亚磷酸酯是一类常用的辅助抗氧剂，它与主抗氧剂并用，有良好的协同效应。在聚乙烯中，又是常用的辅助热稳定剂。

10.3.4 其它类型的抗氧剂

(1) 反应型抗氧剂　大多是在胺类或酚类抗氧剂分子中链接上反应活性基团。在高分子材料加工过程中，此反应活性基团可与高聚物以化学键的形式，结合在大分子链上，从而具有不挥发性、不抽出、不污染和抗氧效果持续等特性，这类抗氧剂又叫永久性抗氧剂。属于这一类的抗氧剂有芳香族亚硝酸基化合物、马来酰亚胺衍生物、烯丙基取代酚衍生物以及丙烯酸酯衍生物等。

如：MDPA（对亚硝基二苯胺）

$C_6H_5-NH-C_6H_4-NO$

(2) 高分子抗氧剂　将低分子抗氧剂链接到大分子上形成的抗氧剂。这种抗氧剂由于本身是高聚物，所以不挥发、也不抽出。

10.4 抗氧剂的选择及应用

10.4.1 抗氧剂性质的基本要求

(1) 溶解性、相容性和迁移性

① 抗氧剂在所使用的对象聚合物中溶解性（或相容性）应该比较好，而在其它介质中则较低。

② 相容性是抗氧剂的重要性质之一，其大小取决于抗氧剂的化学结构、聚合物种类、温度等因素。

③ 抗氧剂在过饱和溶液中会与聚合物逐步发生分离并以较快的速率向表面迁移，就有可能出现喷霜现象。

(2) 挥发性　抗氧剂的挥发性很大程度上取决于其本身的分子结构与分子量。挥发性还和温度、暴露表面的大小、空气流动有关。例如相对分子质量为220的2,6-二叔丁基-4-甲酚的挥发性比相对分子质量为260的N,N'-二苯基对苯二胺大3000倍；受阻多元酚在较高温度下挥发性也较低。

(3) 热稳定性　目前，大部分的商用抗氧剂短时间内在300℃，甚至更高温度下都有良好的热稳定性，但是部分抗氧剂在热处理过程中可能被消耗掉，这是抗氧剂的一种保护功能，属正常现象。

(4) 水解稳定性　抗氧剂的水解在亚磷酸酯和磷酸酯表现比较明显。

解决亚磷酸酯水解问题的措施：使用水解性能优于脂肪族亚磷酸酯的高纯度芳香族亚磷酸酯，加入少量碱（如三异丁胺，不是为了防止水解，而是消除生成的酸性产物，因为水解后生成的酸性产物会腐蚀设备），或加入一定的防水蜡和其它憎水化合物。

（5）颜色稳定性　抗氧剂的变色性与其化学性质、流动性和迁移性有关。

① 芳香族胺类有较强的污染性，故一般不宜用于热塑性塑料和浅色塑料制品。

② 如果制品中添加了炭黑，如弹性体中含有大量的炭黑，使得由添加剂造成的变色性大大减少，可以选用抗氧效率高、变色性也大的胺类抗氧剂。

③ 在加工和使用过程中，受阻酚的色污比芳香族胺类要小得多，故在无色制品或浅色塑料制品中可选用受阻酚作为抗氧剂。

（6）物理状态及其他　从物理性能和毒理学角度选择抗氧剂。

① 在塑料制造过程中，一般优先选用液体的和易乳化的抗氧剂；在橡胶加工过程中常选用固体的、易分散而无尘的抗氧剂。

② 直接或间接接触人体的塑料制品，如食品包装、医药品及其包装、儿童玩具等，必须选择符合卫生标准的抗氧剂品种。

10.4.2　选用抗氧剂的考虑因素

选用抗氧剂，除了考虑抗氧剂本身的性质，还需考虑抗氧剂对氧气的敏感性和对臭氧的敏感性。

① 高聚物的化学结构决定了它对大气中氧的敏感性，如带支链结构的聚合物易被氧化。

② 臭氧尽管浓度很低，但对塑料和橡胶影响较大，主要原因是易攻击聚合物中的双键。

10.4.3　抗氧剂的用量与配合

当两种或两种以上的抗氧剂进行配合使用时，其总效应大于单独使用时各个效应之和，就称为协同效应；反之，则称对抗效应。

抗氧剂的用量取决于聚合物的性质、抗氧剂的效率、协同效应、制品使用条件与成本价格等种种因素。在一般情况下，每一种抗氧剂都有一个最适宜的浓度，过小或过大，效果都不好。

10.4.4　几种主要聚合物使用的抗氧剂

（1）聚烯烃　聚烯烃使用的抗氧剂包括受阻酚、亚磷酸酯及有机硫化物。在酚类当中，可以选用抗氧剂264、2264、300、1076、1010、CA以及某些酚基取代的三嗪或三嗪衍生物。可以使用的辅助抗氧剂，如硫代二丙酸酯类的DLTP、DSTP以及防老剂MB、TNP等，它们和主抗氧剂并用，都显示了显著的协同效果。胺类抗氧剂适用于黑色烯烃制品，如防老剂BLE、H、DNP、4010、防老剂甲、丁、NBC等。

① 聚乙烯抗老化配方实例

a. 低密度聚乙烯耐老化农膜配方：

低密度聚乙烯	97.9%	亚磷酸酯	0.18%
GW-622（光稳定剂）	0.42%	方雾滴剂	1.5%

b. 高密度聚乙烯抗老化配方：

高密度聚乙烯	99.2%	抗氧剂1076	0.5%
UV-327	0.3%		

配方设计注意要点：a. 吹塑颗粒状的聚乙烯树脂选用抗氧剂264或DLTP，用量为0.01%～0.05%；b. 薄膜和通信、动力电缆等要求稳定性高的制品，则可选低挥发、高分子量的受阻酚，如抗氧剂WPS、CA、330、1010、1076等；c. 抗氧剂1076一般用在高密度聚乙烯中，对低密度聚乙烯在一般加工温度下，也能提供适当的保护。

② 聚丙烯抗老化配方

聚丙烯	100	抗氧剂 1010	0.5
UV-327	0.5	助抗氧剂 DLTP	0.7

配方设计注意要点：a. 聚丙烯因加工温度高，大分子链又含有甲基，所以抗氧剂和光稳定剂都很重要，是一个典型的需要加入抗老化剂的塑料品种；b. 聚丙烯中使用的抗氧剂一般和聚乙烯相同，但使用量较大。受阻酚的用量为0.01%～0.15%，硫代二丙酸酯的用量也为0.01%～0.15%。受阻酚，例如烷基双酚、硫代双酚可单独使用，或与硫酯并用；c. 在聚丙烯纤维中，抗氧剂1010比抗氧剂1076的耐热性高。

(2) 增塑的聚氯乙烯　高温下，增塑剂的氧化破坏很快，使制品性能下降，并有气味产生，增塑或非增塑的聚氯乙烯在加工、使用时都需要抗氧剂来保护。

聚氯乙烯树脂使用的抗氧剂为4,4-烷基双酚，用量为0.1%～0.5%，其中最便宜的品种为双酚A，但它的抗氧效率没有2246、邻苯二酚、对苯二酚好，一般使用抗氧剂2246、264。但是据报道，抗氧剂264、2246（分类抗氧剂）有变色问题，并且效率也不高，在聚氯乙烯中更有价值的是4,4-硫代双酚（2-甲基-6-叔丁基苯酚）和辛基化二苯胺以及防老剂BLE。

聚氯乙烯耐老化配方实例：

聚氯乙烯	100	硬脂酸锌	0.2
DOP（增塑剂）	35	双酚A（抗氧剂）	0.4
DOS（增塑剂）	10	2246（抗氧剂）	0.2
环氧硬脂酸锌（增塑剂）	5	UV-P（抗紫外线）	0.3
硬脂酸钡	1.8	TPP	1
硬脂酸镉	0.6		

硬脂酸锌为PVC热稳定剂、润滑剂、脱模剂。

硬脂酸钡为PVC光、热稳定剂，是长期稳定性最佳的碱土金属硬脂酸盐，有润滑作用。

TPP为磷酸三苯酯，为PVC抗氧剂。

硬脂酸镉为PVC皂类稳定剂中着色性最小、光稳定性和透明性最好的品种。

(3) 聚苯乙烯及苯乙烯系树脂　聚苯乙烯对光氧化降解特别敏感，容易变黄和变脆，因而不宜室外使用。为了保护这种光氧化降解，可在聚合前加一种有光稳定作用的抗氧剂和紫外线吸收剂（一般用量在1%左右），这类物质是脂肪胺、酯环胺和氨基醇、脂环醇，如二辛基胺、*N*-环己基己醇胺、3-双-乙氨基-1,2-丙二醇等。抗氧剂264、1076、565对抑制聚苯乙烯热氧化老化有突出的作用，特别是抗氧剂1076的效果更好。

(4) 橡胶　抑制橡胶老化的抗氧剂在使用时又分别叫做生胶稳定剂（未硫化胶的稳定剂）、硫化胶的热氧及疲劳老化的防老剂及抗臭氧剂。生胶稳定剂是聚合之后被加进的，用以防护干燥，储存、加工前一般在0.6%～3%之间。前述各类抗氧剂都广泛用作橡胶制品的防老剂，尤其胺类用量最大（橡胶通常深色，不怕胺类着色），酚及亚磷酸酯类用于浅色制品。

10.5 抗氧剂市场现状及发展趋势

受阻酚是塑料抗氧剂的主体，而BHT（264）作为基本品种，仍然占据主导地位，其消费量约占酚类抗氧剂的45%，但由于BHT分子量低、挥发性大且有泛黄变色的缺点，目前在塑料加工中的应用比例及用量正呈逐年减少的趋势。反之，近年来以1010、1076为代表的高分子量的受阻酚品种消耗比例不断提高，其产量也成倍增长。

TNPP（即TNP）和168（三[2,4-二叔丁基苯基]亚磷酸酯）是亚磷酸酯类辅助抗氧剂的主导品种，它们在聚烯烃、苯乙烯类树脂及工程塑料中的消费量占到亚磷酸酯类抗氧剂总消费量的80%。

抗氧剂的发展趋势：

现有品种的大吨位化、连续化、自动化；

现有品种技术性能的改进，如提高抗氧剂的耐热性、相容性，降低毒性及着色性；

研制高效、多能、多官能团的抗氧剂；

研制新的反应型的和聚合型的抗氧剂。

思 考 题

1. 抗氧剂是如何定义和分类的？
2. 试解释抗氧剂的作用机理？
3. 胺类抗氧剂有哪些？画出这些抗氧剂的结构并简述物理性能。
4. 抗氧剂的发展趋势是什么？

第11章 热稳定剂

11.1 概述

热稳定剂的主要作用是防止高分子材料在加工中，因受热而发生降解或交联，以达到延长其使用寿命的目的。

一般所谓热稳定剂，就是专指聚氯乙烯以及氯乙烯共聚物加工时所添加的热稳定剂，或者可以说是狭义的热稳定剂。

热稳定剂分为：铅稳定剂、金属皂类、有机锡稳定剂、液体复合稳定剂、有机主稳定剂、环氧化合物、亚磷酸酯、多元醇等。

11.2 作用机理

PVC加热高于100℃时，即伴随有脱氯化氢反应，在其加工温度（170℃左右）下，降解速率加快，除了脱氯化氢之外，还发生变色和大分子交联。

11.2.1 聚氯乙烯的热降解机理

PVC的热降解脱HCl的过程存在着几种解释，即自由基机理、离子机理、单分子机理、分子-离子机理、分子-自由基机理等。这里主要介绍自由基机理和离子机理。

11.2.1.1 自由基机理

自由基主要是攻击亚甲基上的氢原子，在β-位置上形成的不稳定氯原子被释放后，分子得到稳定，这个游离的氯原子夺取了另一个亚甲基上的氢原子，形成氯化氢和另一个不稳定的氯原子，这样一个链式反应就开始了，并且形成一定数目的共轭双键结构。

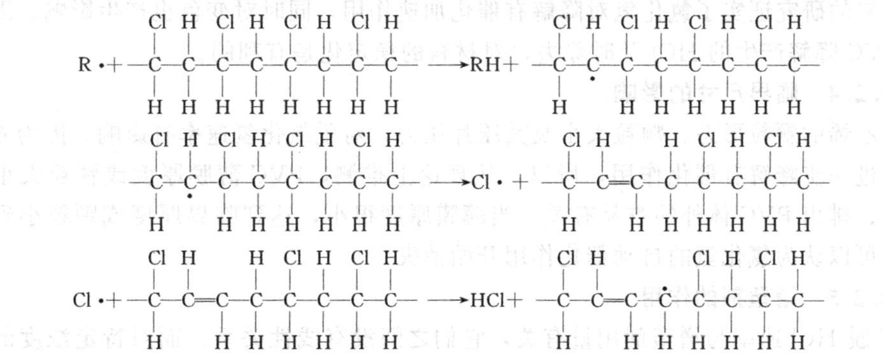

$$-\underset{H}{\overset{Cl}{C}}-\overset{H}{C}=\underset{H}{C}-\underset{H}{\dot{C}}-\underset{H}{\overset{Cl}{C}}-\underset{H}{\overset{H}{C}}-\underset{H}{\overset{Cl}{C}}-\underset{H}{\overset{H}{C}}- \longrightarrow Cl\cdot + -\underset{H}{\overset{Cl}{C}}-\overset{H}{C}=\underset{H}{C}-\underset{H}{C}=\underset{H}{C}-\underset{H}{\overset{H}{C}}-\underset{H}{\overset{Cl}{C}}-\underset{H}{\overset{H}{C}}-$$

11.2.1.2　离子机理

聚氯乙烯分解脱氯化氢反应的引发，起始于碳氯极性键。氯的电负性很强，由于诱导效应，使得相邻原子发生极化，一方面使叔碳原子带正电荷（Ⅱ），同时也使相邻的亚甲基上的氢原子带有诱导电荷，所以与氯相互吸引，形成了四位配合的有利条件。随后，由于活性配合物的环状电子转移，经过（Ⅲ）可形成（Ⅳ）那样的离子四点过渡状态，然后脱出氯化氢并在聚氯乙烯分子链上产生双键（Ⅴ）活性中心。双键的形成，使邻近的氯原子上电子云密度增大，更有利于进一步脱出氯化氢，形成共轭双键体系。

$$\underset{\text{Ⅰ}}{\cdots CH_2-\underset{Cl}{CH}-CH_2-\underset{Cl}{CH}\cdots} \longrightarrow \underset{\text{Ⅱ}}{\cdots\overset{\delta^-}{\underset{\delta^+ H}{CH}}-\overset{+}{\underset{Cl^-}{CH}}-CH_2-\underset{Cl}{CH}\cdots} \longrightarrow$$

$$\underset{\text{Ⅲ}}{\cdots\overset{\delta^-}{CH}-CH-CH_2-\underset{Cl}{CH}\cdots \quad (\delta^+ H\cdots Cl^-)} \longrightarrow \underset{\text{Ⅳ}}{\cdots CH-CH-CH_2-\underset{Cl}{CH}\cdots \quad ({}^+H-Cl^-)} \longrightarrow$$

$$\underset{\text{Ⅴ}}{\cdots CH=CH-CH_2-\underset{Cl}{CH}\cdots \quad (H-Cl)}$$

11.2.2　影响聚氯乙烯降解的因素

11.2.2.1　分子链结构的影响

聚氯乙烯在脱 HCl 后形成的双键，或氯乙烯进行自由基聚合时在 PVC 分子链末端产生的双键，在很大程度上能使聚合物热稳定性下降。另外，PVC 在热降解时的变色与链中生成共轭双键链段有关，随着 HCl 脱出量的增加，颜色越来越深。

分子量对 PVC 的热稳定性也有影响。在氮气流中 180℃下进行不同聚合度 PVC 的试验发现，低聚合度的试样容易脱氯化氢，而分子量的分布则与热稳定性无多大关系。

11.2.2.2　氧的影响

氧的存在对聚氯乙烯的热降解起脱氯化氢的作用，并且由于降解后，链段长度分布变短而使聚合物褪色。在氧的影响下，PVC 热降解开始时主要产生交联，分子量有所增加，随后由于链段不断增加，分子量下降。

11.2.2.3　氯化氢的影响

近年来的研究证实了氯化氢对降解有催化加速作用，同时对变色也产生影响。因此，如果能使 PVC 降解产生的 HCl 及时除去，对材料的稳定化是有利的。

11.2.2.4　临界尺寸的影响

聚氯乙烯的颗粒形态、颗粒大小及其压片压力，对脱氯化氢速率有影响。因为先脱出的氯化氢对进一步降解有催化作用，所以，从理论上推测，PVC 薄膜厚度或颗粒大小与氯化氢的扩散、排出 PVC 体外的难易有关。当薄膜厚度很小，达到临界厚度或颗粒小到某临界尺寸时，可以认为氯化氢的自动催化作用开始消失。

11.2.2.5　增塑剂的作用

PVC 脱 HCl 速率与增塑剂用量有关，它们之间没有线性关系，而对特定浓度的每一种增塑剂有一个最小降解速率值，这可能是因为在浓度较低的情况下，PVC的极性基与增塑剂分子之间的相互反应比PVC链间的反应性强，增塑剂分子使PVC链溶剂化，可能起某种程度的稳定作用，使HCl的脱出需要较高的能量。

增塑PVC薄片在一定温度的氮气流中脱氯化氢的速率参考图11-1。

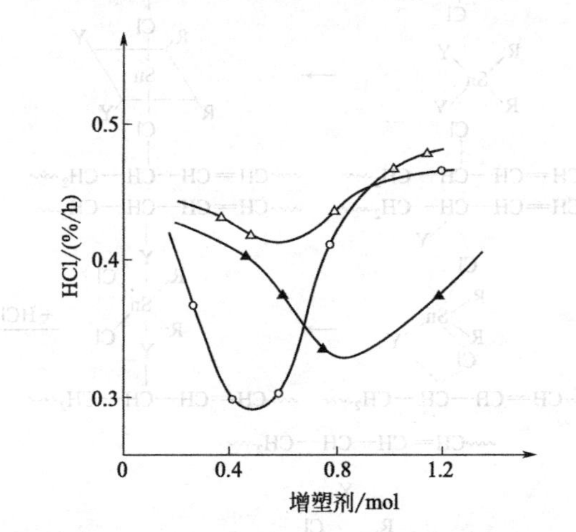

图11-1 增塑PVC薄片在氮气流中180℃下的脱氯化氢速度

○—TCP磷酸三甲苯酯；△—DBP邻苯二甲酸二丁酯；▲—DOS癸二酸二辛酯

11.2.3 热稳定剂的作用机理

（1）受热生成烯丙基氯后，两种化学反应使力学性能下降

① 连续脱除HCl：烯丙基氯的氯很活泼，受热情况下容易和邻近亚甲基上的氢共同脱去一份子氯化氢，接下来连续脱HCl生成双键。

聚氯乙烯结构中的共轭双键数平均每条链超10个，聚氯乙烯开始发黄，进一步氧化将使颜色变深，力学性能下降。

② 生成自由基

$$R\cdot \longrightarrow ROO\cdot \longrightarrow ROOH \longrightarrow RO\cdot + \cdot OH$$

$$\sim\sim CHO \quad \cdot CH_2\sim\sim$$

（2）热稳定剂的作用方式

① 和生成的HCl反应：HCl对PVC降解有催化加速作用。

② 置换活泼氯原子（烯丙基氯）。

③ 与双键加成。

④ 防止聚烯结构氧化（因为氧化也能使聚烯生成过氧结构）。

（3）六类热稳定剂作用举例

① 碱式铅盐：碱式铅盐能够捕获HCl是因为能与HCl反应生成盐。

$$3PbO \cdot PbSO_4 \cdot H_2O + 6HCl \longrightarrow 3PbCl_2 + PbSO_4 + 4H_2O$$

② 脂肪酸皂类：脂肪酸皂类作用时置换了聚氯乙烯分子链上的活泼氯原子，生成比较稳定的酯，从而抑制了脱HCl反应。

$$2\sim\sim CH_2-CH{=}CH-\underset{\displaystyle Cl}{\underset{|}{CH}}-CH_2-\underset{\displaystyle Cl}{\underset{|}{CH}}-CH_2\sim\sim + Me(O\overset{\displaystyle O}{\overset{\|}{C}}-R)_2 \longrightarrow$$

$$2\sim\sim CH_2-CH{=}CH-\underset{\displaystyle OCOR}{\underset{|}{CH}}-CH_2-\underset{\displaystyle Cl}{\underset{|}{CH}}-CH_2\sim\sim + MeCl$$

③ 有机锡化物：有机锡化物首先与PVC分子链上的氯原子配位，在配位体电场中，分子链上活泼氯原子与Y基团进行置换，结果在PVC分子链上留下了Y基团，从而抑制了脱HCl反应。

$$\sim\sim CH{=}CH{-}\underset{\underset{Cl}{|}}{CH}{-}CH_2\sim\sim + R_2Sn(Y)_2 \longrightarrow \text{配位络合物} \longrightarrow \sim\sim CH{=}CH{-}\underset{\underset{Y}{|}}{CH}{-}CH_2\sim\sim + R_2SnCl_2 + HCl$$

④ 马来酸盐：马来酸盐型的有机锡化物还能与共轭的双烯结构进行双烯加成反应，以隔断多烯链，从而抑制共轭体系的进一步发展。

$$\sim\sim CH_2{=}CH{-}CH{=}CH_2\sim\sim + \underset{-O-\overset{\|}{\underset{O}{C}}\quad \overset{\|}{\underset{O}{C}}-O-}{CH{=}CH} \longrightarrow \text{环加成产物}$$

⑤ 环氧化合物：环氧化合物的作用是环氧化合物先与HCl反应生成氯醇，而氯醇可以再与PVC分子链上的双键作用。

a.

$$R{-}CH{-}CH_2\ (\text{环氧}) + HCl \longrightarrow R{-}\underset{OH}{CH}{-}\underset{Cl}{CH_2}$$

b. 继续与双键加成

$$R{-}\underset{OH}{CH}{-}\underset{Cl}{CH_2} + \sim\sim CH_2{-}CH{-}\underset{Cl}{C}{=}CH{-}CH_2\sim\sim \longrightarrow CH_2{-}\underset{Cl}{CH}{-}R{-}\underset{\underset{CHCH_2-CH_2\sim\sim}{O}}{CH}{-}CH_2Cl$$

⑥ 亚磷酸酯＋金属皂 抑制HCl生成，从而减少HCl对PVC降解的催化加速作用。

11.3 常用热稳定剂

11.3.1 铅稳定剂（不包括铅的皂类）

常见碱式铅盐化学结构见表11-1。

表 11-1 碱式铅盐

名称	分子式或结构式	性状
三碱式硫酸铅	$3PbO \cdot PbSO_4 \cdot H_2O$	白色粉末，有毒，味甜
二碱式亚磷酸铅	$2PbO \cdot 2PbHPO_2 \cdot H_2O$	白色针状结晶，有毒，味甜
二碱式硬脂酸铅	$(C_{17}H_{35}COO)_2Pb \cdot 2PbO$	白色粉末，有毒，分解点＞300℃
二盐酸邻苯二甲酸铅	$C_6H_4\left\langle\begin{matrix}COO \\ COO\end{matrix}\right\rangle Pb \cdot 2PbO$	白色粉末，有毒
三碱式马来酸铅	$\left.\begin{matrix}CH-CO \\ \Vert \\ CH-CO\end{matrix}\right\rangle Pb \cdot 3PbO \cdot H_2O$	微黄色粉末，有毒

铅稳定剂是 PVC 最早使用的稳定剂，现在仍然大量使用，约占稳定剂用量的 60%，铅稳定剂主要是一些碱式铅盐。

碱式铅盐是指带有未成盐的一氧化铅（俗称为盐基）的无机酸铅和有机酸铅。PbO 具有很强的结合氯化氢的能力，它本身也可作为稳定剂，但它带有黄色，会使制品着色，而碱式铅盐大多是白色的。

碱式铅盐制备方法：

$$4PbO + H_2SO_4 \xrightarrow{HOAC} 3PbO \cdot PbSO_4 \cdot H_2O$$

$$PbO + 2HOAC \longrightarrow Pb(OAC)_2 + H_2O$$

或

$$Pb(PAC)_2 + C_6H_4\left\langle\begin{matrix}CO \\ CO\end{matrix}\right\rangle O + 2PbO + H_2O \longrightarrow C_6H_4\left\langle\begin{matrix}COO \\ COO\end{matrix}\right\rangle Pb \cdot 2PbO + 2HOAC$$

如三碱式硫酸铅 $3PbO \cdot PbSO_4 \cdot H_2O$，白色粉末、有毒、味甜。

这类稳定剂的优点：耐热性良好，特别是长期热稳定性良好，电绝缘性优良，具有白色颜料的性能，覆盖力大，因此耐候性也良好，可作发泡剂的活性剂，价格低廉。

这类稳定剂的缺点：所得制品不透明；毒性大；有初期着色性；相容性和分散性差；没有润滑性；必须与金属皂、硬脂酸等润滑剂并用；容易产生硫化污染。

耐热性：亚硫酸盐＞硫酸盐＞亚磷酸盐，以碱式亚硫酸铅最好。

耐候性：亚磷酸盐＞亚硫酸盐＞硫酸盐，以二碱式亚磷酸铅耐候性最好。

配方举例：

（1）硬质不透明瓦楞板

PVC	100	亚磷酸三苯酯	0.7
三碱式硫酸铅	3	石蜡	0.5
二碱式亚磷酸铅	4	着色剂	适量
硬脂酸铅	0.5		

瓦楞板由挤出成型制得，有透明的，也有不透明的，还有多层复合中空的。因其可塑性好，故能较好的适应建筑造型的要求。

配方中，石蜡为稳定剂、加工润滑剂；硬脂酸铅是半透明稳定剂。

（2）挤出通用不透明硬管

PVC	100	硬脂酸钡	0.3～0.5

三碱式硫酸铅	2	硬脂酸钙	0.2～0.3
二碱式硬脂酸铅	0.3～0.5	硬脂酸	0～0.5
硬脂酸铅	0.5～1		

配方中，硬脂酸钙有内润滑和后期热稳定性作用；硬脂酸铅为光稳定剂。

(3) 通用电器绝缘材料

PVC	100	二碱式硬脂酸铅	1
DOP	45	黏土	7
三碱式硫酸铅	5	高熔点石蜡	0.5

配方中，黏土可使 T_g 增高。

(4) 高级装饰用软板

PVC	100	硅酸铅/硅胶共沉淀物	3
DOP	35	有机锡稳定剂	1
DOA	10	硬脂酸钡/镉	0.5
环氧增塑剂	7	着色剂	适量

11.3.2 金属皂类

常见金属皂类见表 11-2。

表 11-2 常见金属皂类

名称	结构式	性状	名称	结构式	性状
硬脂酸铅	$(C_{17}H_{35}COO)_2Pb$	白色粉末，m. p. 115.7℃	硬脂酸钙	$(C_{17}H_{35}COO)_2Ca$	白色粉末，m. p. 175℃
硬脂酸钡	$(C_{17}H_{35}COO)_2Ba$	白色粉末，m. p. 200℃	硬脂酸锌	$(C_{17}H_{35}COO)_2Zn$	白色粉末，m. p. 140℃
硬脂酸镉	$(C_{17}H_{35}COO)_2Cd$	白色粉末，m. p. 104℃			

作为 PVC 稳定剂使用的金属皂，大多是镉、钡、锌、钙、镁的高级脂肪酸盐，常用的脂肪酸有硬脂酸、月桂酸、棕榈酸等，工业上的硬脂酸皂实际上是以硬脂酸皂和棕榈酸皂为主的混合物。如硬脂酸铅 $(C_{17}H_{35}COO)_2Pb$，白色粉末，熔点 115.7℃。

金属皂类稳定剂的性能随着金属的种类和酸根的不同而不同，大体规律如下。

(1) 耐热性：镉、锌皂初期耐热性好；钡、钙、镁、锶皂长期耐热性好；铅皂处于中间。

(2) 耐候性：镉、锌、铅、钡、锡皂较好。

(3) 加工性：铅、镉皂的润滑性好，但酸根对润滑性也有影响，就同一种金属而言，脂肪族的比芳香族的要好，在脂肪酸根中分子链越长的，润滑性也越好，钡、钙、镁、锶皂润滑性较差，但凝胶化性能好。

(4) 压析性：钡、钙、镁、锶皂容易产生压析现象，而锌、镉、铅皂不易出现压析，一般脂肪酸皂的压析性较芳香酸盐大。同时分子链越长的脂肪酸皂，压析越严重，喷霜也越厉害。

铅、镉皂毒性大，有硫化污染，在无毒配方中多用钙、锌皂；在耐硫化污染配方中多用钡、锌皂。

配方举例：

(1) 硬质注射制品

PVC	100	硬脂酸钡	0.3～0.4
三碱式硫酸铅	2	月桂酸有机锡	0.5～1

硬脂酸铅	1～1.2	着色剂	适量
硬脂酸镉	0.4～0.6		

(2) 农用薄膜

PVC	100	硬脂酸锌	0.2
DOP（增塑剂）	37	螯合剂	1
DOS（增塑剂）	10	双酚 A（抗氧剂）	0.2
环氧脂（增塑剂）	3	六磷胺（防寒剂）	5
硬脂酸钡	1.5	三嗪-5（光稳定剂）	0.3
硬脂酸镉	1.2		

配方中，螯合剂可络合金属离子，起抗氧作用。

(3) 鞋用泡沫人造革（白色）

PVC	100	硬脂酸锌	0.8
DOP	45	硬脂酸钡	0.5
DBP	10	月桂酸有机锡	1
环氧大豆油	5	发泡剂 AC	3
硬脂酸钙	0.5	钛白粉	适量

11.3.3 有机锡稳定剂

常见有机锡稳定剂见表 11-3。

表 11-3 有机锡稳定剂

名称	结构式	性状
二月桂酸二正丁基锡	$(n\text{-}C_4H_9)_2Sn(OCOC_{11}H_{23})_2$	淡黄色，清澈，液体，有毒，凝固点 23℃
二月桂酸二正辛基锡	$(n\text{-}C_8H_{17})_2Sn(OCOC_{11}H_{23})_2$	淡黄色液体，无毒
马来酸单酯二丁基锡	$(C_4H_9)_2Sn(OCOCH{=}CHCOOC_4H_9)_2$	淡黄色透明液体
马来酸二丁基锡聚合物	$[-Sn(C_4H_9)_2-OCOCH{=}CHCOO-]_n$	白色粉末 m. p. 100～140℃

续表

名称	结构式	性状
硫代甘醇酸异辛酸二正辛基锡	$(n\text{-}C_8H_{17})_2Sn(SCH_2COO\text{—}C_6H_{17-i})(SCH_2COO\text{—}C_8H_{17-i})$	淡黄色液体凝固点<－35℃

有机锡的通式为 R_mSnY_{4-m}（R 为烷基，Y 是通过氧原子与 Sn 连接的有机基团）。

有机锡稳定剂的合成方法，首先制备卤代烷基锡，后者与氢氧化钠作用生成氧化烷基锡，最后再与羧酸、马来酸酐、硫醇等反应，即可得到有机锡的脂肪酸盐、马来酸盐、硫醇盐等。

$$(n\text{-}C_4H_9)_2SnCl_2+2NaOH \longrightarrow (n\text{-}C_4H_9)_2SnO+2NaCl+H_2O$$

$$(n\text{-}C_4H_9)_2SnO+2C_{11}H_{23}\overset{\overset{\displaystyle O}{\|}}{C}\text{—}OH \longrightarrow (n\text{-}C_4H_9)_2Sn(C_{11}H_{23}COO)_2+H_2O$$

合成上最重要的是合成卤代烷基锡。合成卤代烷基锡有两种途径：一是 Grignard 法，二是直接法。

$$n\text{-}C_4H_9Cl+Mg \longrightarrow n\text{-}C_4H_9MgCl$$

$$n\text{-}C_4H_9MgCl+SnCl_4 \longrightarrow (n\text{-}C_4H_9)Sn+4MgCl_2$$

$$(n\text{-}C_4H_9)_4Sn+SnCl_4 \longrightarrow 2(n\text{-}C_4H_9)_2SnCl_2$$

或

$$Sn+2n\text{-}C_4H_9I \longrightarrow (n\text{-}C_4H_9)_2SnI_2$$

Grignard 法用氯代烷为原料，但反应步骤多，直接法用碘代烷为原料，价格较高。

根据 Y 的不同，有机锡稳定剂主要有三种类型。

(1) 脂肪酸盐：主要代表物是二丁基锡二月桂酸盐。润滑性和加工性都很好，但热稳定性和透明性较差，单独使用时有明显的初期着色。因此，在硬质透明制品中常与马来酸盐类和硫酸盐类有机锡并用，起润滑作用（用量 0.3～1 份），在软质或半透明制品中，可作为稳定剂（用量 0.1～1.5 份），通常与钡/镉并用。

(2) 马来酸盐：马来酸盐主要包括二烷基锡马来酸盐，二烷基锡马来酸单酯盐以及聚合的马来酸盐等。马来酸盐的特点是耐热性和耐候性良好，主要用作 PVC 硬质透明制品的主稳定剂，能防止初期着色，有高度的色调保持性，但缺乏润滑性，必须与润滑剂并用。在软质配方中，由于喷霜严重，用量必须在 0.5 份以下，或用二丁基锡月桂酸马来酸盐，粉状的马来酸盐不会降低 PVC 制品的软化点和耐冲击强度。

(3) 硫醇盐：十二硫醇二烷基锡、巯基醋酸酯二烷基锡和硫醚类等都属于这一类，其中巯基醋酸异辛酯二正辛基锡已被批准作为无毒稳定剂使用。硫醇盐有突出的耐热性和良好的透明性，没有初期着色性，特别适用于硬质透明制品。如使用十二硫醇二丁基锡时，配合物能得到最低的熔融黏度，因此热加工性最好。另外硫醇盐有机锡能改善由于使用抗静电剂所造成的耐热性降低的缺点，喷霜和失透现象也较少。但是，硫醇盐有机锡价格昂贵，耐候性比其它有机锡差，不能和铅、镉稳定剂并用（会形成黑色的硫化物，污染制品），且臭味也较强，这是不足之处。

配方举例：

(1) 注射硬质透明制品

PVC（特性黏度 0.74）	100	硬脂酸钙	0.9
MBS 抗冲击改性剂	5	石蜡（熔点 165℃）	1.3
丙烯酸酯加工助剂（K120N）	1.5	TiO_2	2
锡稳定剂	2	部分氧化聚乙烯蜡（AC629A）	0.15

采用进口加工助剂，可改善冲击性能。

(2) 吹塑模塑瓶

PVC（特性黏度 0.66）	100	酯蜡 E（褐煤蜡衍生物）	0.4
MBS 抗冲击改性剂	15	硬脂酸单甘油酯	1.0
丙烯酸酯加工助剂（K120N）	2.5	聚乙烯蜡	0.1
单（巯基醋酸异辛酯）三正丁基锡	20%	调色剂	适量
双（巯基醋酸异辛酯）二正丁基锡	80%		

11.3.4　液体复合稳定剂

液体复合稳定剂是有机金属类、亚磷酸酯、多元醇、抗氧剂和溶剂等多组分的复合物。液体复合稳定剂与金属皂类相比，与树脂和增塑剂的相容性好，透明性好，不易析出，用量较少，使用方便，用于软质透明制品比用有机锡稳定剂便宜，没有初期着色，耐候性好。用于增塑糊黏度稳定性高。液体复合稳定剂的主要缺点是润滑性较差（需与金属皂类或硬脂酸等并用），会使制品的软化点降低，长期贮存会变质等。液体复合稳定剂的主要用途是作软质制品。

配方举例：

(1) 高级人造革

PVC	100	环氧硬脂酸辛酯	3
DOP	20	液体钡/镉/锌复合稳定剂	2
聚酯增塑剂	35	硬脂酸	0.5
DOS	5	着色剂	适量

(2) 注射模塑软料（长筒靴）

PVC（n=1300）	100	钡/镉复合稳定剂	4
DOP	100	硬脂酸钡	0.6
环氧化合物	5	硬脂酸锌	适量

11.3.5　有机主稳定剂

(1) 含氮化合物　二苯基硫脲、α-苯基吲哚、三聚氰胺、双氰胺以及胍的一些衍生物等是早期使用的稳定剂。二苯基硫脲、α-苯基吲哚等都用在乳液聚合的 PVC 中，与钙/锌、钡/锌稳定剂有协同作用，和它们并用可以提高光、热稳定性，但二苯基硫脲不能与铅、镉稳定剂并用，因为会造成制品着色，它们多用于填充石棉的瓦楞板和地板料中。β-氨基巴豆酸酯类单独使用时具有很好的耐热性，与钙-锌稳定剂协同使用可以显著的改善初期着色性。

(2) 其它有机化合物　原酸酯类如原甲酸酯、原苯甲酸酯等都具有很强的吸收氯化氢的作用，作为 PVC 稳定剂能延缓树脂在高温下的热分解，初期热稳定性和防止变色作用都很显著，只是耐候性方面较差。

$$CH_3-CH_2\left[O-C(CH_3)(O)-O-\underset{H}{C}-CH_2\right]_n OH$$

$$R-C(O)(O)-O-CH_2CH_2-X-CH_2CH_2-O-C(O)(O)-R$$

这里，R为H、烷基和芳基；X为O、S。

11.3.6 环氧化合物

作为稳定剂使用的环氧化合物有增塑剂型和树脂型两大类。增塑剂型的主要有环氧大豆油、环氧硬脂酸酯、环氧四氢邻苯二甲酸酯和缩水甘油醚等。树脂型的主要是环氧氯丙烷双酚A型环氧树脂，相对分子质量为350～400。

环氧化合物单独作为稳定剂使用时，其耐热性、耐候性一般都不好，它们与金属稳定剂（如金属皂、无机铅盐或有机锡化合物）并用，有良好的协同作用，特别是与钡/镉/锌、钡/锌、钡/镉/铅复合稳定剂或金属皂配合使用，用量0.5～2份（增塑剂型）或0.5份以下（树脂型）：当与钙/锌配合时，用量为3～5份，在硬制品中主要与铅/镉配合用于瓦楞板，用量0.5～1份，以改善耐候性。

11.3.7 亚磷酸酯型

有机亚磷酸酯是过氧化物分解剂，在聚烯烃、ABS、聚酯和合成橡胶中广泛用作辅助抗氧剂，而在PVC中作为螯合剂使用。当与金属稳定剂并用时，能结合金属离子，防止金属氯化物的催化降解作用，从而提高配合物的耐热性和耐候性，保持了透明性。

亚磷酸酯的种类很多，包括三芳基酯、三烷基酯、三（烷基芳基）酯、烷基芳基混合酯、三硫代烷基和双亚磷酸酯以及聚合型亚磷酸酯等。

亚磷酸酯广泛添加于液体复合稳定剂，一般添加量为10%～30%，亚磷酸酯主要用于农业薄膜、人造革等软质制品中（用量0.3～1.0份）。在硬质制品中主要用于瓦楞板，用量为0.3～0.5份，为了得到良好的协同效果，往往都和环氧化合物并用。

11.3.8 多元醇

山梨醇、季戊四醇、三羟基甲基丙烷等多元醇也是最早使用的有机辅助稳定剂，对提高PVC配合物的热稳定性有一定作用，但它们与PVC相容性差、易溶于水，影响透明性。用脂肪酸部分酯化的多元醇的相容性有所改善，可以作为无毒稳定剂并用，且有防止雾滴的作用。和金属稳定剂并用主要用于填充的石棉瓦楞板和地板料中，能抑制由石棉引起的变色。

11.4 热稳定剂的性能

11.4.1 耐热性

(1) 耐热性的试验方法 ①试管法；②热烘法；③热压法；④辊式法；⑤塑化法。

①、②、③的试验结果仅是静态的，即单纯化学反应的耐热性；④、⑤的试验结果不仅是化学反应的耐热性，同时还包括在实际加工时的动态耐热性。

(2) 动态耐热性

① 金属皂类：良好，但其中也有较差者，最好并用。

② 铅盐：必须与润滑剂并用。

③ 液体复合稳定剂：必须与润滑剂并用。

④ 有机锡类：月桂酸酯类稍好；马来酸酯类好；硫醇类好。

(3) 初期耐热性和长期耐热性

① 金属皂类：随金属种类不同而不同，碱金属和碱土金属。如钡钙是长期型，锌、镉等是初期型，铅介于两者之间，是所谓的“中间型”，金属皂类分子中的有机酸根对初期型

或长期型无影响。

② 铅盐：属于长期型。其耐热性，亚硫酸盐＞硫酸盐＞亚磷酸盐，碱式亚硫酸盐在铅盐中耐热性最好。

③ 有机锡化合物：随种类不同而异，月桂酸酯有初期着色性，马来酸酯类初期着色性小，硫醇没有初期着色性并且长期耐热性也好。

④ 环氧化合物和亚磷酸酯：属于长期型。

以上所说的初期、长期、中间型，是针对测试的时间而言的。

(4) 协同作用　初期型与长期型配合使用时，由于协同作用，不仅能得到良好的耐热性，而且也能得到良好的耐候性和加工性。

11.4.2 耐候性

人们把自然因素综合起来所造成的老化称为“天候老化”，天候老化的结果使PVC制品着色失去透明性，机械强度降低和发生喷霜、出汗等现象。为了改善制品的耐候性，主要依靠热稳定剂和光稳定剂的作用。

11.4.3 加工性

(1) 金属皂类　一般金属皂类的加工性好，具有润滑性，金属皂类的加工性不仅取决于金属的种类，而且和分子中的有机酸根也有很大的影响。一般来说，铅皂有良好的润滑性，凝胶化缓慢，镉皂和二碱式铅，凝胶化较快，抗混炼扭矩值也低，而钙皂、钡皂则凝胶化速率快，抗混炼扭矩值高，因此它们并用时，应注意到加工的平衡，才能组成适宜的配方。关于酸根的影响，就同一种金属而言，脂肪族较芳香族的润滑性要好，在脂肪族酸根中随着分子链的增加，润滑性也相应的更好一些，因此像硬脂酸铅那样的硬脂酸盐类兼有润滑剂的作用。

(2) 无机铅盐　无机铅盐的加工性差，需要和金属皂类或润滑剂并用。

(3) 有机锡化合物　①二（十二硫醇基）二丁基锡能使配合物得到最低的熔融黏度，因此加工性最好；②二月桂酸二丁酯锡具有润滑性，同时加工性也很好，马来酸酯类有机锡加工性差，在混炼过程中由于出现粘辊而导致分解，为了改善马来酸酯类有机锡的加工性，在使用马来酸酯类有机锡时，必须与其它润滑剂并用。

11.4.4 压析性

(1) 压析的定义　在塑料加工过程中，配合剂的组分，如颜料、润滑剂、稳定剂和增塑剂，从配合物中析出而黏附在压辊、塑模等金属表面上，逐渐形成有害膜层的现象称为“压析”。

(2) 四种防止压析的方法　金属皂类压析最大，而无机铅盐、月桂酸酯类有机锡等却没有压析。采用稳定剂并用、添加防止压析剂、保持辊面光洁和更换配方时设备清洗干净，可防止压析发生。

11.4.5 相容性

某些金属皂类、润滑剂和马来酸酯类有机锡容易引起喷霜，亚磷酸酯、磷酸酯也使喷霜增多，而三碱式硫酸铅、碳酸钙等无机盐类则对喷霜没有影响。

对金属皂类而言，金属种类和有机酸根的种类都对喷霜有影响，脂肪酸中碳链越长的，喷霜越严重。

为了防止喷霜，在使用容易喷霜的热稳定剂时，并用少量的喷霜抑制剂是有效的，这些抑制剂通常是钡、钙等电负性小的金属和与PVC相容性好的有机酸的化合物，如月桂酸钡、丁基苯甲钡、液体钡/镉稳定剂。

11.4.6 透明性

有机锡稳定剂，特别是马来酸酯类和醇类有机锡，是透明性最好的热稳定剂，主要用于硬质透明制品中；金属皂类有透明性，多用在半透明制品中；无机盐不透明，只能用在不透明制品中。

为了制得透明的PVC制品，必须选用透明性好、相容性好的稳定剂，同时在加工中也要充分混炼，使之凝胶化均匀。

11.4.7 电绝缘性

PVC制品的电性能与所使用的稳定剂的种类有密切的关系。在电线包覆材料用的配方中，要求使用电绝缘性良好的稳定剂，相反，为了防止制品带静电，就要使用电绝缘性低的稳定剂。

一般无机盐（特别是三碱式硫酸铅）、金属皂类电绝缘性能好，适用于电线包覆、绝缘件等配方中，而有机锡稳定剂、液体钡、镉复合稳定剂的电绝缘性低，可以在需要防止带静电的配方中使用。

11.4.8 对力学性能的影响

（1）热变形温度　热稳定剂使用种类不同，其热变形温度也有差别，对于同一种钡、镉皂来说，加入螯合剂之后，热变形温度稍有下降。对于有机锡稳定剂来说，液体稳定剂对软化点的影响较粉状稳定剂大，而且随着添加量的增大，软化点迅速下降。

（2）冲击强度　为了提高PVC的软化点和冲击强度，往往使用丙烯腈-丁二烯-苯乙烯共聚物（ABS），甲基丙烯酸甲酯-丁二烯-苯乙烯共聚物（MBS）和氯化聚乙烯等作为改性剂。在一般情况下，液体有机锡和无机铅盐、金属皂类相比，冲击强度要低些，但用氯化聚乙烯改性时，情况却恰好相反，另外也还与所添加的改性剂的量有关，例如，随着ABS添加量的增加，原料冲击强度较差的硫醇类有机锡反而比碱式铅盐还好。

11.4.9 卫生性

PVC制品在视频包装、饮水管材、儿童玩具、医疗器材等方面，已广泛使用，由于与人体有接触，而且其中的一些物质有可能为人体所吸收，所以必须考虑到卫生问题。

11.5 热稳定剂市场现状及发展趋势

近年来一些老的品种发展不快，如铅类稳定剂，而注意开发少用重金属而又能提高效率的品种，特别是钡-锌、钙-锌类稳定剂，有较快的发展。从今后的趋势来看，大致有以下几方面。

① 发展低毒和无毒品种，过去PVC农膜多用Ba-Cd-Zn系列品种作主稳定剂，后来发现镉能向土壤迁移，而被农作物吸收引起人的中毒。另外，国外已开始在PVC水管中使用有机锡来代替毒性大的铅化合物，不仅如此，有的地方还严格限制生产加工现场空气中的铅、镉的含量，并采取反应设备密闭化，产品润化或以颗粒状或液态出售。

② 大力发展有机锡稳定剂，其中甲基锡和酯锡（硫锡化合物）等都是性能优良的稳定剂。

③ 作为PVC主稳定剂的有机酸金属盐，还在进行大力研究，重点是开发新的阴离子基团，如吡咯烷酮羧酸锌等，它们的分子中存在着能与氯化锌起螯合作用的配位基，能抑制氯化锌对PVC的促进作用。

④ 积极开发有机辅助热稳定剂，进一步提高稳定化效果。

思考题

1. 热稳定剂是如何定义和分类的？
2. 简要说明各类热稳定剂的作用机理。
3. 铅稳定剂有何特点？它主要有哪些品种。
4. 概述热稳定剂今后发展趋势。

第12章 光稳定剂

12.1 概述

光稳定剂（紫外线稳定剂）：是指能够抑制氧化或光老化的物质。按作用机理分为：光屏蔽剂、紫外线吸收剂、猝灭剂、自由基捕获剂。

作为有价值的稳定剂，应具备以下条件：

① 能强烈吸收 290～400nm 波长范围的紫外线或能有效的猝灭激发态分子的能量或具有足够的捕获自由基的能力；

② 热稳定性良好，即在加工或使用时不因受热而变化，热挥发损失小；

③ 与聚合物相容性好，在加工时不喷霜，不渗出；

④ 具有良好的光稳定性，即在长期曝晒下不遭破坏；

⑤ 化学稳定性好，不与材料中其它组分发生不利反应；

⑥ 不污染制品；

⑦ 无毒或低毒；

⑧ 耐抽出，耐水解性优良；

⑨ 价廉。

12.2 作用机理

12.2.1 自然条件对聚合物的老化作用

12.2.1.1 天候老化因素

在户外环境中，除日光的作用外，温度的变化、大气的组成（臭氧和污染物浓度）、降水量和湿度等自然因素，都能对高分子材料起着老化作用。

12.2.1.2 紫外线辐射

辐射到地球表面的太阳光，实际到达地球表面的紫外线波长在 290～400nm 范围内。

12.2.1.3 聚合物的光降解

日光对聚合物材料的降解作用，实际上是光和氧这两种作用的综合效应，伴随着光氧化反应常常发生断链和交联，并且形成含氧官能团如羰基、羧基、过氧化氢物或羟基。

遭到破坏的高聚物在表观上、力学性能以及电性能上均发生明显的变化。

12.2.2 光氧化降解机理

在聚合物的光氧化降解中，主要有两种引发反应。初级光化学配合物、臭氧或臭氧聚合物配合物或分子氧本身吸收了紫外线辐射而发生的化学反应。次级光化学引发，是聚合物体系内部的光敏化杂质通过上述光敏化过程而导致的引发作用。聚合物在制造和加工过程中不可避免的含有微量催化剂残留物或者微量的过氧化氢物、羧基化合物、羰基化合物、稠环芳烃等光敏化物质，“纯”聚合物本身并不吸收紫外线，但由于含有上述杂质而变得对光氧化降解十分敏感。“纯”聚合物如果仅含有单键，直接吸收能量而导致引发的作用是微不足道的，只有当聚合物含有双键（尤其是羰基）时，才能因直接吸收光量子而引起降解。

12.2.2.1 催化剂残留物的引发作用

过渡金属离子是聚烯烃的光敏化剂。

例：聚丙烯中催化剂残留物经处理后仍含有 5～50mg/kg，经分析发现微量钛、铝残留物是以稳定的 TiO_2 和 Al_2O_3 形式存在的，TiO_2 强烈地吸收波长小于 400nm 的紫外线，而 Al_2O_3 也能够较强烈地吸收波长小于 300nm 的紫外线。因此，断定两者是引起聚丙烯光化学反应的重要引发源。

12.2.2.2 过氧化氢物的引发作用

以聚丙烯为例，聚丙烯热氧化生成过氧化氢物 PPOOH 与少量过氧化物，

$$\mathrm{PPOOH} \xrightarrow{h\nu} \mathrm{PPO\cdot} + \mathrm{\cdot OH}$$

反应形成的大分子烷氧自由基，能从聚合物分子中夺取氢：

$$\mathrm{-CH_2-C(CH_3)(O\cdot)-CH_2-} + \mathrm{PP} \xrightarrow{10\%\sim30\%} \mathrm{\sim\sim CH_2-C(CH_3)(OH)-CH_2\sim\sim} + \mathrm{PP\cdot}$$

$$\mathrm{PP\cdot} \xrightarrow{O_2} \mathrm{PPO_2\cdot}$$

也能进行 β-断裂形成酮和烷基自由基：

$$\mathrm{-CH_2-C(CH_3)(O\cdot)-CH_2-} \longrightarrow \mathrm{\sim\sim CH_2-C(=O)-CH_2\sim\sim} + \mathrm{CH_3\cdot} \quad (\text{酮 A})$$

$$\mathrm{-CH_2-C(CH_3)(O\cdot)-CH_2-} \longrightarrow \mathrm{\sim\sim CH_2-C(=O)-CH_3} + \mathrm{\cdot CH_2-} \quad (\text{酮 B})$$

或导致过氧化物分解：

$$\mathrm{-CH_2-C(CH_3)(O\cdot)-CH_2-} + \mathrm{-CH_2-C(CH_3)(OOH)-CH_3} \longrightarrow \mathrm{-CH_2-C(CH_3)(OH)-CH_2-} + \mathrm{-CH_2-C(CH_3)(OO\cdot)-CH_3}$$

从 PPOOH 的光解反应，可以看出过氧化氢物是重要的光氧化降解的引发源。

12.2.2.3 羰基的引发作用

聚烯烃中羰基的形成：①各种类型的羰基化合物是在热氧化和光氧化过程中积累起来的；②某些聚烯烃在聚合过程中，由于单体中含有一氧化碳杂质最终使聚合物中带有羰基。

由羰基引发的光化学降解，可用下列四个步骤来描述。

① 羰基的吸收作用。

② 激发态的羰基促进诺里什Ⅰ型、Ⅱ型断裂。

诺里什Ⅰ型断裂形成两种自由基和一氧化碳

$$\sim\sim CH_2-\underset{}{\overset{O}{\overset{\|}{C}}}-CH_2\sim\sim \xrightarrow{h\nu} \sim\sim CH_2\cdot + \cdot\overset{O}{\overset{\|}{C}}-CH_2\sim\sim \xrightarrow{\triangle} CO + \cdot CH_2\sim\sim$$

诺里什Ⅱ型断裂

$$\sim\sim \underset{CH_3}{\underset{|}{CH}}-CH_2-\underset{CH_3}{\underset{|}{CH}}-\overset{O}{\overset{\|}{C}}-\underset{CH_3}{\underset{|}{CH}}\sim\sim \xrightarrow{h\nu} \left[\overset{CH_3}{\overset{|}{C}}-H\cdots O \text{（六元环过渡态：}CH_2,\ \underset{CH_3}{\underset{|}{CH}},\ C,\ \underset{CH_3}{\underset{|}{CH}}\sim\sim\text{）}\right] \longrightarrow \overset{CH_3}{\overset{|}{C}}=CH_2 + HO-\overset{}{C}=\underset{CH_3}{\underset{|}{CH}}\sim\sim \longrightarrow CH_3-CH_2-\overset{O}{\overset{\|}{C}}-\overset{CH_3}{\overset{|}{CH}}\sim\sim$$

③ 分子氧猝灭激发态的羰基形成单线态氧。

④ 单线态氧与乙烯基反应生成过氧化氢物，导致进一步的氧化降解。

12.2.3 光稳定剂分类及作用机理

12.2.3.1 光屏蔽剂

光屏蔽剂一般是指能够反射和吸收紫外线的物质。在聚合物材料中加入光屏蔽剂，可使制品屏蔽紫外光波，减少紫外线的投射作用，从而使其内部不受紫外线的危害。通常作为光屏蔽剂的多是一些无机颜料，还包括炭黑。

12.2.3.2 紫外线吸收剂

紫外线吸收剂是目前最广泛使用的光稳定剂，它们是一类能够强烈地选择性吸收高能量的紫外线并进行能量转换、以热能形式或无害的低能辐射将能量释放或消耗的物质。在工业上大量使用的紫外线吸收剂主要是二苯甲酮类和苯并三唑类。

12.2.3.3 猝灭剂

猝灭剂主要是镍的有机配合物，它不同于紫外线吸收剂，并不强烈地吸收紫外线，也不像紫外线吸收剂那样通过分子内的结构变化转移能量，而是通过分子间的能量转移，迅速而有效地将激发态分子“猝灭”，使其回到基态，从而达到保护高分子材料，使其免受紫外线破坏的作用。

有机镍配合物和受光激发聚合物分子作用，并在光化学降解之前传递激发态的能量，使聚合物分子再回到稳定的基态。

12.2.3.4 自由基捕获剂

自由基捕获剂简称受阻胺类光稳定剂，此类化合物几乎不吸收紫外线，但通过捕获自由基，分解过氧化物，传递激发态能量多种途径，赋予聚合物以高度的光稳定性。

（1）捕获自由基

$$ROO\cdot + \text{2,2,6,6-四甲基-4-哌啶酮（}H_3C,\ CH_3,\ H_3C,\ CH_3,\ \underset{H}{N}\text{）} \longrightarrow ROOH + \text{2,2,6,6-四甲基-4-哌啶酮氮氧自由基（}\underset{O\cdot}{\underset{|}{N}}\text{）}$$

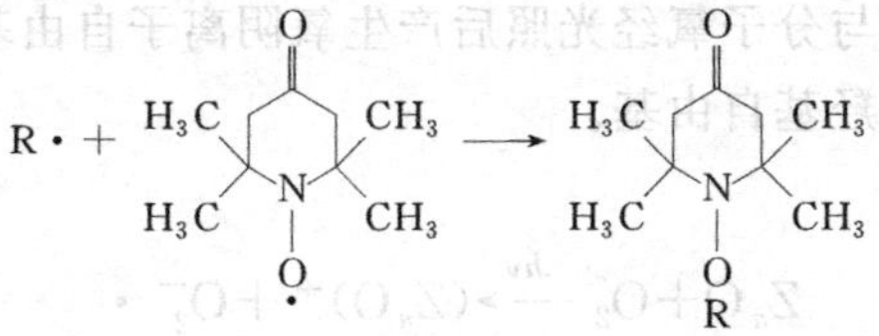

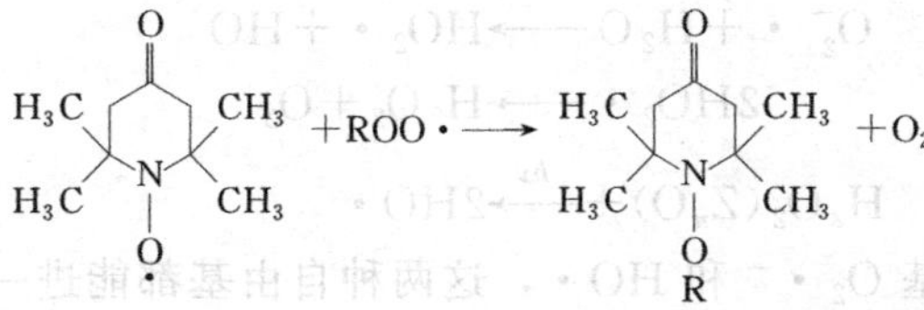

(2) 猝灭单线态氧　单线态氧（$^1O_2$）是一种处于激发态的分子氧，与超氧阴离子自由基、羟基自由基以及过氧化氢等活性氧物种类似，$^1O_2$ 在生物氧化过程中也扮演着重要的角色。

研究发现，受阻胺及其氮-氧自由基化合物对单线态氧具有优良的猝灭性。

※ O^{-2} 超氧阴离子，人体内有一定数量的存在，不发生化学变化对人体无害，但与羟基结合后的产物会导致细胞 DNA 损坏，破坏人类机体功能。

(3) 分解过氧化物　聚烯烃遭受光热氧化作用会造成过氧化物的积累，过氧化物的分解引发导致进一步的自动化降解，降解生成的烷基自由基再进行 β-断裂，形成酮和新的烷基自由基。对于聚合物材料的热、光、氧降解来说，过氧化物是极重要的中间物，有效地分解过氧化物能够抑制聚合物的氧化过程。

受阻胺光稳定剂能够分解过氧化物，生成稳定的氮-氧自由基，并进一步捕获自由基。

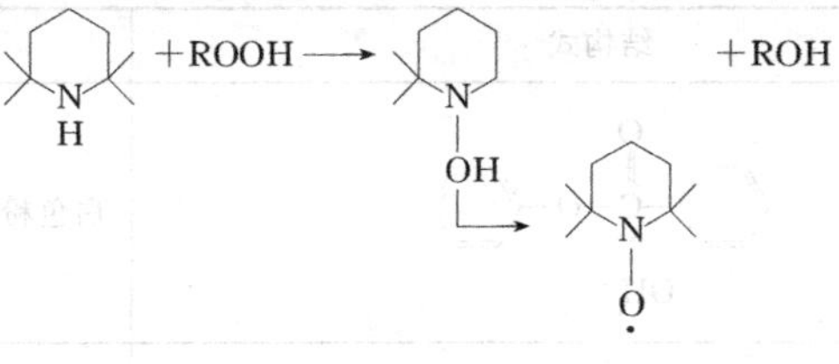

12.3 常用光稳定剂

12.3.1 光屏蔽剂

炭黑、氧化锌、二氧化钛等是常用的光屏蔽剂，特别是炭黑又是自由基链终止剂，塑料加入炭黑，聚合物光稳定性有显著的提高。

(1) 炭黑　炭黑是效能最高的光屏蔽剂，因为炭黑的化学结构中含有羟基芳酮结构，能够抑制自由基反应。使用炭黑时必须考虑到炭黑的粒度、添加量、在聚合物中的分散性、与其它稳定剂的协同效应等。

炭黑的粒度以 15～25nm 为准，使用量以 2%以内为宜，用量大于 2%光稳定效果不明显增大，反而使耐寒性、电气性能下降，胺类、酚类抗氧剂与炭黑并用时有对抗作用，但含硫稳定剂与炭黑并用则有突出的协同效应。

(2) 颜料　不同颜料对聚合物的老化影响有差别，例如，对于聚乙烯的紫外老化，群青和钛白有促进作用，而铬系颜料、铁红、酞菁蓝、酞菁绿对抑制紫外线的老化是有效的。

(3) 氧化锌　氧化锌是一种价廉、耐久、无毒的光稳定剂，粒度为 0.11μm 的氧化锌又是一种光活化剂，即氧化锌与分子氧经光照后产生氧阴离子自由基，随后这种氧阴离子自由基与水反应形成过氧化氢和羟基自由基。

其过程如下：

$$Z_nO+O_2 \xrightarrow{h\nu} (Z_nO)^+ + O_2^- \cdot$$

$$O_2^- \cdot + H_2O \longrightarrow HO_2 \cdot + HO$$

$$2HO_2 \cdot \longrightarrow H_2O_2 + O_2$$

$$H_2O_2(Z_nO) + \xrightarrow{h\nu} 2HO \cdot$$

最终生成两种自由基 $O_2 \cdot ^-$ 和 $HO \cdot$，这两种自由基都能进一步引发聚合物的降解反应，所以使用 ZnO 时还要与过氧化物分解剂［二乙基二硫代氨基甲酸锌、亚硫酸三（壬基苯）酯、硫代二丙酸二月桂酯］并用。

12.3.2 紫外线吸收剂

紫外线吸收剂是光稳定剂中最主要的一类，按照它们的化学结构，又可分为水杨酸苯酯、邻羟基二苯甲酮、邻羟基苯并三唑以及三嗪等几类。

(1) 水杨酸苯酯类 这是一类最老的紫外线吸收剂，优点是价廉，与树脂的相容性好。缺点是紫外线吸收率低，吸收波段较窄（340nm 以下），本身对紫外线不够稳定，光照以后发生重排，明显的吸收可见光，使制品带色，可用于聚乙烯、PVC、聚偏氯乙烯、聚苯乙烯、聚酯、纤维素酯等。一般用量为 0.2%～1.5%，个别的可达 4%。

主要品种见表 12-1。

表 12-1 水杨酸苯酯类紫外线吸收剂

名称	结构式	性状
UVTBS	（结构式：O, C—O, OH）	白色粉末，m. p. 62～64℃
UVOPS	（结构式：O, C—O, C_6H_{17}-t, OH）	白色粉末，m. p. 72～74℃
UVBAO	（结构式：O, O, CH_3, CH_3, OC, O, OH, OH）	白色粉末，m. p. 158～161℃

其合成举例：

3 (OH, O) —COOH + 3HO—⟨苯环⟩— + $POCl_3$ ⟶ 3 (OH, O) —C—O—⟨苯环⟩— + H_3PO_4 + 3HCl

水杨酸(4-叔丁基苯酯)

2 (OH, O) —C—OH + HO—⟨苯环⟩—C(CH_3)(CH_3)—⟨苯环⟩—OH ⟶ (OH) —C(O)—O—⟨苯环⟩—C(CH_3)(CH_3)—⟨苯环⟩—O—C(O)— (HO)

对，对'-次异丙基双酚双水杨酸酯

（2）二苯甲酮类　这类紫外线吸收剂又有两种类型，一种是只有一个邻位羟基，它们强烈地吸收 290～380nm 的紫外线；另一种含有两个邻位羟基，它们的吸收波段向长波方向偏移，强烈地吸收 300～400nm 的紫外线，但也吸收一部分可见光，因而使制品带黄色，而且与树脂的相容性也较差，故应用稍少。二苯甲酮紫外线吸收剂在塑料工业中应用于聚烯烃、聚苯乙烯、氯化聚醚、聚酯及其塑料，一般用量为 0.5%～1.5%，也可用于化学纤维。其常见品种见表 12-2。

表 12-2　二苯甲酮类紫外线吸收剂

名称	结构式	性状
2-羟基-4-甲氧基二苯甲酮(UV-9)	OH, O, $-OCH_3$	淡黄色结晶粉末，m. p. 66℃
2,2-二羟基-4-甲氧基二苯甲酮(UVS-31)	OH, O, OH, $-OCH_3$	灰黄色结晶，m. p. 70～76℃
2-羟基-4-正辛氧基二苯甲酮(UVS-31)	O, OH, $-OCH_2(CH_2)_6CH_3$	白色或黄色结晶粉末，m. p. 40℃
2-羟基-4-甲氧基-2-羟基二苯甲酮(UV-207)	COOH, OH, O, $-OCH_3$	白色粉末，m. p. 166～168℃

其合成举例：

$$\text{HO-C}_6\text{H}_4\text{-OH} + 2(CH_3)_2SO_4 \xrightarrow[20\sim30℃]{NaOH} \text{C}_6\text{H}_4(OCH_3)_2 + CH_3OSO_3Na + 2H_2O$$

$$\text{C}_6\text{H}_5\text{-CO-Cl} + \text{C}_6\text{H}_4(OCH_3)_2 \xrightarrow[0\sim4℃]{AlCl_3} \text{C}_6\text{H}_5\text{-CO-C}_6\text{H}_3(OCH_3)\text{-OCH}_3 + HCl \xrightarrow[\text{部分水解}]{HCl}$$

$$\text{C}_6\text{H}_5\text{-CO-C}_6\text{H}_3(OH)\text{-OCH}_3 + CH_3Cl$$

2-羟基-4-甲氧基二苯甲酮

（3）苯并三唑类　此类吸收剂能强烈地吸收 280～380nm 波段的紫外线，几乎不吸收可见光，热稳定性高，挥发性小，可用于聚烯烃、聚氯乙烯、聚苯乙烯、丙烯酸树脂、聚酯、聚酰胺、纤维素酯等塑料中，UV-P 还用于聚酰胺，一般用量为 0.1%～1%。常见品种见表 12-3。

表 12-3　苯并三唑类紫外线吸收剂

名称	结构式	性状
2-(2′-羟基-5′-甲基苯基苯)并三唑(UV-P)	N, N, N, OH, CH_3	淡黄色粉末，m. p. 132℃

续表

名称	结构式	性状
2-(2′-羟基-3′-叔丁基-5′-甲基苯基)5-氯苯并三唑(UV-326)		淡黄色结晶粉末，m. p. 140～141℃
2-(2′-羟基-3′,5′-二叔丁基)5-氯苯并三唑(UV-327)		淡黄色粉末，m. p. 152～154℃

其合成举例：

$$\text{邻硝基苯胺} + NaNO_2 + HCl \xrightarrow{0\sim5℃} \text{重氮盐}(N{=}NCl) + 2H_2O + NaCl$$

$$\text{重氮盐} + \text{间甲苯酚钠}(ONa, CH_3) \longrightarrow \text{偶氮化合物}(N{=}N, NO_2, ONa, CH_3) + HCl$$

$$\text{偶氮化合物} \xrightarrow{Zn+NaOH} \text{苯并三唑酚钠} \xrightarrow{H^+} \text{苯并三唑酚}$$

2-(2-羟基-5′-甲基苯基) 苯并三唑

(4) 三嗪类　三嗪类是近年来新出现的一类紫外线吸收剂，是α-羟基苯基三嗪衍生物，特点是含有邻位羟基。三嗪类紫外线吸收剂的吸收紫外线范围宽，能强烈地吸收 300～400nm 的紫外线，其吸收能力较苯并唑类更强。

这类化合物一般由三聚氯氰与酚反应来制备。

$$\text{三聚氯氰} + 3\ \text{间苯二酚} \xrightarrow[HCl]{AlCl_3} (\text{I})$$

（Ⅰ）

如将（Ⅰ）与溴丁烷（在 Na_2CO_3 存在下）进行丁氧基化反应：

$$(\text{I}) \xrightarrow{NaCO_3} \text{钠盐}(ONa) \xrightarrow{C_5H_9Br}$$

OH HO OC_4H_9 C_4H_9O N N N OH OC_4H_9 + C_4H_9O OH HO OC_4H_9 N N N OH OH

(Ⅱ) (Ⅲ)

得到的（Ⅱ）与（Ⅲ）以及原料（Ⅰ）的混合物，简称三嗪-5。

(5) 其他紫外线吸收剂

① 取代丙烯腈吸收剂：最大吸收波长为310～320nm，吸收范围比较窄，由于结构中不含有酚羟基，因此任何pH值下均有良好的稳定性，包括酯类和酰胺类。其代表品种有：

CN C=C—C—OC_8H_{17} O

2-氰基-3,3-二苯基丙烯酸-2-乙基己酯

H CN C=C—C—NH_2 OC_2H_5 O

2-氰基-3-(乙氧基萘基)丙烯酰胺

CH_3 CN CH_3O—C=C $COOC_4H_9$

2-氰基-3-甲基-3-(对甲氧基苯基)丙烯酸丁酯

H CN C=C—C—$N(CH_3)_2$ OC_2H_5 O

N,*N*-二甲基-3-(乙氧基萘基)丙烯酰胺

② 反应型吸收剂：一般在二苯甲酮、苯并三唑或三嗪吸收剂分子中接上反应性基团，由于分子中存在着这些基团，可与单体共聚或与高分子接枝，这样吸收剂就不会挥发、迁移、溶剂抽出等而失去作用。常用的反应性基团多系“丙烯酸型”的碳碳双键，其代表品种有：

O OH C OH O CH_3 OCH_2—$CHCH_2O$—C—C=CH_2

2-羟基-4[2′-羟基-3′-(甲基丙烯酰氧基)丙氧基]二苯甲酮

N OH O CH_3 N O—C—C=CH_2 N

2[2′-羟基-4′-(甲基丙烯酯基)苯基]苯并三唑

CH_3 CH_3 CH_3 OH O CH_3 CH_3 N N N O—C—C=CH_2

2,4-双(2′,4′-二甲基苯基)-6-(2′-羟基-4′-丙烯酯基苯基)-1,3,5-三嗪

作为紫外线吸收剂，首先要在对高分子化合物最有害的波长范围内（一般为290～400nm）具有较强的吸收能力，而且还要明显的透过可见光，这样，用量可以少而不致使制品着色；其次制品本身要对紫外线稳定，在吸收能量后，要能迅速变为无害的热能，此外，还应有一定的热稳定性和较低的挥发性，以及与树脂有良好的相容性等。

12.3.3 能量转移剂（猝灭剂）

能量转移剂又叫猝灭剂，它们本身没有很强的吸收紫外线的能力，其作用是将吸收了的光能转变为激发态的分子能量，迅速转移掉，使分子回到稳定的基态，从而失去发生光化学反应的可能。能量转移分子获得能量后，可转变为激发态，但它们是非反应性的，会很快将吸收的能量转变为无害的热能放出去，自身又转变为基态分子。能量吸收剂与紫外线吸收剂的不同之处在于：紫外线吸收剂是通过分子内部结构的变化来消散能量，而能量转移剂则是通过分子间能量的转移消散能量。

（1）硫代双酚型　这是一种绿色粉末，对提高聚烯烃和纤维的光稳定性非常有效。在塑料中用量为 0.1%～0.5%，纤维中用 1%。

常见品种如下：

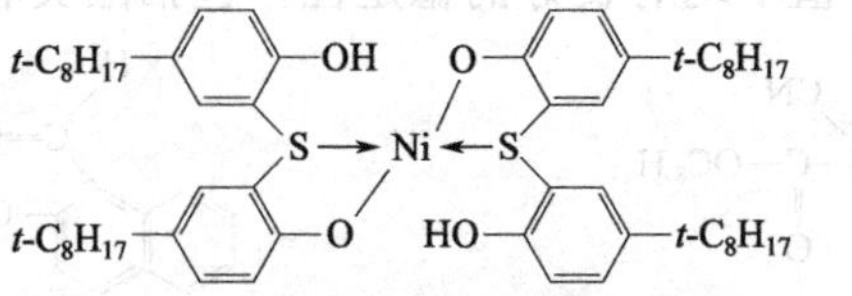

2,2′硫代双-(4-叔辛基苯酚)镍(光稳定剂 AM-101)

其合成：

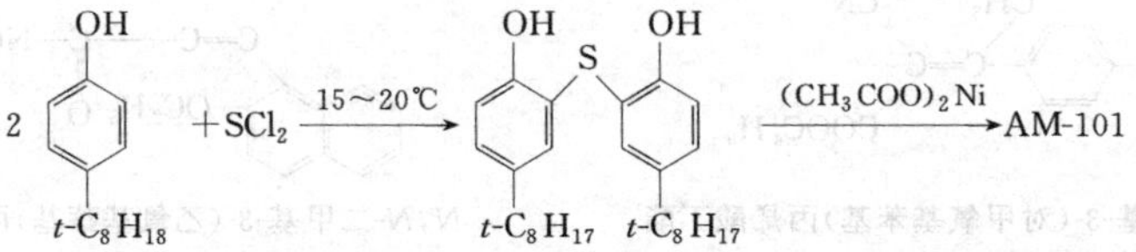

$$2\ \text{HO-C}_6\text{H}_4\text{-}t\text{-C}_8\text{H}_{18} + \text{SCl}_2 \xrightarrow{15\sim20^\circ\text{C}} \text{(HO)(}t\text{-C}_8\text{H}_{17}\text{)C}_6\text{H}_3\text{-S-C}_6\text{H}_3\text{(OH)(}t\text{-C}_8\text{H}_{17}\text{)} \xrightarrow{(\text{CH}_3\text{COO})_2\text{Ni}} \text{AM-101}$$

（2）磷酸单酯镍型　这种光稳定剂兼有抗氧作用，对光和热的稳定性高，相容性好，常用于塑料和纤维中，最佳用量为 0.1～1 份。如：

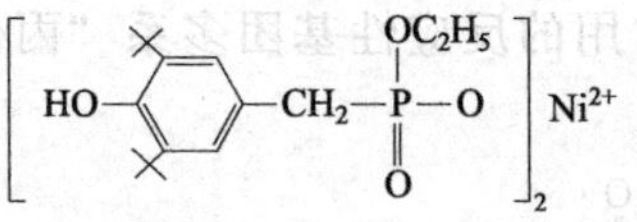

双(3,5)-二叔丁基-4-羟基苄基磷酸单乙酯镍(光稳定剂 2002)

（3）二硫代氨基甲酸镍盐　这种光稳定剂有抗臭氧的作用，在聚丙烯纤维中有优良的光稳定作用，在合成橡胶中有防止日光龟裂作用，用量为 0.3～0.5 份。如：

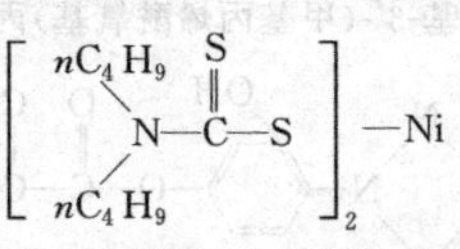

N,*N*-二正丁基二硫代氨基甲酸镍(光稳定剂 NBC)

（4）自由基捕获剂　这类光稳定剂中，最主要的是受阻胺，它是一种多性能的光稳定剂，具有自由基捕获、过氧化氢分析、激发态分子能量的转移以及单线态氧能量的捕获等作用。受阻胺光稳定剂比紫外线吸收型光稳定剂性能优越，通常效果能提高 2～4 倍或更多，特别是与酚类抗氧剂并用，耐候性能显著提高，但受阻胺形成的氮-氧自由基易使抗氧剂 624 氧化，形成着色性的醌式化合物。受阻胺与颜料、燃料配合，基本上不影响其光稳定作用，与紫外光吸收剂并用有良好的协同作用。

其结构：

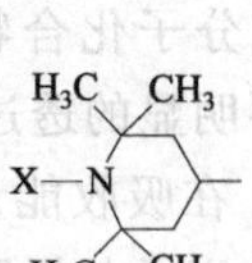

X为H、烷基等。

其合成最主要的方法是，由丙酮与NH_3反应，先制得三丙酮胺，即2266-四甲基哌啶：

$3\ (CH_3)_2C{=}O + NH_3 \longrightarrow$ 2,2,6,6-四甲基-4-哌啶酮（HN, Me, Me, Me, Me）$+ H_2O$；再经还原得四甲基哌啶醇（HN…OH），或经 Ne, H_2, NH_3 得四甲基哌啶胺（HN…NH_2）

然后再用四甲基哌啶醇或四甲基哌啶胺进一步合成，如：

四甲基哌啶醇（HN…OH）+ 苯甲酰氯（C(=O)—Cl）⟶ HN…O—C(=O)—苯基

12.4 光稳定剂的选择及应用

12.4.1 光稳定剂的选择

① 强烈吸收290～400nm波长范围内的紫外线，或能有效地猝灭激发态分子的能量，或具备足够的捕获自由基的能力。

② 相容性好，通常光稳定剂的使用量比抗氧剂要大得多，达到1%或更多。这就要求光稳定剂与聚合物的相容性比抗氧剂更重要，否则，在加工和使用过程中就会出现喷霜和渗出现象。

③ 热稳定性好，不与其它助剂反应。加工或使用过程中都会有高温情况出现，如果光稳定剂不具备良好的热稳定性，热降解将会使其光稳定功能减弱甚至完全丧失。

④ 耐抽出性、耐水解性好。

⑤ 不污染制品。有些光稳定剂有很严重的色污，聚合物如果用于生产浅色或透明制品，就必须考虑光稳定剂的色污问题。

⑥ 无毒或低毒。

12.4.2 光稳定剂的在聚合物中的应用

(1) 在聚氯乙烯中的应用

① 二苯甲酮类光稳定剂与钡-镉热稳定剂并用时，会使软质聚氯乙烯制品泛黄。

② 苯并三唑光稳定剂对于提高聚氯乙烯的光稳定性，特别是对硬质聚氯乙烯是非常有效的。

③ 在硬质聚氯乙烯中，某些苯并三唑光稳定剂与硫基锡热稳定剂并用时，形成粉红色配合物。

④ 2,4,6-三（2-羟基-4-正辛氧基苯基)-1,3,5-三嗪（三嗪-5）用于聚氯乙烯农用薄膜中，有突出的防老化效果。

⑤ 六磷胺的使用可以提高各种助剂在聚氯乙烯中的相容性，从而赋予配方优良的耐候性。

典型配方见表12-4。

表 12-4 光氧化剂在聚氯乙烯农用薄膜中的应用

组分	配方一	配方二	配方三	组分	配方一	配方二	配方三
PVC	100	100	100	硬脂酸镉	—	0.8	0.2
DOP	50	50	39	BAD(水杨酸双酚 A 酯)	0.3	—	—
ED3	—	5	5	三嗪-5	0.3	0.3	0.3
TPP	—	1.0	—	酞菁蓝	0.015	—	适量
DOS	—	—	8	双酚 A	—	0.2	—
硬脂酸锌	0.2	0.25		细白炭黑(SiO_2)	适量	—	—
液体钡镉	3.0	—	2.5	六磷胺	—	—	3.0
硬脂酸钡	—	2.0	0.5				

按配方一制得的农膜，透明性好、黏尘少、耐候性良好；按配方二生产农膜成本较低；按配方三制得的农膜，耐寒性和耐候性优良。六磷胺的使用提高了各种助剂在聚氯乙烯中的相容性，从而赋予配方优良的耐候性。

(2) 在聚乙烯中的应用

① 2-羟基-4-乙烯氧基二苯甲酮类、苯并三唑类、有机镍配合物是最常用的光稳定剂，当与受阻酚抗氧剂以及硫代二丙酸酯并用时效果更佳。

② 有机镍配合物猝灭剂与紫外线吸收剂并用，也能发挥优良的防老化效果。

③ 受阻胺类自由基捕获剂与受阻酚抗氧剂并用，能赋予制品卓越的光稳定性。

典型配方见表 12-5。

表 12-5 聚乙烯农膜典型配方

组分	配方一	配方二	配方三	组分	配方一	配方二	配方三
低密度聚乙烯	100	100	100	GW-540	—	—	0.3
UV-531	0.25	—	—	光稳定剂-2002	0.25	0.2	—
UV-327	—	0.2	—	抗氧剂 1010	—	—	0.1

按配方一吹塑成型的 (0.12±0.02)mm 厚的聚乙烯薄膜，在北京地区使用，自然暴晒一年，其伸长残留率为纵向 85.1%，横向 89%；按配方二吹塑成型的 (0.12±0.02)mm 厚的聚乙烯薄膜，在北京地区使用，经自然暴晒 12 个月后，其伸长纵向残留率仍达 83%，横向 95%；按配方三吹塑成型的 (0.12±0.02)mm 厚的聚乙烯薄膜，在北京地区使用，经自然暴晒一年后，其伸长残留率为纵向 64.1%，横向 78.2%。

(3) 在聚氯丙烯中的应用

① 与聚丙烯相容性比较好的紫外线吸收剂有二苯甲酮类（如 UV-531）和苯并三唑类（如 UV-327，UV-328)，广泛用于聚丙烯制品中。

② 在聚丙烯制品中，特别是纤维和薄膜等表面积与体积之比极大的制品中，有机镍配合物显示出十分优良的光稳定效果。

③ 某些吸收性的光（源）稳定剂随着制品厚度变薄，效力则大大地降低。

④ 新型受阻胺类光稳定剂在聚丙烯中也有突出的稳定作用，特别是和吸收型光稳定剂并用，效果更佳。

典型配方：

① 聚丙烯电缆基本配方（质量份）

聚丙烯	100	UV-531	0.2～0.5
抗氧剂 1010	0.5	草酸二酰肼（防铜害剂）	0.1～0.5

② 聚丙烯喷灌管配方（质量份）

聚丙烯	100	UV-327	0.3
高密度聚乙烯	15	苯甲酸钠	0.5
顺丁橡胶	15	高色素炭黑	0.2～0.5
抗氧剂246	0.3		

（4）在聚苯乙烯中的应用　聚苯乙烯广泛地使用二苯甲酮类、苯并三唑类光稳定剂，为了改良其抗冲击性能，往往加入某种橡胶或其他聚合物来改良其脆性，同时还须加入某种受阻酚类抗氧剂，从而获得更好的稳定性。

典型聚苯乙烯抗老化配方（质量分数）：

PS	99.8%	GW-770	0.1%
UV-P	0.1%		

12.5 光稳定剂市场现状及发展趋势

从我国光稳定剂的消费结构来看，受阻胺类占总消费量的60%～70%；紫外线吸收剂占30%～40%；镍猝灭有机配合物重金属离子的毒性受限于卫生安全问题，用量呈逐年下降的趋势，仅占总消费量的1%左右。

我国光稳定剂行业应跟随世界光稳定剂行业总的发展趋势：提高产品光、热稳定性、耐水解性、耐油性、降低挥发性、毒性，增加与聚合物的相容性；增加品种，特别是高性能、多功能、长效、无（低）毒品种应是生产与发展重点，复配、高分子量、低碱性仍是开发新品种的重要途径。

思 考 题

1. 光稳定剂是如何定义和分类的？
2. 概述光稳定剂作用机理。
3. 紫外线吸收剂有哪些？画出它们结构通式并概述物理性能。
4. 我国光稳定剂发展趋势是什么？

第13章 阻燃剂

13.1 概述

阻燃剂是提高可燃聚合物难燃性的一种助剂，它们大多数是周期表中II_A、V_A和VII_A族元素的化合物，如V_A族的氮、磷、锑、铋的化合物，VII_A族的氯、溴化合物和II_A族的硼铝化合物。此外，硅和钼的化合物也作为阻燃剂使用，其中常用和重要的是磷、溴、氯、锑和铝的化合物，很多有效的阻燃配方都含有这些元素。

根据塑料阻燃剂的加工方法，一般把阻燃剂分为添加型和反应型两大类。

作为塑料用的阻燃剂为了达到实用的目的，需要具备以下几个条件：

① 阻燃剂不损害塑料的力学性能；

② 阻燃剂的分解温度需适应进行阻燃加工塑料的需要；

③ 具备耐候性；

④ 具有持久性；

⑤ 价格低廉。

13.2 聚合物的燃烧和阻燃剂的作用机理

13.2.1 聚合物的燃烧

聚合物的燃烧性（或燃烧速率）取决于热裂解气体产生速率、热裂解气体和氧的混合速率、热裂解气体与氧的反应速率和燃烧着的聚合物吸收自己燃烧时所放出的热量的速率，而这些又与聚合物本身的玻璃化温度、比热容、热导率等物理性质以及凝聚能、氢键、燃烧热、离解能等分子内部的能量有密切关系。

在实际应用中，聚合物的燃烧性可用燃烧速率和氧指数来表示。氧指数（OI）是指在规定的条件下，材料在氧氮混合气流中进行有燃烧所需的最低氧浓度，以氧所占有的体积分数的数值来表示。

13.2.2 阻燃剂的作用机理

（1）阻燃剂使有机物碳化　使塑料分解到碳就能防止燃烧，因为碳化过程生成的炭黑皮膜起到了阻燃的作用。

例如，聚偏磷酸能促进有机物碳化，所生成的炭黑皮膜起了阻燃的作用。

(2) 阻燃剂分解成不挥发性的保护皮层，覆盖树脂。如：

$R_4PX \xrightarrow{\text{热}} R_3P + RX$

卤化磷

$R_3P \xrightarrow{\text{氧化}} R_3PO \xrightarrow{\text{分解}}$ 聚磷酸盐玻璃体(形成保护膜)

膦氧化物

(3) 阻燃剂分解产物将 HO· 自由基连锁反应切断，防止火焰燃烧。

① 含卤阻燃剂 $\xrightarrow{\triangle}$ HX

② HO·＋HX ⟶ X·＋H_2O

③ X·＋RH ⟶ HX＋R·

HO·自由基的连锁反应使烃的火焰燃烧持续下去，当有含卤阻燃剂存在时，含卤阻燃剂在高温下会分解产生卤化氢（HX），而 HX 能把燃烧过程中生成的高能量 HO·自由基捕获，转变成低能 X·自由基和水。同时，X·自由基又与烃反应再生成 HX，如此循环下去将 HO·自由基连锁反应切断。

(4) 自由基引发剂、氧化锑与含卤阻燃剂的协同作用。

热的作用下，过氧化物等自由基引发剂促进了 Br·自由基产生，从而使燃烧过程的 HO·自由基迅速消逝（脂肪族含溴阻燃剂＋过氧化二异丙苯自由基）。

以 Sb_2O_3 为例：

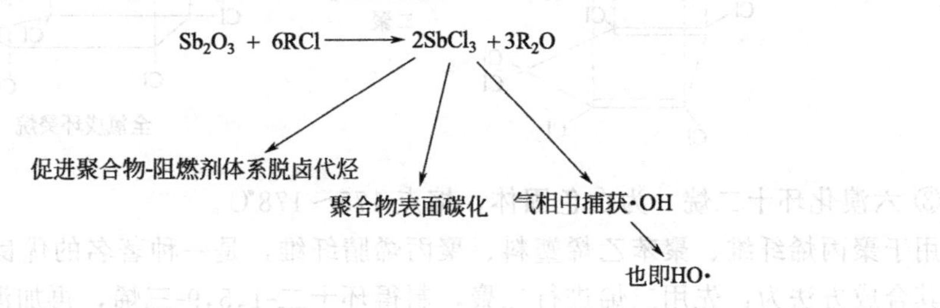

(5) 燃烧热的分散和可燃性物质的稀释

① 以 $Al(OH)_3$ 为例，将聚合物稀释。

$$2Al(OH)_3 \longrightarrow Al_2O_3 + 3H_2O \quad -299kJ \longleftarrow \text{吸热反应}$$

② 反应过程中产生的 H_2O、HCl、HBr、CO_2、NH_3、N_2 等不燃气体，也能将可燃气体稀释。

13.3 常用阻燃剂

按使用方法把阻燃剂分为添加型与反应型两类。添加型阻燃剂是在塑料加工时加入的。反应型阻燃剂是在高分子合成时，作为一个组分参与反应，在高分子化合物中，引入了具有阻燃作用的基团。在一般情况下，前者用于热塑性塑料，后者用于热固性塑料。

13.3.1 添加型阻燃剂

(1) 卤化物

阻燃效率（含以下结构）：I＞Br＞Cl＞F 与生成卤素自由基难易有关，越难生成，阻燃效率越低。

脂肪族＞脂环族＞芳香族

① 氯化石蜡　包括含氯量50%和含氯量70%的两大类产品，通常将含氯量70%的作为阻燃剂使用。

含氯量70%的氯化石蜡为白色粉末，化学稳定性好，价廉，用途广泛，常和 Sb_2O_3 混合使用，可用于聚乙烯、聚苯乙烯、聚酯、合成橡胶的阻燃剂。氯化石蜡的缺点是分解温度较低（120℃），在塑料成型时有时会发生热分解，使制品着色且腐蚀金属模具，这使它的应用受到一定限制。

② 全氯戊环癸烷　这是一种有效的添加型阻燃剂，为白色结晶粉末，熔点175～178℃，热及化学稳定性优良，无毒，用于聚乙烯、聚丙烯、聚苯乙烯及ABS树脂。

其合成方法如下：a. 由环戊二烯氯化成六氯环戊二烯：

环戊二烯 $+ 6Cl_2 \longrightarrow$ 六氯环戊二烯 $+ 6HCl$

b. 在无水 $AlCl_3$ 催化作用下二聚而成：

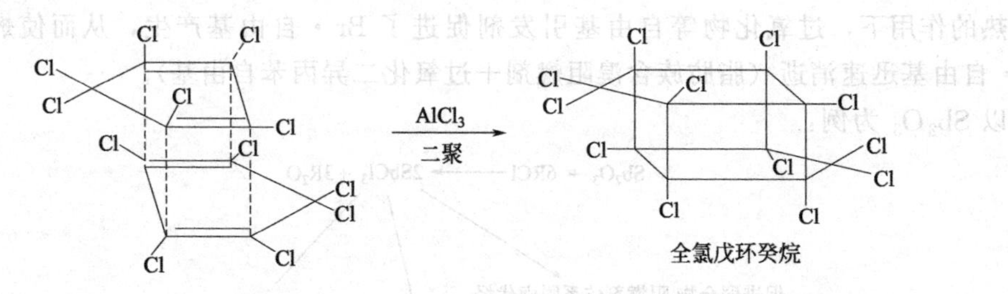

③ 六溴化环十二烷　为白色固体，熔点175～178℃。

用于聚丙烯纤维、聚苯乙烯塑料、聚丙烯腈纤维，是一种著名的优良的阻燃剂。

其合成方法为：先用二烯进行二聚，制得环十二-1,5,9-三烯，再加溴即得：

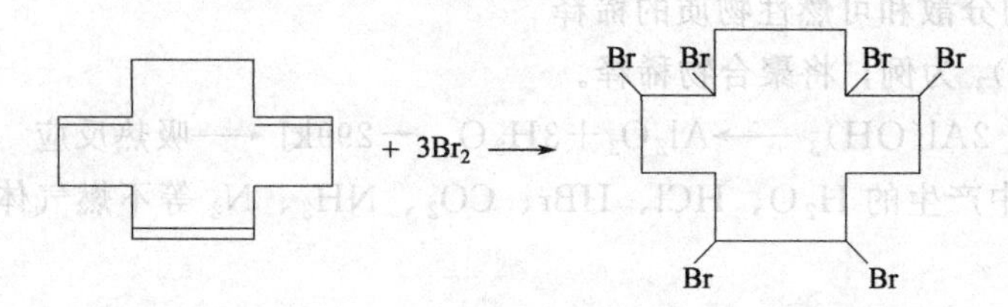

环十二-1,5,9-三烯　　1,2,5,6,9,10-六溴化环十二烷

④ 六溴苯　为白色结晶粉末，熔点315～320℃。

热稳定性好，用于聚酯纤维，与 Sb_2O_3 混用，可用于聚乙烯、聚丙烯、聚苯乙烯及ABS树脂。

其合成方法为：用苯在 $C_2H_2Cl_4$ 中以 I_2 和 Fe 粉作催化剂加溴溴化而成：

$$C_6H_6 + 3Br_2 \xrightarrow[\text{四氯乙烷},80℃]{I_2+Fe} C_6Br_6 + 6HBr$$

(2) 磷酸酯　磷酸酯一般有毒，由于分子内含有卤素和P原子，阻燃作用显著，用于PVC、环氧树脂、聚氨酯等。一些不含卤原子的磷酸酯，如磷酸三苯酯（TPP）、磷酸三甲苯酯（TCP），既是阻燃剂又是增塑剂。

含卤磷酸酯主要品种及合成如下。

① 三（β-氯乙基）磷酸酯：结构式$(ClCH_2CH_2O)_3—P═O$，淡黄色油状物，b. p. 194/10mmHg（1mmHg=133.322Pa）。

三（β-氯乙基）磷酸酯的合成：

$$3ClCH_2CH_2OH+POCl_3 \longrightarrow (ClCH_2CH_2O)_3P═O+3HCl\uparrow$$

或

$$3\underset{\backslash\ O\ /}{CH_2—CH_2}+POCl_3 \longrightarrow (ClCH_2CH_2O)_3P═O$$

② 三（2,3-α 氯丙基）磷酸酯：结构式 $(\underset{Cl}{\underset{|}{CH_2}}—\underset{Cl}{\underset{|}{CH}}—CH_2—O)_3—P═O$，b. p. 200℃/4mmHg。

三（2,3-氯丙基）磷酸酯的合成：

$$3Cl\underset{\backslash\ O\ /}{CH_2—CH_2}+POCl_3 \longrightarrow (CH_2ClCHClCH_2O)_3P═O$$

③ 三（2,3-二溴丙基）磷酸酯：结构式 $(\underset{Br}{\underset{|}{CH_2}}—\underset{Br}{\underset{|}{CH}}—CH_2—O)_3—P═O$。

三（2,3-二溴丙基）磷酸酯的合成：

$$CH_2═CH—CH_2—OH+Br_2 \longrightarrow \underset{Br}{\underset{|}{CH_2}}—\underset{Br}{\underset{|}{CH}}—CH_2OH$$

$$\underset{Br}{\underset{|}{CH_2}}—\underset{Br}{\underset{|}{CH}}—CH_2OH+POCl_3 \longrightarrow (CH_2BrCHBrCH_2O)_3P═O+3HCl$$

或者先让丙烯醇与 $POCl_3$ 反应，然后加溴。

（3）无机化合物

① 氧化锑（Sb_2O_3）：这是无机类阻燃剂中使用最广泛的品种，通常与卤化物并用，通过协同作用而得到优良的阻燃效果，多用于聚氯乙烯、苯乙烯类树脂，聚烯烃、不饱和树脂。

② 氢氧化铝（ATH）：适用于不饱和聚酯、聚氯乙烯、环氧树脂、酚醛树脂等，由于氢氧化铝的阻燃能力不强，因此添加份数高达 40～60 份，氢氧化铝阻燃的塑料在火焰中发烟性较小是一个突出的优点。

③ 氢氧化镁（MDH）：具有良好的阻燃效果，能够减少塑料燃烧时的发烟量，安全无毒，高温加工时热稳定性好。阻燃能力不强，因此添加份数高达 40～60 份。对抑制材料温度上升的性能比氢氧化铝差，对聚合物的碳化阻燃作用优于氢氧化铝。因此，两者复合使用，互为补充，其阻燃效果比单独使用更好。

④ 硼化合物：主要品种是硼酸锌和硼酸钡，与 Sb_2O_3 一样，它们和卤化物有协同作用，其效果虽不及 Sb_2O_3，但价格为 Sb_2O_3 的 1/3 左右，所以用量稳步增长，主要用于聚氯乙烯和不饱和聚酯。

（4）膨胀型阻燃剂　膨胀型阻燃剂是以磷、氮为主要组成的阻燃剂，其不含卤素，也不采用氧化锑为协效剂。含该类阻燃剂的聚合物受热时，表面能生成一层均匀的炭质泡沫层，此层隔热、隔氧、抑烟、防滴落，故具有良好的阻燃性能。这类阻燃剂一般由三部分组成：酸源（脱水剂）、炭源（成炭剂）、气源（氮源，发泡剂）。

13.3.2 反应型阻燃剂

定义：在分子中除含有溴、氯、磷等阻燃性元素外，同时还具有反应性官能团的阻燃剂叫反应型阻燃剂。

优点：对塑料的力学性能和电性能等影响较小，且阻燃性持久。

缺点：一般价格高，和添加型阻燃剂相比，其种类较少，应用面也较窄。

应用：所使用的塑料仅限于聚氨酯甲酸酯、环氧树脂、聚酯和聚碳酸酯等方面，一些反应型阻燃剂也能作为添加型阻燃剂使用。

(1) 四氯苯二甲酸酐和四溴苯二甲酸酐

结构式：

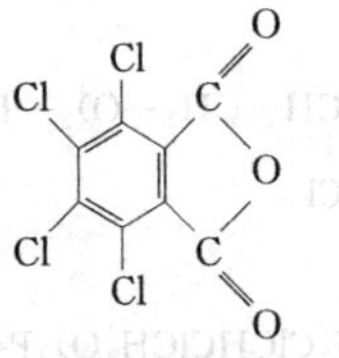

四氯苯二甲酸酐 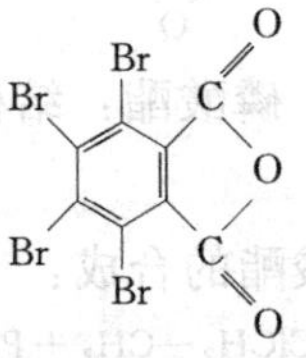　　甲溴苯二甲酸酐

由二甲酸直接氯化或溴化而成。

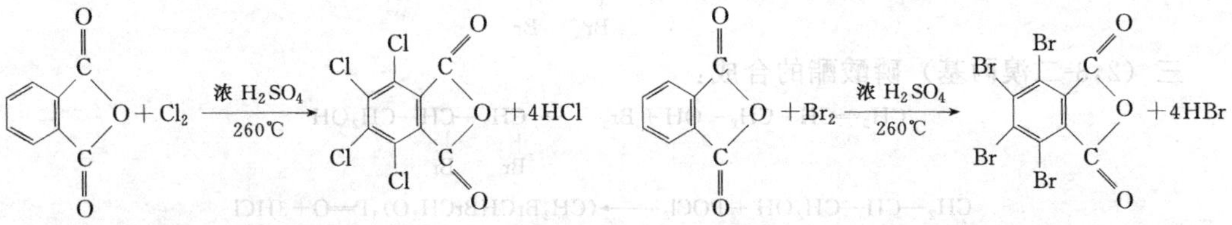

$$\text{邻苯二甲酸酐} + Cl_2 \xrightarrow[260℃]{\text{浓 } H_2SO_4} \text{四氯苯二甲酸酐} + 4HCl$$

$$\text{邻苯二甲酸酐} + Br_2 \xrightarrow[260℃]{\text{浓 } H_2SO_4} \text{四溴苯二甲酸酐} + 4HBr$$

可用于聚酯、环氧树脂，四溴物比四氯物的阻燃效果好，也可用作添加型阻燃剂。

(2) 氯桥酸酐和氯桥酸

结构式：

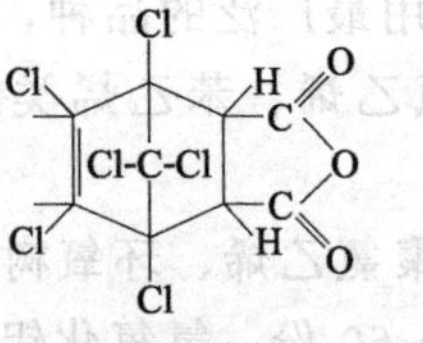

氯桥酸酐 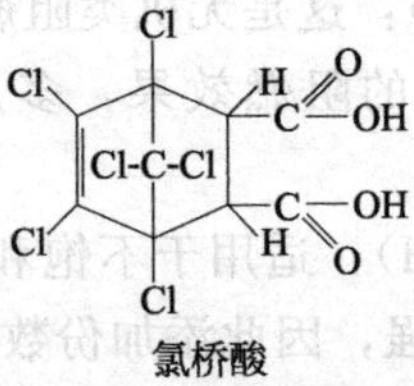　　氯桥酸

氯桥酸酐化学名称为六氯亚甲基苯二甲酸酐，由六氯环戊二烯和顺丁烯二酸酐在15℃下反应而得。

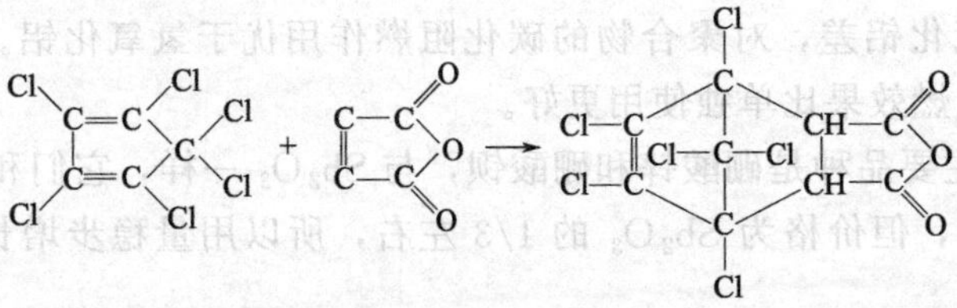

$$\text{六氯环戊二烯} + \text{顺丁烯二酸酐} \longrightarrow \text{氯桥酸酐}$$

氯桥酸及酸酐可用于聚酯、聚氨酯，也可作环氧树脂的阻燃性固化剂。

(3) 四氯双酚 A 和四溴双酚 A

结构式：

四氯双酚 A 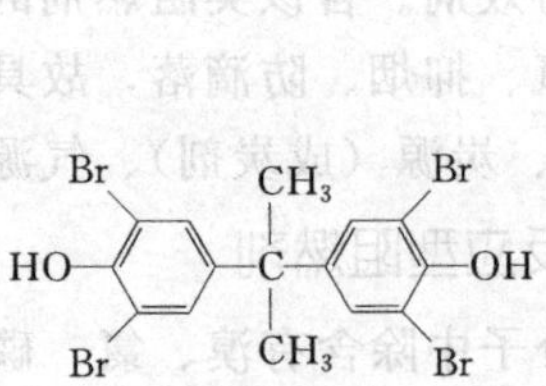　　四溴双酚 A

双酚 A 在溶剂中通入氯气或溴而得四氯双酚 A 或四溴双酚 A，如

$$HO-C_6H_4-C(CH_3)_2-C_6H_4-OH + 4Cl_2 \xrightarrow[\text{二氯丁烷}]{15℃} HO-C_6H_2Cl_2-C(CH_3)_2-C_6H_2Cl_2-OH$$

四氯双酚 A

四氯双酚 A 和四溴双酚 A 可用于环氧树脂、聚氨酯、聚碳酸酯。四溴双酚 A 也可作为添加型阻燃剂，用于聚苯乙烯、ABS 树脂等。

13.4 阻燃剂在塑料中的应用

塑料阻燃配方设计过程中，阻燃剂的选用原则如下。

① 阻燃剂对树脂的选择性：尽可能选择与树脂相容性好的阻燃剂品种，以便发挥其阻燃性能。

② 注意阻燃剂的加入对塑料制品原有性能的影响：所选阻燃剂应尽可能保持树脂原有加工性能、力学性能及透明性能。

③ 成本尽可能低：尽可能选用成本低的阻燃剂，以降低制品的价格。

④ 阻燃剂在树脂中的耐久性要好：所选阻燃剂尽可能向制品外迁移慢一些。

⑤ 阻燃剂的热分解温度与树脂温度的匹配性：一方面，阻燃剂的热分解温度与树脂的加工温度要相互匹配，一般要求阻燃剂的分解温度要高于加工温度 20℃左右；另一方面，阻燃剂的热分解温度与树脂的热降解温度相匹配，一般要求比树脂本身热降解温度低 60℃左右。

⑥ 阻燃剂的本身属性。

a. 超细粒度：粒度越细，除可提高阻燃性能外，更主要的是可大幅度提高其力学性能。

b. 微胶囊化技术：无机阻燃剂制成微粒，用有机物、聚合物、低聚物或无机物进行包覆，可提高与树脂的相容性。

c. 表面偶联处理：弥补因阻燃性的加入所降低的原有性能。

13.4.1 聚氯乙烯（PVC）

PVC 树脂的含氯量为 56.8%，氧指数可达 60，所以具有自熄性，不需阻燃改性。但 PVC 软制品由于配用大量的 DOP 可燃性的增塑剂而变得易于燃烧。

（1）Sb_2O_3　PVC 是含卤树脂，所以单独使用 Sb_2O_3 就有阻燃性；Sb_2O_3 与氯化石蜡并用时，阻燃效果更好；使用 Sb_2O_3 能使产品不透明，因而使用方面受一定限制。

（2）磷酸三甲苯酯　系最常用的磷酸酯阻燃剂，但低温性能差，对耐寒要求高的场合宜使用烷基磷酸酯。

（3）含卤磷酸酯　虽然价格高，但阻燃效果比磷酸酯高，少量添加就能达到难燃的目的，所以有不降低塑料物理性能的优点。

PVC 燃烧发烟量大，软质 PVC 既需要阻燃又需要抑烟，硬质 PVC 不需阻燃只需抑烟。

① 选用金属氢氧化物阻燃剂，可以取得较好的抑烟效果，有时也选用红磷为阻燃剂。

② 也可加抑烟剂，如三氧化钼、八钼酸铵、硼酸锌、二茂铁、氧化镁、氧化锌、氧化

铜等。

③ 增加无机阻燃剂，如氢氧化铝、氢氧化镁、硼酸锌等的加入量，也可降低发烟量。

配方举例：

① 软质PVC阻燃配方

PVC	100	Sb_2O_3（阻燃剂）	5
DOP	26	Ba/Cd复合稳定剂	5
异癸基二苯基磷酸酯（阻燃剂）	26	HSt（硬脂酸）	0.5

相关性能：氧指数38.5。

② 透明软质PVC阻燃配方

PVC	100	其他助剂	2.5
磷酸三异丙苯酯（阻燃、增塑）	50		

相关性能：透明软质PVC阻燃料，氧指数31.5。

③ 软质PVC低烟阻燃配方

PVC	100	硼酸锌（阻燃剂）	5
DOP	60	热稳定剂	5
氢氧化铝（阻燃剂）	60	HSt	1.0

相关性能：发烟量小，氧指数40。

13.4.2 聚烯烃

（1）聚乙烯 采用氯化石蜡与Sb_2O_3并用的方法就能达到难燃的目的，但有降低聚乙烯的电气性能、拉伸强度、低温挠曲性等缺点。

（2）聚丙烯 氯化石蜡和脂肪族含溴化合物热稳定性差，皆不宜使用（聚丙烯成型温度200℃以上）。采用全氯戊环癸烷、芳香族含溴化合物等含卤量高、耐热性较好的阻燃剂可以克服上述缺点。

配方举例：

① PE含卤高阻燃性配方

HDPE	100	Sb_2O_3（阻燃剂）	60
十溴联苯醚（阻燃剂）	60	水合硼酸锌（阻燃剂）	5

相关性能：氧指数>40

② PE低烟阻燃配方

HDPE	100	DCP（增塑剂）	3～4
氢氧化镁（阻燃剂）	123～200	交联助剂	1～2
氢氧化铝（阻燃剂）	123～200	抗氧剂	2～3
加工油（造粒软化剂）	5～10		

相关性能：发烟量小，氧指数30～50，拉伸强度10～12MPa。

③ PP无卤阻燃配方

PP	100	氢氧化铝（阻燃剂）	100
红磷（阻燃剂）	8	滑石粉（润滑、阻燃）	5

相关性能：发烟量小，氧指数29。

13.4.3 聚苯乙烯及ABS树脂、AS树脂

（1）苯乙烯 一般采用含卤磷酸酯和有机溴化物作为阻燃剂。

(2) ABS树脂　成型温度在200℃以上，必须使用热稳定性良好的阻燃剂，如全氯戊环癸烷、六溴苯、氯化联苯、十溴二苯醚等。

(3) AS　要求耐热性良好的阻燃剂。

配方举例：

① 高抗冲PS低烟阻燃配方

HIPS	100	氢氧化镁（阻燃剂）	40
DBDPO（十溴二苯醚，阻燃剂）	12	硼酸锌（阻燃剂）	20
Sb_2O_3（阻燃剂）	4	增韧剂	14

相关性能：氧指数28.5，最大烟密度265，稍大于纯HIPS的165。

② ABS阻燃配方（质量分数）

ABS	78%	Sb_2O_3（阻燃剂）	4%
四溴双酚A（阻燃剂）	18%		

相关性能：氧指数33.6。

13.4.4 聚氨基甲酸酯

聚氨基甲酸酯使用的阻燃剂主要有添加型的含卤磷酸酯和反应型的含磷多元醇、含卤多元醇。

配方举例：

PU弹性体	100	PB-460［三-(2-溴苯基）磷酸酯，阻燃剂］	12～15

相关性能：氧指数26。

13.4.5 环氧树脂

环氧树脂反应型阻燃剂有四溴双酚A、四氯双酚A及其衍生物，添加型阻燃剂主要有含磷酸酯、全氯环戊癸烷和Sb_2O_3等。

配方举例：

① 环氧树脂阻燃配方

E-44环氧树脂	100	2,4,6-三甲氨基甲基苯酚	0.5
Sb_2O_3（阻燃剂）	10	硅微粉（无机填料）	适量
80酸酐（固化剂）	78		

相关性能：氧指数32。2,4,6-三甲氨基甲基苯酚阻燃效果好，同时也是环氧树脂固化剂。

② 双酚A型环氧树脂阻燃配方

双酚A环氧树脂	100	全氯联苯氧化镍（阻燃剂）	0.5
2-甲基咪唑（固化剂）	10	硅石粉末（填料）	40
硬脂酸（润滑，协同作用）	78		

相关性能：阻燃性可达UL-94 V-0级。

13.4.6 酚醛树脂

一般酚醛树脂多使用添加型阻燃剂，如含卤磷酸酯、有机卤化物和Sb_2O_3等。反应型阻燃剂有二溴苯酚和膦酸二（聚氧乙烯基）羟甲基酯等。

此外，一些含磷又含氮的化合物作为酚醛树脂的阻燃剂也很有效，如多氨基亚膦酸酯等。

配方举例：

① 普通酚醛树脂添加型阻燃配方

酚醛树脂	80	氢氧化铝（阻燃剂，粒度40～60μm）	20

② 普通酚醛树脂反应型阻燃配方

苯酚	940	甲醇	170
甲醛	450	四溴双酚A（阻燃剂）	310
水	205	合成氟云母（增加强度、硬度）	87
三乙胺	10.1		

③ 酚醛泡沫材料阻燃配方

酚醛树脂	100	AC发泡剂	10
聚乙二醇	2	对羟基苯磺酸（发泡剂）	20
聚磷酸胺（阻燃剂）	10		

13.5 阻燃剂的发展现状和开发动向

我国的阻燃剂以卤系阻燃剂为主，占整个阻燃剂的80%以上，其中氯系（主要是氯化石蜡）占59%，并有出口；但溴系不足，每年仍需进口；作为无污染、低毒的无机系仅占阻燃剂的17%，其中有一半为三氧化二锑，而氢氧化铝、氢氧化镁还不到10%。

13.5.1 微胶囊化技术

微胶囊化的是指是把阻燃剂研碎分散成微粒后，用有机物或无机物对之进行包裹，形成微胶囊阻燃剂；或以表面很大的无机物为载体，将阻燃剂吸附在这些无机载体的空隙中，形成蜂窝式微胶囊阻燃剂。微胶囊技术具有可防止阻燃剂迁移、提高阻燃效率、改善热稳定性、改变剂型等许多优点，对组分之间复合与增效及制造多功能阻燃剂材料也十分有利。

13.5.2 超细化技术

由于阻燃作用的发挥是由化学反应所支配的，而等量的阻燃剂，其粒径越小，比表面积就越大，阻燃效果就越好。

13.5.3 表面改性技术

为改善无机阻燃剂与聚合物间的黏结力和界面亲和性，采用偶联剂对其进行表面处理是最为有效的方法之一。

13.5.4 复配协同技术

阻燃剂的复配技术就是磷系、卤系、氮系和无机阻燃剂之间，或某些内部进行复合化，寻求最佳经济和社会效益。

13.5.5 大分子技术

溴系阻燃剂主要缺点是会降低被阻燃基材的抗紫外线稳定性，燃烧时生成较多的烟、腐蚀性气体和有毒气体，而通过大分子技术可以改变这些状况。

溴系阻燃剂发展的新特点是提高溴含量和增大分子量。

思 考 题

1. 阻燃剂是如何定义和分类的?
2. 概述阻燃剂的作用机理?
3. 添加型阻燃剂有哪些?概述它们的性能。
4. 阻燃剂的开发动向有哪些?

第14章

抗静电剂

14.1 概述

抗静电剂是添加在聚合物中或涂附在塑料制品、合成纤维表面，以防止高分子材料静电危害的一类化学添加剂。抗静电剂的作用是将体积电阻高的高分子材料表面的电阻率降低到$10^{10}\Omega$以下，从而减轻高分子材料在加工和使用过程中的静电积累。

防止静电危害的方法除减轻或防止摩擦以减少静电的产生外，还有使已产生的静电尽快泄漏掉，从而防止静电的大量积累。泄漏静电的方法包括通过电路的直接传导、提高环境的相对湿度和采用抗静电剂等。

抗静电剂主要是一些表面活性剂，按使用方法不同，可以分为外部抗静电剂和内部抗静电剂两大类。

理想的外部抗静电剂应该具备的基本条件：

① 有可溶的或可能分散的溶剂；

② 与聚合物表面结合牢固，不逸散，耐摩擦，耐洗涤；

③ 抗静电效果好，在低温、低湿的环境中也有效；

④ 不引起有色制品颜色的变化；

⑤ 手感好，不刺激皮肤，毒性低；

⑥ 价廉。

理想的内部抗静电剂应该满足以下几个基本要求：

① 耐热性良好，能经受聚合物在加工过程中的高温（120～300℃）；

② 与聚合物相容，不发生喷霜；

③ 不损害聚合物的性能，即聚合物不因抗静电处理而导致性能变劣；

④ 混炼容易，不给加工过程造成困难；

⑤ 能与其他添加剂并用；

⑥ 用于薄膜、薄板等时不发生黏着现象；

⑦ 不刺激皮肤，无毒或低毒；

⑧ 价廉。

14.2 作用机理

水是高介电常数的液体，如果在聚合物表面附着一层薄薄的连续相水就能起到泄漏电荷的作用。

(1) 湿度 环境中的相对湿度越大，聚合物的表面电阻就越小，同时抗静电剂的含水率越高，其效果越好。相反，当相对湿度在 25%以下时，抗静电的效果就差。

(2) 温度 一方面，绝缘导体一般属于离子导电，因此随着温度的升高，离子活度增加，电阻相应减小；另一方面，如果聚合物的温度比周围的气温低，则水就会凝集在它的表面，所以表面电阻就低，相反，如果高分子材料的温度比环境温度高，则由于表面水分的挥发而使表面电阻增高。

14.2.1 抗静电剂的分子结构

抗静电剂的分子结构通式为 R—Y—X，R 为亲油基，Y 为连接基，X 为亲水基。

14.2.2 外部抗静电剂的作用机理

当抗静电剂加入到水中时，抗静电剂分子的亲油基就会伸向空气-水界面的空气一面，而亲水基则向着水。随着浓度的增加，亲油基相互平行，最后达到稠密的排列，如图 14-1(a)、(b) 所示。此时，将聚合物浸渍在溶液中，抗静电分子的亲油基就会吸附在聚合物的表面，如图 14-1(c) 所示。经浸渍，干燥后的聚合物表面形成图 14-1(d) 所示的结构。

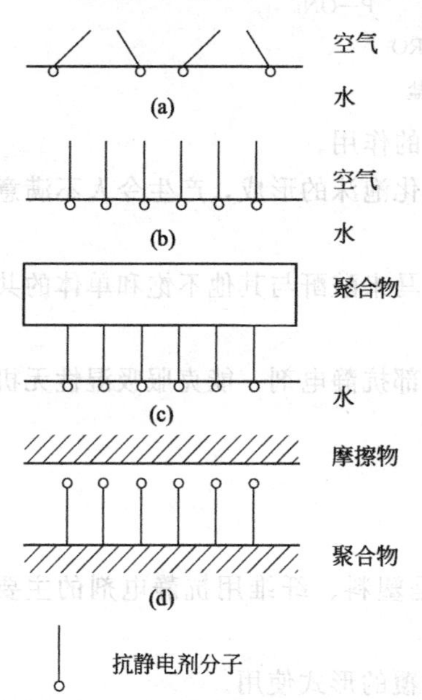

图 14-1 表面活性剂吸水示意图

在聚合物表面，由于亲水基的存在就很容易吸附环境中的微量水分，而形成一个单分子的导电层。

14.2.3 内部抗静电剂的作用机理

机理一：内部抗静电剂是表面活性剂，它以不连续的分散相存在于聚合物中，其抗静电机理与前述外部抗静电剂的作用机理类似。内部抗静电剂对聚合物内部的导电性没有很大的改善，而抗静电作用仍然像外部抗静电剂一样，依靠它们在聚合物表面形成单分子层，加工、使用过程会使单分子层缺失，抗静电性随之降低。经过一段时间后，由于聚合物内部的抗静电分子不断向表面迁移，使表面缺损的单分子层从内部得到补充，因此抗静电性也逐步得到恢复。抗静电性恢复所需时间的长短取决于抗静电分子在聚合物中的迁移速率和抗静电剂的添加量，而抗静电分子的迁移速率与聚合物的玻璃化温度、抗静电剂与聚合物的相容性以及抗静电剂的表面活性、分子量的大小有关。

机理二：良好的导体，如炭黑、金属粉末（或纤维）、金属氧化物等，它们的添加量较大，均匀地分散在聚合物基体内，连接成网络，形成导电通路，靠自身的体积传导泄漏电荷。

14.3 常用抗静电剂

14.3.1 阴离子型抗静电剂

种类：高级脂肪酸盐、各种硫酸衍生物、各种磷酸衍生物等。

用途：主要在纤维和纺织品中作为油剂、整理剂使用，在塑料中主要采用酸性烷基磷酸酯、烷基磷酸酯盐和烷基磷酸酯的胺盐等。

优点：优良的抗静电效果及耐热性。

缺点：与聚合物的相容性较差，且会影响制品的透明性。

(1) 硫酸衍生物　包括硫酸酯盐和磺酸盐，硫酸酯盐水溶性较好，磺酸盐对氧和热稳定性好。

① 高级醇的硫酸酯盐：作为纤维的抗静电剂使用，能得到较多的附着量。

② 由双键得到的硫酸酯盐：一般作为纤维、纺织品的处理剂、渗透剂、润滑剂使用。

③ 磺酸盐：一般烷基磺酸盐除在附着量很大的场合外，其抗静电效果都不好。

(2) 磷酸衍生物　包括阴离子型的单烷氧基磷酸酯盐和二烷基磷酸酯盐。

结构式：

$$RO-P(=O)(OH)(ONa)$$

酸性磷酸酯盐

$$RO-P(=O)(ONa)_2 \qquad (RO)_2P(=O)-ONa$$

中性磷酸酯盐

优点：磷酸酯盐具有阻滞静电堆积和促使静电快速放电的作用。

缺点：当用于高密度聚氨酯泡沫时，磷酸盐阴离子会催化泡沫的形成，产生令人不满意的泡沫结构，会造成不良的力学性能。

(3) 高分子量的阴离子型抗静电剂　包括聚丙烯酸盐、马来酸酐与其他不饱和单体的共聚物的盐、聚苯乙烯磺酸等。

作用：可用作纤维的耐久性抗静电剂和塑料的外部和内部抗静电剂，能克服吸湿性无机盐和吸湿性表面活性剂作为抗静电剂时所存在的缺点。

14.3.2 阳离子型抗静电剂

分类：胺盐、季铵盐、烷基咪唑等。

优点：对聚合物有较强的附着力，抗静电性能优良，是塑料、纤维用抗静电剂的主要种类。

缺点：热稳定性较差，对皮肤有刺激性，一般以外部涂覆的形式使用。

(1) 季铵盐

优点：季铵盐是阳离子型抗静电剂中附着力最强的，作为外部抗静电剂使用，具有优良的抗静电性。

缺点：耐热性差，容易热分解，作为内部抗静电剂使用时应注意。

(2) 烷基咪唑啉　1-β-羟基乙基-2-烷基-2-咪唑啉及其盐是纤维、唱片的外部抗静电剂，同时也可作为聚乙烯、聚丙烯等的内部抗静电剂使用。

结构式：

$$R-C\begin{matrix}=N-CH_2\\ \quad\ |\\ -N-CH_2\end{matrix},\quad N\text{上取代基为 } CH_2-CH_2OH,\quad R=C_5\sim C_{22}$$

(3) 胺盐　包括烷基胺的盐、环烷基胺的盐、环状胺的盐等。从广义上来说，季铵盐、烷基咪唑啉盐都属于胺盐的范畴。

用途：多作为纤维的外部抗静电剂使用。

14.3.3 两性离子型抗静电剂

分类：季铵内盐、两性烷基咪唑啉盐、烷基氨基酸等。

特点：最大特点是既能与阳离子型，又能与阴离子型抗静电剂配合使用。其抗静电效果优于阳离子型和阴离子型，耐热性能优于阳离子型，但不如阴离子型。

（1）季铵内盐　由于季铵内盐的分子中同时具有季铵型氮结构和羧基结构，因此在大范围内的 pH 值下水溶性良好。

（2）两性烷基咪唑啉　特点：性能优良，与多种聚合物相容性良好，是聚乙烯、聚丙烯等优良的内部抗静电剂。其钙盐能经受聚丙烯纺丝时的苛刻条件，作为丙纶的内部抗静电剂性能优良，效果持久。

结构：

```
        N—CH2
       //    |
R—C          |
       \     |
        N—CH2
      / |  \
   HO   |   CH2—CH2OH
        CH2COOM
```

R代表 $C_7 \sim C_{17}$烷基　M代表 Ca、Mg、Ba、Zn 等

（3）烷基氨基酸类　包括烷基氨基乙酸型、烷基氨基丙酸型、烷基氨基二羧酸型。

14.3.4 非离子型抗静电剂

包括多元醇、多元醇酯、醇或烷基酚的环氧乙烷加合物、胺或酰胺的环氧乙烷加合物等。

优点：与聚合物的相容性及热稳定性优良，没有离子型抗静电剂易于引起塑料老化的缺点，因此主要作为塑料的内部抗静电剂使用。

缺点：本身不带电，因此其抗静电效果比离子型抗静电剂差，故使用量较大。

（1）多元醇和多元醇酯

① 多元醇：甘油、山梨醇、聚乙二醇等吸湿性的多元醇具有一定的抗静电性，但附着力差以及易喷出，故现在很少使用。

② 多元醇酯：较重要的有山梨糖醇单月桂酸酯和甘油单硬脂酸酯，它们具有一定的亲水性，可作为纤维的油剂成分，也可作为塑料的内部抗静电剂使用。

（2）脂肪酸、醇、烷基酚的环氧乙烷加合物

① 月桂酸、油酸等高级脂肪酸的聚乙二醇酯在纤维工业上广泛用作抗静电剂，也可作为聚烯烃、聚苯乙烯内部抗静电剂。

② 高级醇的环氧乙烷加合物可作为纤维纺丝油剂，也可作聚烯烃的内部抗静电剂。

③ 烷基酚的环氧乙烷加合物也具有一定的抗静电性，可作为塑料、合成纤维的内部抗静电剂使用。

（3）胺类衍生物

① 烷基胺-环氧乙烷加合物：适用于聚乙烯、聚丙烯等，同时也作为纤维的外部抗静电剂使用。

② 酰胺-环氧乙烷加合物：可作为纤维的外部抗静电剂和塑料的外部抗静电剂使用。

③ 胺-缩水甘油醚加合物：作为塑料的内部抗静电剂使用。

14.3.5 其它抗静电剂

（1）炭黑　在对颜色没有要求的场合下，炭黑可以作为塑料和橡胶的内部抗静电剂和补

强剂使用。

另外，膨化石墨与聚烯烃共混也可以得到抗静电性能相当好的产品，其表面电阻值不受环境湿度的影响。

（2）金属纤维、粉末　主要品种有黄铜纤维、铝合金纤维、铁纤维、铜粉末。

（3）高分子型永久抗静电剂　主要品种有聚氧化乙烯的共聚物、聚醚酯酰胺、聚醚酰亚胺、聚乙二醇甲基丙烯酸二聚物、环氧乙烷与环氧丙烷的共聚物等。

优点：克服了一般表面活性剂型抗静电剂的一些缺点，具有长效、耐洗刷、不影响制品外观、耐热、作用效果不受空气中的相对湿度的影响等优点。

缺点：用量大、成本高，需配合适当的相容剂及加工条件方能达到理想的效果，而相容剂及加工条件等关键技术还需要不断改进与完善。

14.4　抗静电剂的应用

14.4.1　塑料用外部抗静电剂

塑料用外部抗静电剂在使用时有四个工序：①抗静电剂溶液的调配；②塑料制品的洗涤；③涂布、喷雾或浸渍；④干燥。

外部抗静电剂以效果好、附着力强的阳离子和两性离子为主，阴离子和非离子型效果差，很少使用。

14.4.2　塑料用内部抗静电剂

具有耐洗涤、耐摩擦、耐热、抗静电效果持久等优点。

添加量：聚乙烯和聚丙烯一般0.5%～1.0%；聚苯乙烯和ABS一般1.0%～2.0%。

（1）聚烯烃

① 聚乙烯　多为烷基磷酸酯盐、烷基胺环氧乙烷加合物、两性咪唑啉和其他两性化合物的金属盐等。

季铵盐与树脂的相容性及热稳定性均较差，往往不能进行注射成型。

烷基胺环氧乙烷加合物热稳定性较高，也有相当好的抗静电性，所以目前普遍采用。

配方举例：

a. 抗静电聚乙烯

HDPE	100	白油	0.2
乙二醇月桂酰胺（抗静电剂）	0.2		

相关性能：体积电阻率＜$10^8\Omega\cdot cm$，表面电阻率$10^8\Omega$。

b. 抗静电聚乙烯母料

LDPE	100	聚乙烯蜡（协同炭黑、防老）	3
导电乙炔炭黑（抗静电剂）	40	硬脂酸	0.8
偶联剂（抗静电作用）	0.4		

相关性能：体积电阻率≤$10^2\Omega\cdot cm$，表面电阻率≤$10^3\Omega$，分散性能好，一般在聚乙烯塑料制品中加入上述母料10份，则制品的体积电阻率可降至$10^{10}\Omega\cdot cm$以下。

② 聚丙烯　烷基胺环氧乙烷加合物、两性咪唑啉和其他两性活性型的金属盐为主。

配方举例：

a. 抗静电聚丙烯

PP	100	白油	0.2
乙二醇月桂酰胺	0.6		

相关性能：体积电阻率<$10^8\Omega\cdot cm$。

b. 抗静电聚丙烯

PP	100	白油	0.2
抗静电剂 HZ-14	1		

相关性能：体积电阻率<$10^8\Omega\cdot cm$。

(2) 苯乙烯类树脂

① 以烷基-二（聚氧乙烯基）季铵乙内盐氢氧化物（AMS-576）作为聚苯乙烯、ABS、AS树脂的内部抗静电剂，在工业上已实现实用化。

② 对于ABS树脂，一般添加2～3份离子型和非离子型抗静电剂，特别是烷基胺环氧乙烷加合物，即可基本上满足抗静电的要求。

③ 烷基环氧乙烷加合物、两性咪唑啉、两性烷基氨基丙酸盐、单硬脂酸甘油酯作为聚苯乙烯的内部抗静电剂都有一定效果。

配方举例：

a. 抗静电聚苯乙烯

PS	100	AMS-576（抗静电剂）	2

相关性能：体积电阻率≤$10^{12}\Omega\cdot cm$。

b. 抗静电ABS

ABS	100	AMS-576（抗静电剂）	2

相关性能：体积电阻率≤$10^{12}\Omega\cdot cm$。

(3) 氯乙烯类树脂 聚氯乙烯在加工过程中，由于热的作用会发生脱氯化氢，这给内部抗静电加工带来相当大的困难，而尤以硬质聚氯乙烯为甚。

据研究，表面活性剂对聚氯乙烯热分解的促进作用顺序为，阳离子型>两性离子型>非离子型>阴离子型。

软质聚氯乙烯由于添加有大量的增塑剂，所以脱氯化氢作用缓和一些。同时，增塑剂的存在有利于抗静电剂向制品表面迁移，因而内部抗静电加工比较容易。软质聚氯乙烯常用的内部抗静电剂有阳离子型的季铵盐和非离子型的酯类。

由于硬质聚氯乙烯的玻璃化温度高，非离子型的酯类抗静电剂效果很差。季铵盐类抗静电效果优良，但本身的热稳定性差，对树脂的老化有促进作用，故在耐热性要求极高的场合不能使用。不过，如果季铵盐分子中的阴离子基团是强酸根，则对聚氯乙烯脱氯化氢的促进作用较小。

配方举例：

(1) 抗静电聚氯乙烯

PVC	100	ZnSt	0.2
DOP	50	月桂醇（也有抗静电作用）	1.5
BaSt	0.3	二月桂基二甲基过氯酸铵（抗静电剂）	0.5

相关性能：体积电阻率 $5.9\times10^{10}\Omega\cdot cm$。

(2) 透明抗静电聚氯乙烯

PVC	100	硬脂酸单甘油酯（增塑剂）	1.4
MBS	14	十二烷基磺酸钠	0.08

热稳定剂 2.5 聚氧乙烯月桂酸基醚（抗静电剂） 1.0

润滑剂 0.5

相关性能：体积电阻率 $2.4\times10^{12}\Omega\cdot cm$。

十二烷基磺酸钠乳化剂、发泡剂，可和抗静电剂协同作用起润湿剂作用。

14.5 抗静电剂的毒性

在抗静电剂中非离子型和两性离子型的毒性较低，而属于阳离子型和阴离子型的胺类、磷酸酯盐毒性较大。

14.6 抗静电剂市场现状及发展趋势

抗静电剂在塑料中耗用量最大的是聚烯烃树脂，其次是聚苯乙烯（PS）及丙烯腈-丁二烯-苯乙烯树脂（ABS），第三是聚氯乙烯（PVC）。目前国外主要生产国家为美国、西欧和日本。美国是世界上生产抗静电剂最多的国家。近年来，由于家电行业、IT 行业的高速发展，抗静电剂的发展也较快。我国抗静电剂的主要产品是导电炭黑，非离子型、阳离子型、阴离子型、两性型的抗静电剂及永久型抗静电剂尚处于开发阶段，工业上广泛应用的是非离子型。国内主要生产单位有自贡炭黑工业研究所、杭州市化工研究所、山西省化工研究所等。

随着人们环保意识的不断增强，绿色化工已成为今后发展的主要方向。各类低毒、无毒的抗静电剂将越来越受到食品包装业、电子产业的青睐，这类抗静电剂的研究已日益受到关注。

(1) 非离子型抗静电剂　由于非离子型抗静电剂热稳定性能好，价格较便宜，使用方便，对皮肤无刺激．是抗静电基材中不可缺少的抗静电剂，具有良好的应用前景。

(2) 复合型抗静电剂　复合型抗静电剂是利用各组分的协调效应原理开发出来的，各组分互补性强，抗静电效果远优于单一组分。但要注意各种抗静电剂之间的对抗作用。如阳离子型和阴离子型的抗静电剂不能同时使用。

(3) 多功能浓缩抗静电母粒　由于抗静电剂多为黏稠液体，而且其中一部分为极性聚合物，在塑料中分散困难，带来使用上的不便。多功能浓缩母粒分散性均匀，操作方便，具有发展前途。

(4) 高分子永久性抗静电剂　由于高分子永久性抗静电剂的耐久性好，所以一般用于对抗静电效果要求严格的塑料制品，如家用电器外壳、汽车外壳、电子仪表零部件、精密机械零部件等。

(5) 纳米导电填料纳米材料的特点就是粒子尺寸小，有效表面积大，这些特点使纳米材料具有特殊的表面效应、量子尺寸效应和宏观量子隧道效应。纳米材料可改变材料原有的性能。例如，电阻材料 SiO_2 制备成纳米材料后成为导电材料。张景昌等人研究了PVC 塑料中添加纳米 SiO_2 制备复合材料的关键技术及 PVC 树脂添加纳米 SiO_2 后提高塑料抗静电性能的机理，结果表明，纳米 SiO_2 不仅提高了 PVC 材料的延展性，而且使 PVC 的表面电阻降低了 7～8 个数量级，使其相对介电常数明显增加，为进一步制备用于静电屏蔽的 PVC 基纳米复合材料奠定了试验基础。

思考题

1. 抗静电剂是如何定义和分类的?
2. 概述抗静电剂作用机理。
3. 常见阴离子型抗静电剂有哪些?概述它们的性能。
4. 概述抗静电剂发展趋势。

第15章 硫化剂与硫化助剂

15.1 概述

橡胶经过硫化以后，其结构变为三维网状结构，使其性能有本质改变，大大提高了弹性、硬度、拉伸强度等一系列力学性能。

硫黄并非橡胶的唯一硫化剂，许多化合物都有硫化效果，其实质就是使线型的橡胶分子交联形成网状和三维立体结构，一切具有这些作用的物质都称为硫化剂。

目前，可作商品用的硫化剂约有 8 大类：硫、硒、碲等元素；含硫化合物；有机过氧化合物；醌类化合物；胺类化合物；树脂类；金属氧化物；特种硫化剂。

15.2 作用机理

15.2.1 硫化剂作用机理

15.2.1.1 硫黄

硫黄的分子结构是由八个硫原子组成的环状分子，并以冠形结构稳定存在。

这种环状硫在一定的条件下，可以发生异裂生成离子，也可发生均裂生成自由基。

$$^{\oplus}S-S_6-S^{\ominus}$$

$$\cdot S-S_6-S\cdot$$

(1) 分子间交联

① 在 159℃时，纯环状硫可以均裂成为双自由基，叫双基硫 $\cdot S_8 \cdot$。双基硫可引发另一个分子的环状硫均裂，也可以分解成硫原子数多于或少于 8 的双基硫。

$$S_8 \longrightarrow \cdot S_8 \xrightarrow{S_8} \cdot S_{8+8}^{\cdot} \longrightarrow \cdot S_x \cdot + \cdot S_{16-x}^{\cdot}$$

② 这些双基自由基可以引发橡胶分子发生自由基链式反应。因为在不饱和橡胶（如天然橡胶）分子中，α-氢比较活泼，易被双基硫夺走而产生橡胶分子链自由基，继续生成多硫侧基。

$$\sim\!CH_2-\underset{}{\overset{CH_3}{\overset{|}{C}}}=CH-CH_2\!\sim + \cdot S_x \cdot \longrightarrow \sim\!CH_2-\overset{CH_3}{\overset{|}{C}}=\dot{C}H\!\sim + HS_x\cdot$$

$$\sim\!CH_2-\overset{CH_3}{\overset{|}{C}}=CH\dot{C}H\!\sim + \cdot S_x \cdot \longrightarrow \sim\!CH_2-\overset{CH_3}{\overset{|}{C}}=CH-\overset{S_x\cdot}{\overset{|}{C}H}\!\sim$$

多硫侧基

③ 多硫侧基与橡胶分子链自由基结合，就终止了链反应，于是橡胶分子链交联起来。用来交联橡胶大分子链的，主要是多硫交联键，也称为桥键。

$$\begin{array}{c}\sim\!CH_2-\overset{CH_3}{\overset{|}{C}}=CH-\underset{\cdot S_x}{\underset{|}{C}H}\!\sim\\ +\\ \sim\!CH_2-\underset{CH_3}{\underset{|}{C}}=CH-CH\!\sim\end{array} \longrightarrow \begin{array}{c}\sim\!CH_2-\overset{CH_3}{\overset{|}{C}}=CH-CH\!\sim\\ |\\ S_x\\ |\\ \sim\!CH_2-\underset{CH_3}{\underset{|}{C}}=CH-CH\!\sim\end{array}$$

（2）分子内交联

如：

$$\sim\!CH_2-\overset{CH_3}{\overset{|}{C}}=CH-\underset{\underset{CH_2-\underset{CH_3}{\underset{|}{C}}-CH_2CH_2}{\underset{|}{S_x}}}{\underset{|}{C}H}-CH_2-\overset{CH_3}{\overset{|}{C}}=CH-\underbrace{CH-CH_2-\overset{CH_3}{\overset{|}{C}H}-CH}_{S-S}-\underset{S_y}{\underset{|}{C}H}-\!\sim\; S_x$$

15.2.1.2　ZnO、MgO等金属氧化物

以ZnO硫化氯丁橡胶为例。氯丁橡胶在聚合中除了1,4-聚合以外，一般还有少量的1,2-聚合物（约1.5%）。

$$\sim\!CH_2-\overset{CH_3}{\overset{|}{C}}=CH-CH_2\!\sim \qquad \sim\!CH_2-\overset{CH=CH_2}{\overset{|}{C}}\!\sim$$

1,4-聚合物　　1,2-聚合物

① 聚合时，1,2-聚合物结构中的双键可以发生位移。

$$\sim\!CH_2-\overset{Cl}{\overset{|}{\underset{\underset{CH_2}{\underset{\|}{CH}}}{\underset{|}{C}}}}\!\sim \;\rightleftharpoons\; \sim\!CH_2-\underset{\underset{\underset{Cl}{\underset{|}{CH}}}{\underset{|}{CH}}}{\underset{\|}{C}}\!\sim$$

（Ⅰ）　　（Ⅱ）

② 位移后的（Ⅱ）氯原子与烯丙基相连，非常活泼。用ZnO硫化氯丁橡胶，就是由这个氯原子与ZnO反应，结果形成醚型交联结构。

$$\sim CH_2-C(=CH-CH_2-Cl)\sim + \sim CH_2-C(=CH-CH_2-Cl)\sim + 2ZnO \longrightarrow \sim CH_2-C(=CH-CH_2-O-CH_2-CH=)C-CH_2\sim$$

15.2.1.3 有机交联剂

(1) 交联剂引发自由基反应 交联剂分解产生自由基，自由基再引发高分子自由基链反应，从而导致高分子链的C—C交联。这里，交联剂实际上起的是引发剂的作用，常用的主要是有机过氧化物。

① 聚异戊二烯

$$C_6H_5-C(CH_3)_2-O-O-C(CH_3)_2-C_6H_5 \xrightarrow{\triangle} 2\,C_6H_5-C(CH_3)_2-O\cdot$$

$$C_6H_5-C(CH_3)_2-O\cdot + \sim CH_2-C(CH_3)=CH-CH_2\sim \longrightarrow C_6H_5-C(CH_3)_2-OH + \sim CH_2-C(CH_3)=CH-\dot{C}H\sim$$

$$2\sim CH_2-C(CH_3)=CH\dot{C}H\sim \longrightarrow \begin{matrix}\sim CH_2-C(CH_3)=CH-CH\sim \\ | \\ \sim CH_2-C(CH_3)=CH-CH\sim\end{matrix}$$

② 硅橡胶

$$C_6H_5-C(=O)-O-O-C(=O)-C_6H_5 \xrightarrow{\triangle} 2\,C_6H_5-C(=O)-O\cdot \longrightarrow 2\,C_6H_5\cdot + CO_2$$

$$\sim O-Si(CH_3)_2-O\sim + C_6H_5-C(=O)-O\cdot \longrightarrow \sim O-Si(CH_3)(\dot{C}H_2)-O\sim + C_6H_5-C(=O)-OH$$

$$2\sim O-Si(CH_3)(\dot{C}H_2)-O\sim \longrightarrow \sim O-Si(CH_3)(-CH_2-CH_2-)Si(CH_3)-O\sim$$

③ 聚乙烯

$$\sim CH_2-CH_2\sim + C_6H_5-C(=O)-O\cdot \longrightarrow \sim CH_2-\dot{C}H\sim + C_6H_5-C(=O)-OH + 2\sim CH_2\sim\dot{C}H\sim \longrightarrow \begin{matrix}\sim CH_2-CH\sim \\ | \\ \sim CH_2-CH\sim\end{matrix}$$

交联聚乙烯

（2）交联剂的官能团与高分子反应　利用交联剂分子中的官能团（主要是双官能团、多官能团、C═C 等）与高分子化合物发生反应，并把高分子的大分子链交联起来。

① 二元胺固化环氧树脂

~~~CH—CH₂ O　+　H H N—R—N H H　+　CH₂—CH~~~ O
~~~CH—CH₂ O　　　　　　　　CH₂—CH~~~ O
⟶ ~~~CH—CH₂ OH N—R—N CH₂—CH~~~ OH
~~~CH—CH₂ OH　　CH₂—CH~~~ OH

② 用叔丁基酚醛树脂硫化天然橡胶或丁基橡胶

H—CH CH ═ C—CH CH₂　+　HOCH₂ OH CH₂ [OH CH₂]ₙ OH CH₂OH C(CH₃)₃ C(CH₃)₃ C(CH₃)₃　+　HCH CH ═ CH—CH₂ CH₂

$$\downarrow 2H_2O$$

CH—CH₂ OH CH₂ [OH CH₂]ₙ OH CH₂—CH
CH ═ C—CH₃ CH₂　C(CH₃)₃　C(CH₃)₃　C(CH₃)₃　CH ═ CH—CH₃ CH₂

（3）交联剂引发自由基反应和交联剂官能基反应相结合　以用有机过氧物和不饱和单体来使不饱和聚酯进行交联为例。

由不饱和聚酯制造玻璃钢时，可以在不饱和聚酯中加入有机过氧化物（如过氧化苯甲酰、过氧化苯乙酮等）以及少量的苯乙烯。在这种情况下，由于有机过氧化物的引发作用使得苯乙烯分子中的 C═C 不饱和键和聚酯中的 C═C 发生自由基加成反应，从而把聚酯的大分子链交联起来：

CH ═ CH　+　CH═CH₂ (苯环)　+　CH ═ CH　⟶　~~~CH—CH₂—CH　CH—CH—CH₂—CH　CH—CH—CH₂~~~

交联后，聚酯就由线型结构变为体型结构，因而硬化。

15.2.2 促进剂作用机理

以 DM 为例。

（1）促进剂先裂解，生成促进剂自由基。此促进剂自由基促环状硫开环，并与之结合，产生多硫自由基。

N S —S—S— N S ⟶ 2 N S —S·

促进剂自由基
~~~

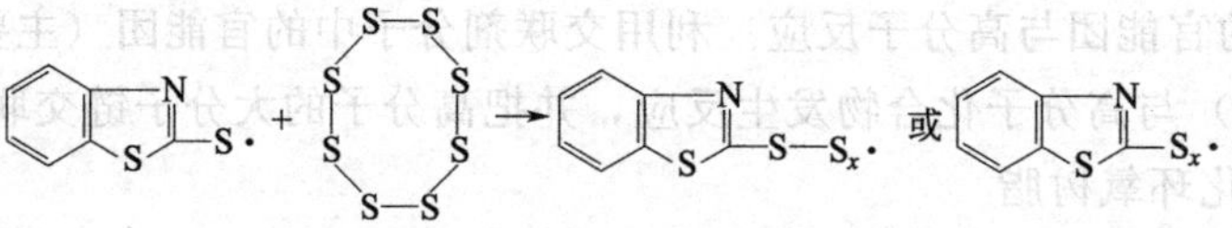

也有人认为其促进剂与环状硫作用，生成一种中间化合物，此中间化合物受热分解，产生促进剂、自由基和多硫自由基。

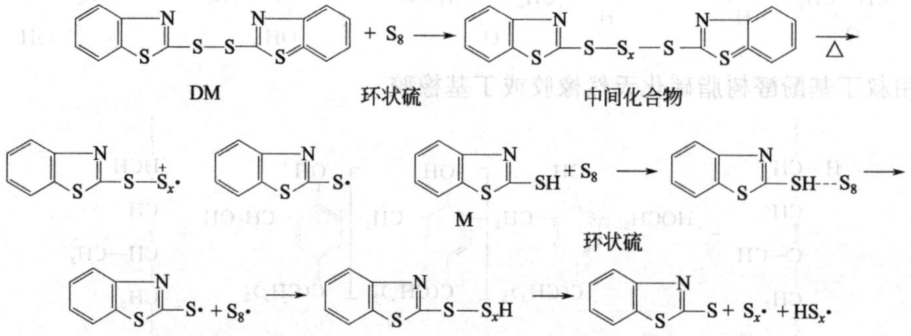

DM 环状硫 中间化合物

M 环状硫

（2）上述自由基都可以引发橡胶分子，使之生成橡胶大分子链自由基。由于橡胶分子中α-亚甲基上的氢原子比较活泼，所以反应主要发生在亚甲基上。

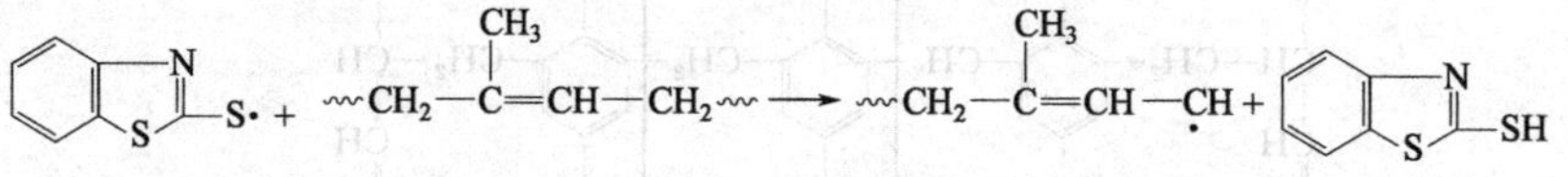

橡胶大分子链自由基与促进剂多硫自由基结合，在橡胶大分子链上接上含有硫及促进剂的活性多硫侧基。

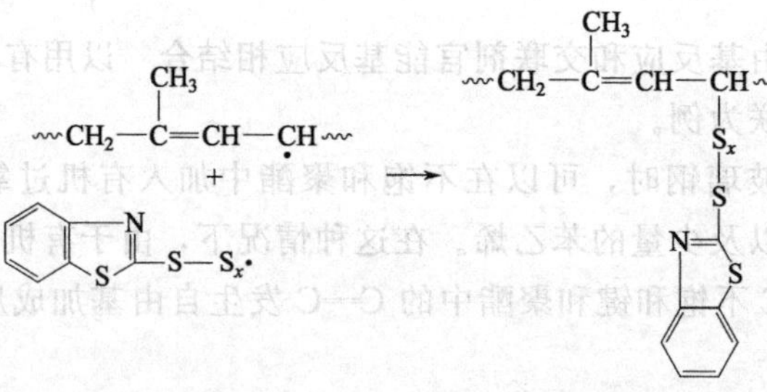

（3）这些橡胶分子多硫侧基可裂解产生自由基，再与橡胶自由基结合，生成交联键。

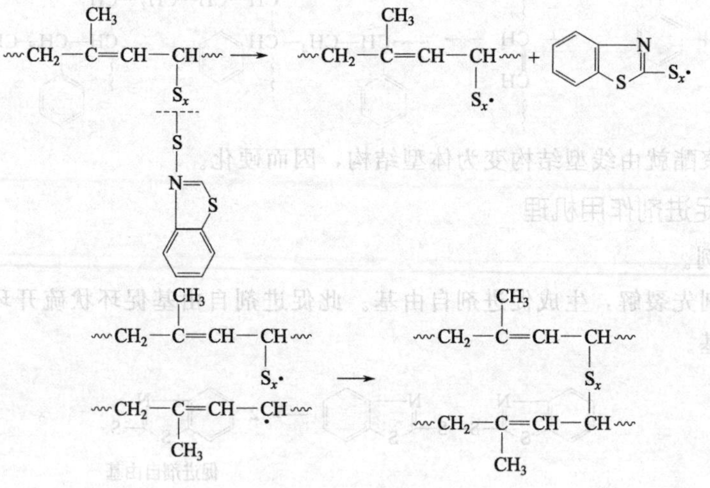

15.3 硫化剂

15.3.1 硫黄

硫黄在橡胶中的溶解性能（与橡胶性质、温度有关）直接影响橡胶的加工操作和硫化胶的质量，其品种如下。

① 硫黄粉：一般粒度在 75μm 以下，某些情况下采用 25μm 左右，是最主要的硫化剂。

② 沉淀硫黄：平均粒径在 1～5μm。在胶料中分散性高，使用于制造高级制品、胶布和胶乳薄膜制品。

③ 胶体硫：经胶体磨研磨制成糊状物，平均粒径 1～3μm，沉淀慢，分散均匀，主要用来制造胶乳制品。

④ 不溶性硫黄：使用不溶性硫黄的目的是避免胶料喷硫，并无损于生胶的黏性。用量与普通硫黄相同，在硫化温度（120℃左右）下，它又转变为普通硫黄，用于制钢丝帘线轮胎。

⑤ 表面处理的硫黄：在硫黄粒子表面覆上一层“油”（如聚异丁烯）而制得。特点是在橡胶中分散性良好。

⑥ 硫黄与其他物质混合物：目的是在胶料中易分散，防止硫黄的凝集。

15.3.2 硫黄给予体

所谓硫黄给予体是指，在硫化温度下能释放出活性硫的含硫化合物。

(1) 秋兰姆

结构：

$$\begin{matrix} R \\ \quad \diagdown \\ \quad N \\ \quad \diagup \\ R' \end{matrix} -\overset{\overset{S}{\|}}{C}-S_x-\overset{\overset{S}{\|}}{C}- \begin{matrix} R \\ \diagup \quad \\ N \quad \\ \diagdown \quad \\ R' \end{matrix} \qquad x=2\sim4$$

用途：①用作硫化促进剂；②用作二烯类橡胶的硫化剂。

特点：硫化胶具有优良的耐热性，耐油性也较好。

用量：一般为 2.5～3.5 份。

(2) 其它硫黄系硫化剂

① 含硫吗啉衍生物　如二硫化二吗啉（DTDM），用作二烯类橡胶、丁基胶和三元乙丙胶的硫化剂。

结构：

$$O\langle\rangle N-S-S-N\langle\rangle O$$

② 烷基苯酚的一硫或二硫化物

用途：二烯类橡胶的硫化剂。

优点：所制得的硫化胶不喷霜，拉伸强度高，并且有良好的耐热性。

15.3.3 有机过氧化物

有机过氧化物分子含有两个氧原子相连的过氧基（—O—O—）。

常见的有如下类型。

R—O—O—H	R—O—O—R
烷基过氧化氢	二烃基过氧化物

$R-\overset{O}{\overset{\|}{C}}-O-O-\overset{O}{\overset{\|}{C}}-R$　　$R-\overset{O}{\overset{\|}{C}}-O-O-R$　　$R''\!\left[-O-\underset{R'}{\overset{R}{C}}-O\right]_n\!R'''$

二酰基过氧化物　　过羧酸酯　　过氧化酮

式中，R、R′可以是烷基、芳基，它们可以相同，也可以不同。R″、R‴也可以是 H 或 OH，但分子中至少要有一个过氧基。

常见的有机过氧化物有：

叔丁基过氧化氢，$CH_3-\underset{CH_3}{\overset{CH_3}{C}}-O-O-H$，液化，微黄，b. p. 38～38. 5/189mmHg，100～120℃分解，聚合用引发剂，天然橡胶硫化剂。

二叔丁基过氧化物，$CH_3-\underset{CH_3}{\overset{CH_3}{C}}-O-O-\underset{CH_3}{\overset{CH_3}{C}}-CH_3$，液体，微黄，b. p. 110℃，100～200℃分解(DTBP)，聚合用引发剂，硅橡胶硫化剂。

过氧化二异丙苯，$C_6H_5-\underset{CH_3}{\overset{CH_3}{C}}-O-O-\underset{CH_3}{\overset{CH_3}{C}}-C_6H_5$，无色结晶，m. p. 42℃(DCP)，120～150℃分解，可作为不饱和聚酯硬化剂，天然橡胶、合成橡胶硫化剂，聚乙烯树脂交联剂。

2,5-二甲基-2,5 双（叔丁基过氧基）己烷（双 25），$CH_3-\underset{CH_3}{\overset{CH_3}{C}}-O-O-\underset{CH_3}{\overset{CH_3}{C}}-CH_2CH_2-\underset{CH_3}{\overset{CH_3}{C}}-O-O-\underset{CH_3}{\overset{CH_3}{C}}-CH_3$，淡黄色油状液体，m. p. 8℃，140～150℃分解。用作硅橡胶、聚氨酯橡胶、乙丙橡胶硫化剂、不饱和聚酯硬化剂。

过氧化苯甲酰，$C_6H_5-\overset{O}{\overset{\|}{C}}-O-O-\overset{O}{\overset{\|}{C}}-C_6H_5$，白色粉末，m. p. 103～106℃分解，BPO 用于聚合引发剂不饱和聚酯硬化剂，橡胶加工硫化剂。

双（2,4-二氯过氧化苯甲酰）(DCBP)，$Cl-C_6H_3(Cl)-\overset{O}{\overset{\|}{C}}-O-O-\overset{O}{\overset{\|}{C}}-C_6H_3(Cl)-Cl$，白色至浅黄色粉末，分解温度 45℃，用于硅橡胶硫化剂。

过苯甲酸叔丁酯，$C_6H_5-\overset{O}{\overset{\|}{C}}-O-O-\underset{CH_3}{\overset{CH_3}{C}}-CH_3$，浅黄色液体 m. p. 8. 5℃，分解温度 138～149℃，m. p. 8. 5℃，用于硅橡胶硫化，也是不饱和聚酯硬化剂。

过氧化环己酮，（HO—C₆H₁₀—O—O—C₆H₁₀—OH；HO—C₆H₁₀—O—O—C₆H₁₀—OOH），白色片状固体，作为不饱和聚酯硬化剂。

15. 3. 4　胺类

这类化合物主要是含有两个或两个以上氨基的胺类，作为交联剂使用时，就是利用这些氨基与高分子化合物发生反应。常见的胺类有以下几种。

乙二胺，$H_2NCH_2NH_2$，无色液化 b. p. 116. 5℃。

三（1,3-亚乙基）四胺，$H_2NCH_2CH_2NHCH_2CH_2NHCH_2CH_2NH_2$，淡黄色黏稠液体，沸点 266～267℃。

四（1,2-亚乙基）五胺，$NH(CH_2CH_2NHCH_2CH_2NH_2)_2$，淡黄色黏稠液体，b. p. 330℃。

己二胺，$NH_2(CH_2)_6—NH_2$，无色片状结晶，m. p. 39～42℃。

亚甲基双邻氯苯胺（MOCA），$H_2N-C_6H_3(Cl)-CH_2-C_6H_3(Cl)-NH_2$，白玉淡黄色疏松针状结晶，m. p. 124～125℃。

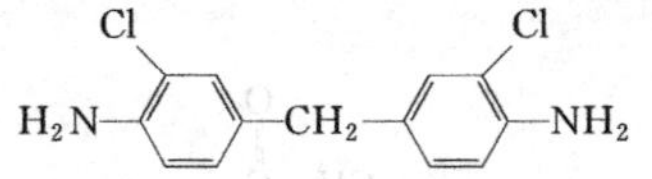

上述几种胺都可作为环氧树脂固化剂，三（1,2-亚乙基）四胺、四（1,2-亚乙基）五胺、己二胺还常用作氟橡胶的硫化剂。亚甲基双邻氯苯胺作为聚氨酯的硫化剂。

15. 3. 5 醌类

常见的醌类品种有：

HO—N=C₆H₄=N—OH 对醌二肟

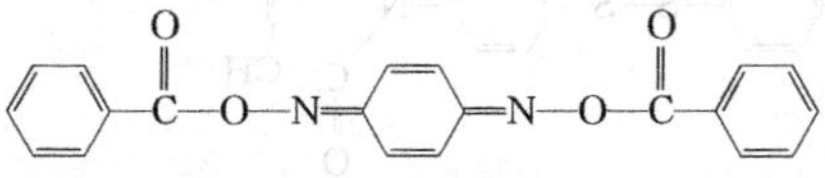

$C_6H_5-C(=O)-O-N=C_6H_4=N-O-C(=O)-C_6H_5$ 二苯甲酰对醌二肟

这类化合物常用作橡胶硫化剂，特别适用于丁基橡胶。

15. 3. 6 树脂类

例如，对叔丁基苯酚甲醛树脂，相对分子质量 550～750。

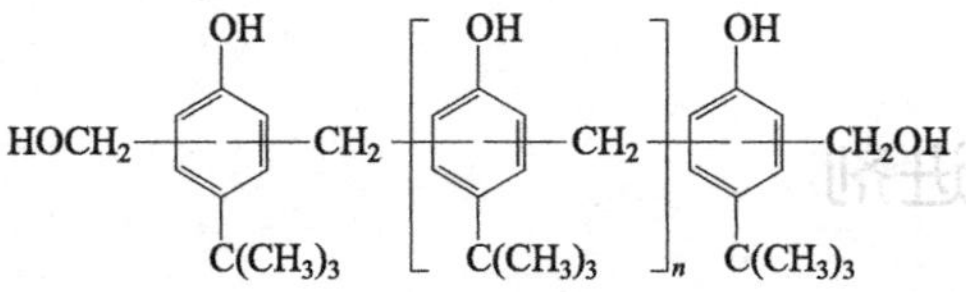

$HOCH_2-[C_6H_2(OH)(C(CH_3)_3)]-CH_2-[C_6H_2(OH)(C(CH_3)_3)-CH_2]_n-C_6H_2(OH)(C(CH_3)_3)-CH_2OH$

①适用于丁基橡胶；②羟甲基换成溴甲基得到溴甲基烷基苯酚甲醛树脂，则硫化活性更大，效果更好。

15. 3. 7 其它交联剂

酸酐类

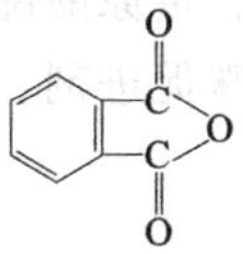

邻苯二甲酐 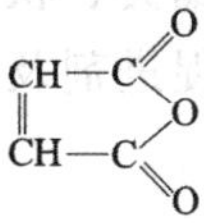　　马来酸酐

咪唑类

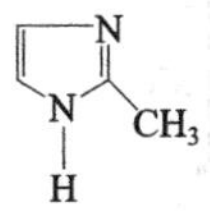

2-甲基咪唑 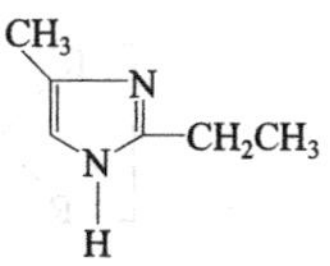　　2-乙基-4-甲基咪唑

三聚氰酸酯类

$CH_2{=}CHCH_2O$–三嗪环–$(OCH_2CH{=}CH_2)_2$

三聚氰酸三烯丙基酯

马来酰亚胺类

N-苯基马来酰亚胺

4,4′-二硫代双(苯基马来酰胺类)

酸酐和咪唑用于环氧树脂，三聚氰酸酯用于不饱和聚酯，马来酰亚胺用于橡胶。此外，单体苯乙烯、丙烯酸酯等也用作不饱和聚酯的交联剂。

15.4 硫化促进剂

15.4.1 作用与分类

（1）作用　大幅度缩短硫化反应时间、降低硫化温度、减少硫黄用量、大大提高硫化胶的物性；扩大硫化胶的使用范围，制造厚壁制品以及透明的、各种色调的橡胶制品，提高胶料的贮存稳定性。

（2）分类　二硫代氨基甲酸酯类、秋兰姆类、黄原酸酯类、噻唑类、次磺酰胺类、硫脲类、胍类、醛胺类、胺类、混合促进剂及其它特殊促进剂。

15.4.2 常见硫化促进剂

（1）二硫代氨基甲酸盐

通式：

$$\left[\begin{matrix} R' \\ R \end{matrix}\!\!>N-\overset{S}{\overset{\|}{C}}-S\right]_n Me$$

常用的二硫代氨基甲酸盐见表15-1。

表 15-1　常用的二硫代氨基甲酸盐

名　　称	结　构　式	性　　状
二甲基二硫代氨基甲酸锌(促进剂 PZ)	$\left[(CH_3)_2N-\overset{S}{\overset{\Vert}{C}}-S\right]_2Zn$	白色粉末 m. p. 240～255℃
二乙基二硫代氨基甲酸锌(促进剂 ES)	$\left[(C_2H_5)_2N-\overset{S}{\overset{\Vert}{C}}-S\right]_2Zn$	白色粉末 m. p. 175℃
二丁基二硫代氨基甲酸锌(促进剂 BZ)	$\left[(C_4H_9)_2N-\overset{S}{\overset{\Vert}{C}}-S\right]_2Zn$	白色或浅黄色粉末 m. p. 104℃以上
乙基苯基二硫代氨基甲酸锌(促进剂 PX)	$\left[(C_6H_5)(C_2H_5)N-\overset{S}{\overset{\Vert}{C}}-S\right]_2Zn$	白色或黄色粉末 m. p. 205℃

特点：活性特别高，硫化速率快，可以在常温下硫化，用于快速硫化或低温硫化。

用量：0.5～1 份。

(2) 秋兰姆

通式：

$$R_2N-\overset{S}{\overset{\Vert}{C}}-S_x-\overset{S}{\overset{\Vert}{C}}-NR_2$$

R 可为甲、乙、丁苯基或其它烃基，S 为硫原子，x 代表硫原子数目。

常用的秋兰姆见表 15-2。

表 15-2　常用的秋兰姆

名　　称	结　构　式	性　　状
二硫化四甲基秋兰姆(促进剂 TMTD 或 TT)	$(CH_3)_2N-\overset{S}{\overset{\Vert}{C}}-S-S-\overset{S}{\overset{\Vert}{C}}-N(CH_3)_2$	白色粉末 m. p. 155～156℃
二硫化四乙基秋兰姆	$(CH_3)_2N-\overset{S}{\overset{\Vert}{C}}-S-S-\overset{S}{\overset{\Vert}{C}}-N(C_2H_5)_2$	白色粉末 m. p. 73℃
一硫化四甲基秋兰姆(TMTM)	$(CH_3)_2N-\overset{S}{\overset{\Vert}{C}}-S-\overset{S}{\overset{\Vert}{C}}-N(CH_3)_2$	黄色粉末 m. p. 110℃
四硫化四甲基秋兰姆(TMTT)	$(CH_3)_2N-\overset{S}{\overset{\Vert}{C}}-S_4-\overset{S}{\overset{\Vert}{C}}-N(CH_3)_2$	灰黄色粉末 m. p. 不低于 90℃

特点：促进硫化速率快，硫化临界温度低。

二硫化秋兰姆和多硫化秋兰姆，在标准硫化温度下逐渐分解，析出活性硫。利用这个特性，可作为无硫硫化剂使用（即硫化时在胶料中不加硫黄），用量 0.5～2 份。

(3) 噻唑类

结构通性：含有噻唑环，如（噻唑环结构式，含 N、S）。

常用的噻唑类促进剂见表15-3。

表15-3 常用的噻唑类促进剂

名　称	结 构 式	性　状
2-硫醇基苯噻唑(促进剂M)	N, S, SH	淡黄色粉末 m. p. 180℃
2-硫醇基苯并噻唑锌盐(促进剂MZ)	N, S—S—Zn—S, N, S	淡黄色粉末,无毒 m. p. 300℃(分解)
二硫化二苯并噻唑(促进剂DM)	N, S—S—S, N, S	白色至淡黄色粉末 m. p. 180℃

特点：为强酸类促进剂，硫化速率比较慢，但抗焦烧性能比较好，硫化胶性能优良。

(4) 次磺酰胺

通式：

N, S—S—N(R^1)(R^2)

R^1、R^2 为烷基、芳基或环己基，也可以为H原子，可相同，也可不同。

常用的品种见表15-4。

表15-4 常用的次磺酰胺类促进剂

名称	结构式	性状
N,*N*-二异丙基-2-苯并噻唑次磺酰胺(促进剂DIBS)	N, S—S—N($CH(CH_3)_2$)($CH(CH_3)_2$)	淡黄色粉末,m. p. 55～60℃
N-叔丁基-2-苯丙噻唑次磺酰胺(促进剂NS)	N, S—$SNHC(CH_3)_3$	淡黄色粉末,m. p. ＞104℃
噻唑次磺酰胺(促进剂DZ)	N, S—S—N—(苯基)$_2$	白色至浅灰色粉末,m. p. 90～108℃
N,*O*-二(1,2亚乙基)-2-苯并噻唑次磺酰胺(DOBS)	N, S—S—N(CH_2CH_2)(CH_2CH_2)O	纯的工业品为淡黄色粉末,m. p. 80～90℃

次磺酰胺促进剂主要由2-硫醇基苯并噻唑（促进剂M）与胺作用，再用次氯酸钠氧化即得：

N, S—SH + H_2N—(环己基) ⟶ N, S—$S^{\ominus}$ [H—N(H)(H)—(环己基)]$^{\oplus}$ $\xrightarrow{NaOCl}$

N, S—S—N(H)—(环己基) (CZ)

这一类促进剂发展迅速，由于有独特的后效性（促进剂在硫化温度以下，不会引起早期硫化，达到硫化温度时，则硫化活性大）在合成橡胶中大量使用。

特点：硫化程度比较高，橡胶力学性能好。

用量：0.5～2 份。

（5）黄原酸盐与黄原酸二硫化物

结构通性：分子中含有 $-O-\overset{S}{\overset{\|}{C}}-SH$ 基团的化合物叫黄原酸。

通式：

$$\left[R-O-\overset{S}{\overset{\|}{C}}-S\right]_x Me \qquad\qquad R-O-\overset{S}{\overset{\|}{C}}-S-S-\overset{S}{\overset{\|}{C}}-O-R$$

黄原酸盐　　　　　　　　　　黄原酸二硫化物

式中，R 为烷基或芳基，Me 为金属离子，x 为金属原子的原子价。

常用品种见表 15-5。

表 15-5　常用的黄原酸盐与黄原酸二硫化物

名称	结构式	性状
异丙基黄原酸锌（促进剂 ZIP）	$\left[\begin{matrix}CH_3\\ \quad\diagdown\\ \quad CHO-\overset{S}{\overset{\|}{C}}-S\\ \quad\diagup\\ CH_3\end{matrix}\right]_2 Zn$	浅黄色粉末 m. p. 115℃
正丁基黄原酸锌（促进剂 ZBX）	$\left[n\text{-}C_4H_9-O-\overset{S}{\overset{\|}{C}}-S\right]_2 Zn$	白色或淡黄色粉末 m. p. 105℃
二硫化二正丁基黄原酸酯（促进剂 CPB）	$n\text{-}C_4H_9O-\overset{S}{\overset{\|}{C}}-S-S-\overset{S}{\overset{\|}{C}}-OC_4H_9\text{-}n$	琥珀色液体

特点：黄原酸盐与黄原酸二硫化物均为超低温促进剂，临界温度低，在常温下即发挥作用。

（6）硫脲类

通式：

$$R-NH-\overset{S}{\overset{\|}{C}}-NH-R$$

式中，R 为烷基或芳基。

常用品种见表 15-6。

表 15-6　常用的硫脲类

名称	结构式	性状
1,2-亚乙基硫脲（促进剂 NA-22）	$\begin{matrix}CH_2-NH\\ \vert\qquad\quad C{=}S\\ CH_2-NH\end{matrix} \rightleftharpoons \begin{matrix}CH_2-NH\\ \vert\qquad\quad HC-SH\\ CH_2-N\end{matrix}$	白色针状结晶，m. p. 202～204℃
N,N-二正丁基硫脲（促进剂 DBTU）	$n\text{-}C_4H_9-\overset{H}{N}-\overset{S}{\overset{\|}{C}}-\overset{H}{N}-C_4H_9\text{-}n$	黄色结晶，m. p. 不低于 60℃

续表

名称	结构式	性状
二苯基硫脲(促进剂 CA)	$C_6H_5-NH-C(=S)-NH-C_6H_5$	白色片状结晶，m. p. 154～156℃

特点：促进作用比较慢，抗焦烧性比较差，在一般胶料中已不常用，但对氯丁橡胶却是一类优良的促进剂。

用量：0.25～1 份。

(7) 胍类

通式：

$$R-NH-C(=NH)-NH-R$$

式中，R 可为烷基或芳基。

常用种类见表 15-7。

表 15-7 常用的胍类

名称	结构式	性状
二苯胍(促进剂 D)	$C_6H_5-NH-C(=NH)-NH-C_6H_5$	白色粉末 m. p. 不低于 144℃
二邻甲苯胍(促进剂 DOTG)	$o\text{-}CH_3C_6H_4-NH-C(=NH)-NH-C_6H_4CH_3\text{-}o$	白色粉末 m. p. 168～173℃
三苯胍(促进剂 TPG)	$(C_6H_5NH)_2C=N-C_6H_5$	白色粉末 m. p. 141～142℃

特点：强碱性促进剂，活性比较低，促进作用比较慢，但有很好的操作安全性和贮存稳定性。

用量：目前一般用作第二促进剂，用量为 0.1～2 份。

(8) 其它　还有醛胺类、嘧啶类化合物等。

15.5 硫化活性剂

某些物质配入橡胶后，能增加有机促进剂的活性，充分发挥其效能，从而减少促进剂用量，或缩短硫化时间，提高硫化胶的交联度，这类物质称为硫化活性剂，简称活性剂。

分类：①无机活性剂，金属氧化物如 ZnO、MgO、CaO、PbO 等，最重要的是 ZnO；②有机活性剂，硬脂酸、月桂酸、二乙醇胺，其中最重要的硬脂酸。

特点：仅以少量加入胶料中，即可大大提高硫化度，而且在不少场合，假若没有活性剂的存在，硫化作用实际上就不能产生。

15.5.1 氧化锌

氧化锌俗名锌氧粉或锌白。为无毒无味的白色细粉末物，是一种两性氧化物，可溶于酸、氢氧化钠及氯化铵溶液，不溶于水，加热至250℃以上能升华，呈黄色，冷却后恢复白色。

氧化锌粒子越细，活性作用越强。粒子很小的活性氧化锌和透明氧化锌只要加入0.8份，便可得到满意的硫化度。当制造透明橡胶制品与食品接触的橡胶制品时，用量宜小，且粒子宜细，一般3～5份氧化锌即提高硫化反应的活性。

15.5.2 脂肪酸

对于某些促进剂，特别是2-巯基苯并噻唑及其锌盐以及二硫代二苯并噻唑，若向其与橡胶、硫黄、氧化锌组成的体系中再加入脂肪酸，如硬脂酸、软脂酸、月桂酸等，可进一步提高活性。

使用硬脂酸可使硫化胶的拉伸强度、硬度和弹性达到最佳值，其用量一般为0.5～2份。

15.5.3 活性剂的作用

以ZnO为例

$$\text{橡胶烃} \xrightarrow{\text{硫化}} H_2S \xrightarrow{ZnO} ZnS$$

该反应的关键是除去H_2S使橡胶烃的硫化容易向右进行，因为橡胶烃分子和硫黄交联才生成H_2S。

15.6 防焦剂

仅以少量添加到胶料中，即能防止或延缓胶料在硫化前的加工及贮存过程中发生早期硫化的物质，称为防焦剂或硫化延缓剂。

15.6.1 焦烧现象

在硫化之前的各种操作及中间贮藏过程中，由于机械生热及高温环境的作用，胶料往往产生早期硫化，致使塑性降低，难以继续进行加工而造成次品或废品，这种现象通常称作焦烧。

作为理想的防焦剂在性能上必须满足四点要求。

① 能够提高胶料在加工操作及贮存过程中的安全性，延长焦烧时间，有效地防止焦烧的发生。

② 在硫化开始时，不影响硫化速率，即不延长总的硫化时间。

③ 防焦剂本身不具有交联作用。

④ 对硫化胶的表现性能、化学性能及力学性能无不良影响。

至今尚未发现一种与以上诸条件符合的防焦剂，在胶料配合中，防焦剂应根据生胶的种类、硫化体系、加工过程及加工温度等进行选择。

15.6.2 防焦剂种类

① 有机酸，如水杨酸。

② 亚硝基化合物，如*N*-亚硝基二苯胺。

③ 硫代酰亚胺化合物，如*N*-环己基硫代邻苯二甲酰亚胺。

当*N*-环己基硫代邻苯二甲酰亚胺（防焦剂CTP）与次磺酰胺促进剂并用时，可以延长焦烧时间，但一旦硫化过程开始，便不影响硫化速率。其防焦性能良好，用量只需0.1%～0.2%。

15.7 常见硫化体系

15.7.1 硫黄硫化体系

普通硫黄硫化体系是指二烯类橡胶的通常用量范围的硫化体系，可制得软质高弹性硫化胶。

根据不同的橡胶选用不同硫化体系，参考表15-8。

表15-8 各种橡胶的CV硫化体系

配方	NR	SBR	NBR	IIR	EPDM
硫黄	2.5	2.0	1.5	2.0	1.5
ZnO	5.0	5.0	5.0	3.0	5.0
硬脂酸	2.0	2.0	1.0	2.0	1.0
NS	0.6	1.0	—	—	—
DM	—	—	1.0	0.5	—
M	—	—	—	—	0.5
TMTD	—	—	0.1	1.0	1.5

普通硫黄硫化体系得到的硫化胶网络中70%以上是多硫交联键（—S_x—），具有较高的主链改性。硫化胶具有良好的初始疲劳性能，室温条件下具有优良的动静态性能。但硫化胶不耐热氧老化，不能在较高温度下长时间使用。

15.7.2 非硫黄硫化体系

15.7.2.1 过氧化物硫化体系

过氧化物不但能够硫化饱和的碳链橡胶（如EPM）、杂链橡胶（如Q）等，而且能够硫化不饱和橡胶如NR、BR、NBR、CR、SBR等。常用的过氧化物硫化剂有：烷基化过氧化物、二酰基过氧化物、过氧酯。

过氧化物硫化配合要点如下。

① 过氧化物硫化的用量随胶种不同而不同。对交联度高的橡胶SBS（12.5）、BR（10.5），DCP的用量为1.5～2.0份；对NR（1.0），DCP的用量为2～3份。

② 由于硬脂酸和酸性填料（如白炭黑、硬质陶土、槽法炭黑）等酸性物质和容易产生氢离子的物质，能使过氧化物产生离子分解而影响交联，所以应少用或不用。而加入少量碱性物质，如三乙醇胺等，可以调节酸碱性，提高交联效率。

③ 过氧化物硫化时，ZnO的作用是提高胶料的耐热性，而不是活化剂；硬脂酸的作用是提高ZnO在橡胶中的溶解度和分散性。

15.7.2.2 金属氧化物硫化

金属氧化物硫化对氯丁橡胶、氯化丁基橡胶、氯磺化聚乙烯、氯醇、聚硫橡胶及羧基聚合物都具有重要的意义，常用的为氧化锌和氧化镁。

15.7.2.3 酚醛树脂、醌类衍生物和马来酰亚胺硫化体系

(1) 酚醛树脂的硫化　常用树脂来硫化IIR。常用的树脂为酚醛树脂，如辛基酚醛树脂、叔丁基酚醛树脂等。

(2) 醌类衍生物的硫化　用苯醌及其衍生物硫化的二烯类橡胶的耐热性好，但因成本

高，未实现工业化，只用于丁基橡胶。常用的是对苯醌二肟（GMF）和二苯甲酰对苯醌二肟（DBGMF），配合时常用氧化铅等活化剂，硫化胶要获得最佳的老化性能，必须加促进剂 DM。

（3）马来酰亚胺的硫化　用马来酰亚胺（如间亚苯基双马来酰亚胺）硫化不饱和橡胶一般由 DCP 引发产生自由基，橡胶大分子自由基与马来酰亚胺发生双键的加成反应，使橡胶分子链间产生交联，反应可用 DM 提高交联速率。

15.8 硫化剂与硫化助剂市场现状及发展趋势

近些年，随着国民经济的增长和汽车、轮胎工业的发展，中国橡胶市场的需求呈快速增长态势，各类橡胶消耗量均有较大幅度的提高。橡胶工业的整体走势对硫化剂和硫化助剂的发展提出了新的要求，新型橡胶硫化剂和硫化助剂不仅要具有高的硫化效率、长的焦烧时间，更重要的是改善硫化胶的综合性能，以适应各种橡胶加工的需要。最少的用量、最佳的硫化效果（最好的产品性能）、最环保的产品开发及最终产品的循环使用是今后努力研究的方向。

思 考 题

1. 硫化剂是如何定义和分类的？
2. 试述氧化锌是如何硫化氯丁橡胶的？
3. 试述 DM 的硫化促进作用机理。
4. 简述常用的过氧化物硫化体系。
5. 常见胺类硫化剂有哪些？它们有什么性能？
6. 硫化剂与硫化助剂的发展趋势是什么？

第16章 其它助剂

16.1 阻聚剂和缓聚剂

16.1.1 概述

聚合反应中所采用的单体一般是不饱和化合物。因含有不饱和键，活性较高，会发生自聚。为了防止单体在精制、贮藏、运输过程中发生聚合反应，必须添加某些物质，这类物质通称为阻聚剂，这种作用则称为阻聚作用。

阻聚剂能迅速地与初级自由基或链自由基作用使链终止，从而也可控制聚合反应有一定的转化率。阻聚剂的使用伴随着一个诱导期的出现，活性较弱的阻聚剂称作缓聚剂，缓聚剂的使用不出现诱导期。

阻聚剂与缓聚剂并没有本质上的差别，一种物质是作为阻聚剂还是缓聚剂也不是绝对的，这要取决于单体结构或反应体系。阻聚就相当于暂时中断聚合反应的进行，或是为了控制反应的速率，或是为了控制反应的时机。经过一个诱导期，阻聚剂消耗完全，聚合反应又继续进行；而在缓聚剂的消耗过程中，聚合反应并未中断，而只是以较小的速率进行，直至缓聚剂反应完全才恢复正常速率。

阻聚剂和缓聚剂在本质上都是通过自身与一较活泼的自由基结合形成一个相对较不活泼的自由基，使原来的自由基聚合的能力减弱甚至在一定条件下完全消失，从而达到阻聚或缓聚的目的。这在机理上有一点相似于终止剂。

16.1.2 常见阻聚剂

16.1.2.1 对苯二酚

又称氢醌、1,4-二羟基苯。分子式 $C_6H_6O_2$、相对分子质量 110.11、结构式：

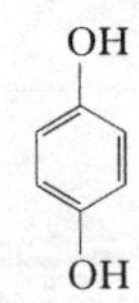

① 物化性质　白色或略带色泽的针状结晶或结晶粉末。熔点 170.3℃，沸点 285℃(0.1MPa)，易溶于热水，溶于水、醇、醚。在温度稍低于其熔点时，即升华而不分解。其水溶液在接触空气后，因氧化而呈棕褐色，在碱性介质中氧化更快，应密封避光贮存。

② 生产工艺过程

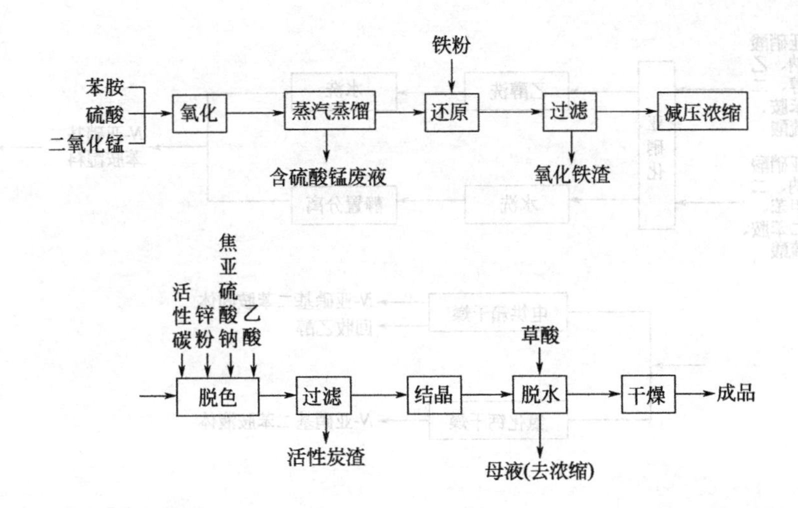

16.1.2.2 亚硫基二苯胺

又称吩噻嗪、(夹)硫氮杂蒽或龙香米。分子式 $C_{12}H_{9}NS$、相对分子质量 199.28、结构式:

①物化性质 浅黄绿色至暗灰色斜方小叶结晶粉末。熔点 185.5～185.9℃，沸点 371℃，具有升华性。微溶于水、酒精，可溶于醚，能很好地溶于丙酮和苯。本品具有微弱的异臭，长时间放于空气中易氧化而颜色变深。对皮肤有刺激性。贮运应密闭遮光，保持干燥，放于通风阴凉处。

②生产工艺过程

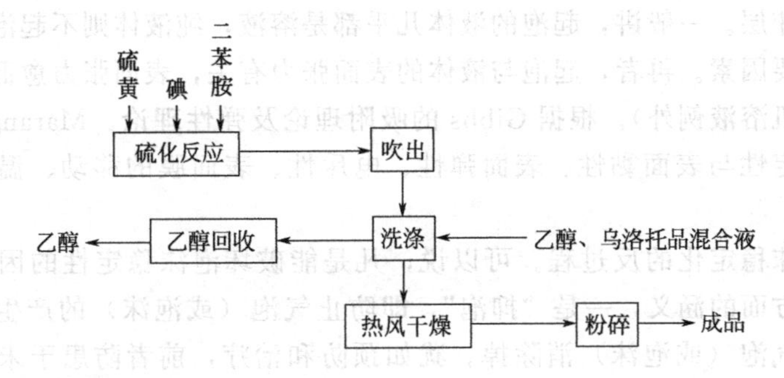

16.1.2.3 *N*-亚硝基二苯胺

又称防焦剂 NA、高效阻聚剂 N-NO。分子式 $C_{12}H_{10}N_{2}$、相对分子质量 198.23、结构式:

①物化性质 黄色单斜晶体，相对密度 1.24，熔点 66.5℃。以氯苯或二甲苯为原料所得到的产品溶液为棕色透明液体。不溶于水，易溶于丙酮、热苯、热酒精、乙酸乙酯、二氯甲烷、四氯化碳、乙醚、二硫化碳等有机溶剂。在盐酸甲醇溶液中能发生移位反应，转化为对亚硝基二苯胺。本品易氧化，应严密包装并注意防火防晒。

②生产工艺过程

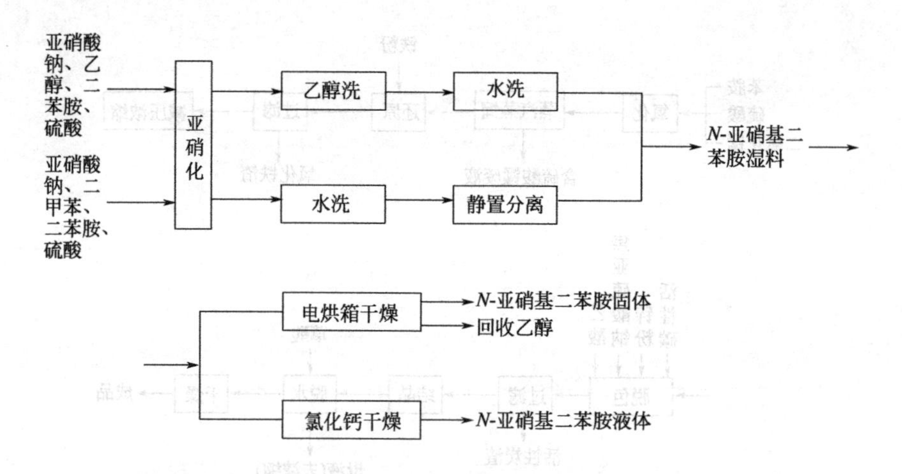

16.2 消泡剂

存在于液体或固体中，或存在于以它们的薄膜所包围的独立的气泡中。许多泡（或气泡）集合在一起，彼此以薄膜隔开的聚集状态，称为泡沫。介于两者之间的、许多独立的、分散的未能聚集的气泡，称为分散气泡。气泡是一种具有气/液、气/固、气/液/固界面的分散体系，可以有两相泡及三相泡，前者常见于气/液、气/固系统中的气泡，后者常见于选矿及油田的气/液/固体系的气泡。

泡和泡沫是由于表面作用而生成的。当不溶性气体被周围的液体所包围时，瞬时生成疏水基伸向气泡的内部，而亲水基伸向液体，形成一种极薄的吸附膜。由于表面张力的作用，膜收缩成为球状，形成为泡。由于液体的升举力，气泡上升至液面，当大量的气泡集在表面时，就形成了泡沫层。一般讲，起泡的液体几乎都是溶液，纯液体则不起泡，因此，可以说吸附是起泡的重要因素。再者，起泡与液体的表面张力有关，表面张力愈低的液体，愈易起泡（也有少数有机溶液例外）。根据 Gibbs 的吸附理论及弹性理论、Marangoni 效应及 Ross 理论，泡沫的稳定性与表面黏性、表面弹性、电斥性、表面膜的移动、温度、蒸发等因素有关。

消泡就是泡沫稳定化的反过程。可以说，凡是能破坏泡沫稳定性的因素，均可用于消泡。消泡包括两方面的涵义，一是“抑泡”，即防止气泡（或泡沫）的产生，二是“破泡”，即是将已产生的气泡（或泡沫）消除掉。犹如预防和治疗，前者防患于未然，后者对症下药。在本书后续的叙述中，未经特殊说明时，消泡均概指“抑泡”和“破泡”。消泡又分为机械（物理）消泡和化学消泡，见表 16-1。

表 16-1 物理消泡与化学消泡

项目	物理消泡	化学消泡
抑泡	改变温度。过滤除去漂浮物，将容器做成敞口式。除去机械发泡因素（避免强沸、振荡、减压、溅落）。不要放入粗面多孔体。除去气相搅拌（仅使液相密闭或用盖将液面盖住）。贮存气体的脱气。油类加热预先脱水，利用起泡分离法，除去易起泡的溶质	添加抑泡剂。送入消泡性气体，使用低起泡性表面活性剂。利用吸附、沉淀、化学反应除去起泡性物质。调节 pH 值及 HLB 值。利用脱水剂除去油中的水分。在容器壁涂以吸附药剂（防止爆沸）。加入可增加起泡性物质溶解度的物质，加入电解质。加入能消除泡沫稳定性的物质

续表

项目	物理消泡	化学消泡
破泡	改变温度(冷冻、加热、蒸发、干燥)。改变压力(声波及空气喷射)。液体喷射。用憎水性的金属网搅拌及拍打。离析分离。放射线。使用浅的窗口(分散气泡)。添加憎水性粉末	添加破泡剂。利用吸附、溶解、稀释、化学反应除去起泡性物质。与挥发性气体接触。利用消泡剂除去分散性的气泡。加入电解质或电解以减弱双电层的相斥。加入排液性的物质,盐析

根据发泡体系、发泡场合、经济和技术等条件，可采用一种或几种方法消泡。

消泡剂有油型、溶液型、乳液型、粉末型和复合型。无论是哪种类型的消泡剂，除了发泡体系的特殊要求外，均应具备下述性质：

① 消泡力强，用量少；

② 加到起泡体系中不影响体系的基本性质；

③ 表面张力小；

④ 与表面的平衡性好；

⑤ 扩散性、渗透性好；

⑥ 耐热性好；

⑦ 化学性稳定，耐氧化性强；

⑧ 气体溶解性、透过性好；

⑨ 在起泡性溶液中的溶解性小；

⑩ 无生理活性，安全性高。

同时具有上述条件的消泡剂是没有的，一种消泡剂只能对某一种体系或数种体系有效。因此，在选用消泡剂时，一定要先做实验。在使用时还应注意其添加浓度。消泡剂的种类繁多，在石油工业，高分子合成工业，纺织、印染工业，制浆、造纸工业，涂料工业，食品工业，发酵工业，洗涤剂工业和其他工业等领域有广泛应用。同一种消泡剂，可能在不同的领域中得到应用，同样，在某一领域也可以采用不同的消泡剂，这要视具体情况而定。

16.3 填充剂

填充剂，顾名思义是一种填充物料，所以称为填料，它对于改进塑料制品的性能、降低制品的成本，有着十分显著的效果。

按化学组成，可分为无机填料和有机填料；按原料不同，可分为矿物性填料、植物性填料、合成填料；按外观形状差别，可分为粒状、薄片状、纤维状、树脂状、中空微球、织物状等；按加工中所起的不同作用，可分为补强性填充剂和增量型填充剂。

16.3.1 主要填充剂及其特性

16.3.1.1 碳酸钙

碳酸钙价格低廉、来源丰富，主要以天然石灰石为原料经加工而成。为了改善碳酸钙在塑料中的分散性，提高补强性及其它性能，可用表面活性物质处理碳酸钙粒子表面，以增加粒子对聚合物的亲和力。碳酸钙也可以作为聚氯乙烯糊及不饱和聚酯的黏度调节剂。

16.3.1.2 陶土

作为塑料的填充剂，使用最广泛的是高岭土，其组成是含有不同结晶水的氧化铝和氧化硅结晶物，一般为纯高岭土和多水高岭土的混合物。

纯高岭土结晶粒子呈平六方片体或不规则六方片体，多水高岭土结晶粒子呈中空管状、针状等。塑料填充剂用的高岭土最好是呈六方片体的结晶。

16.3.1.3 滑石粉

滑石粉用作塑料的填充剂具有很好的性能，可提高硬度，改善尺寸稳定性，防止高温蠕变。

16.3.1.4 石棉

石棉具有耐热、耐酸和耐碱等优越性能，化学性质不活泼，是热和电的不良导体。石棉作为塑料的填充剂，可提高刚性，改善尺寸稳定性及防止高温时的蠕变。

16.3.1.5 硫酸钡

硫酸钡作为塑料填充剂或着色剂，能提高耐药品性、增加制品密度，而且能减小制品的X射线透射度。

16.3.1.6 硫酸钙

硫酸钙可作为塑料的填充剂，以提高制品的尺寸稳定性。

16.3.1.7 中空微球

中空微球是指由有机材料或无机材料构成的、直径为数十微米到数百微米的中空薄壁小球。根据构成中空微球的材料可将中空微球分为三类：无机质微球、有机质微球和金属微球。

16.3.1.8 金属粉

金属粉多用于塑料中作装饰用。在聚酯、环氧树脂、缩醛树脂或尼龙等树脂中加入青铜粉或铝粉等可制得导热性良好的制品，向塑料中加入铅粉可制得能屏蔽中子及 γ 射线的制品。

16.3.1.9 有机填充剂

有机填充剂包括木粉、果壳粉、纤维素等。

16.3.1.10 赤泥

以赤泥为填料的塑料制品，性能优良，且赤泥价格低廉，仅为碳酸钙的 1/4 左右。在聚氯乙烯塑料中用赤泥为填充剂时，除了起增量的作用，还有一定的热稳定作用。

16.3.2 填充剂在塑料中的应用

16.3.2.1 塑料中使用填充剂的目的

填充剂在塑料中共同的目的为：降低塑料制品的成本，提高制品的尺寸稳定性、耐热性、耐候性、赋予隐蔽性。

在特殊场合有着特殊的目的：改善黏度、流动性及其它加工性能；可提高电性能、导热性、耐水、耐溶剂性；赋予抗黏结性，增加黏合性，改善机械强度，提高电镀性能，赋予印刷性，抑制树脂硬化时的发热，防止龟裂，赋予阻燃性等。

16.3.2.2 填充剂对塑料的作用效果

填充剂的形状和粒子大小对聚合物的性能有很大影响。

填充剂对软质聚氯乙烯力学性能的影响包括：拉伸强度；伸长率；硬度；耐寒性；撕裂强度；耐水性。

填充剂对硬质聚氯乙烯的影响是机械强度趋于下降，所以一般不使用，但为了改善挤出加工性及提高尺寸稳定性，可添加 10～30 份的填充剂。

填充剂除在聚氯乙烯中使用外，在聚乙烯、聚丙烯、聚酰胺、聚苯乙烯、ABS 树脂等热塑性塑料以及不饱和聚酯、酚醛树脂、环氧树脂等热固性树脂中均有应用，其在钙塑料中，无机填料是主要成分，用量极大（30%～90%）。

16.4 润滑剂

润滑剂是为了改善塑料，特别是热塑性塑料在加工成型时的流动性和脱模性而添加的一种配合剂。润滑剂的主要作用是在加工过程中降低塑料材料与加工机械之间和塑料材料内部分子之间的相互摩擦，从而改善塑料的加工性能并提高制品的性能。

优良润滑剂应满足的要求：分散性良好；与聚合物有适当的相容性；热稳定性良好；不损害最终产品的物理性质；不影响颜色漂移；无毒性；价廉。

16.4.1 润滑剂的作用机理

（1）内部润滑-塑化或软化机理　削弱分子链间的相互吸引力。

（2）界面润滑机理　降低树脂与加工机械之间的摩擦。

16.4.2 润滑剂的主要类别

（1）按化学结构分　烃类；脂肪酸类；脂肪酸酰胺类；酯类；醇类；金属皂类；复合润滑剂。

（2）按作用机能分　内部润滑剂；外部润滑剂。

16.4.3 主要润滑剂

（1）烃类　液体石蜡；天然石蜡；微晶石蜡；氯化石蜡。

（2）脂肪酸类　应用最广的是硬脂酸。

（3）脂肪族酰胺　脂肪族酰胺具有特殊的界面润滑作用，外部润滑效果优良，特别是与其它润滑剂并用时有十分显著的协同效果，同时能改善着色剂、炭黑的分散性。

（4）酯类　脂肪酸的低级醇酯；酯蜡；脂肪酸的多元醇。

（5）醇类　主要是含有16个碳原子以上的饱和脂肪酸，特别是硬脂醇（C_{18}）和轻脂醇（C_{16}）。

（6）金属皂类　高级脂肪酸的金属盐类俗称金属皂。金属皂类的润滑作用随金属的种类不同和脂肪酸根的种类不同而异。就同一种金属而言，脂肪酸根的碳链越长，其润滑效果越好。

（7）氧化聚乙烯蜡及其衍生物　氧化聚乙烯蜡的长链分子上带有一定量的酯基或皂基，因而对PVC内、外润滑剂作用比较平衡，为一类性能优良的新型润滑剂。在硬质透明PVC配方中，其润滑性和透明性均优于酯蜡。

（8）高温润滑剂　为了适应塑料加工速度的提高和高软化点树脂加工的需要，润滑剂必须具有更好的热稳定性和更低的挥发性。目前已应用的高温润滑剂有己内酰脲二醇的脂肪酸酯和聚甘油的脂肪酸酯。

（9）复合润滑剂　石蜡烃类复合润滑剂；金属皂和石蜡烃复合润滑剂；脂肪酰胺与其它润滑剂复合物；以褐煤蜡型酯为主体的复合润滑剂；稳定剂与润滑剂复合体系。

16.4.4 润滑剂的选用

选用润滑剂应考虑以下因素：聚合物的种类、加工机械、成型方法、加工条件、配合剂之间的相互影响、制品所要求的性能。

16.5 发泡剂

发泡剂是一类能使处于一定黏度范围内的液体或塑性状态的橡胶、塑料形成微孔结构的物质，它们可以是固体、液体或气体。

16.5.1 物理发泡剂和化学发泡剂

物理发泡剂在发泡过程中依靠本身物理状态的变化产生气孔；而化学发泡剂在发泡过程中，因发生化学变化而分解产生一种或多种气体，使聚合物发泡。

16.5.2 无机化学发泡剂

碳酸盐；亚硝酸盐；硼氢化钾和硼氢化钠；过氧化氢。

16.5.3 有机化学发泡剂

亚硝基化合物；偶氮化合物；酰肼类化合物；尿素衍生物；其它。

16.5.4 发泡助剂

在发泡过程中，凡与发泡剂并用能调节发泡的分解温度和分解速度的物质，或能改进发泡工艺、稳定泡沫结构和提高发泡体系量的物质均可称为发泡助剂或辅助发泡剂。其主要用作发泡剂 H 和发泡剂 AC 的发泡助剂。

16.6 着色剂

16.6.1 着色剂的种类

塑料的着色剂主要有无机颜料、有机颜料和染料三大类，后两类又统称为有机着色剂。

16.6.2 着色剂的性质

通常要求着色剂具有如下性质：着色力和遮盖力；分散性；耐热性；耐候性；耐迁移性；化学稳定性；电气性能；毒性。

16.6.3 着色剂的应用

（1）颗粒状着色剂　这种着色剂分散性优良，使用方便，但着色成本较高。特别适用于聚烯烃、聚苯乙烯、ABS 和聚氯乙烯的着色。

（2）粉状着色剂

①“干色料”：由颜料分散剂表面处理而成，成本较低，分散性尚可，但有飞散性，使用和计量比较麻烦。干色料在各种塑料加工中广泛使用。

②“湿润性色料”：由含有高浓度颜料的树脂粉碎而成，是颗粒状粉末，分散性优良，无飞散性，使用方便，用途也比较广。

（3）膏状和液体着色剂

① 膏状着色剂：主要用于软质 PVC 各种制品，在不饱和聚酯、聚氨酯合成革、环氧树脂、丙烯酸树脂中也广泛采用。适用于压延、挤出、注射、浇注等成型工艺。

② 液体着色剂：适用于聚乙烯、聚丙烯、聚氯乙烯（软质）、聚苯乙烯、ABS 树脂的挤

出成型品、注射成型品和中空成型品。

思 考 题

1. 常见的阻聚剂有哪些？概述它们的物理性能。
2. 消泡剂除了发泡体系必须要求外，应具备哪些共同性质？
3. 常用填充剂有哪些？它们有哪些性能？
4. 润滑剂按化学结构可以分为哪几类？

参 考 文 献

[1] 何曼君等编．高分子物理．第3版．上海：复旦大学出版社，2009.

[2] 潘祖仁主编．高分子化学．第4版．北京：化学工业出版社，2009.

[3] 肖卫东等编．聚合物材料用化学助剂．北京：化学工业出版社，2003.

[4] 徐溢等编．高分子合成用助剂．北京：化学工业出版社，2003.

[5] 朱洪法等编．工业助剂手册．北京：金盾出版社，2007.

[6] 山西省化工研究所编．塑料橡胶加工助剂．第2版．北京：化学工业出版社，2002.

[7] 曾人全编著．塑料加工助剂．北京：中国物资出版社，1997.

[8] 段予忠等编．常用塑料原理与加工助剂．北京：科学技术文献出版社，1991.

[9] 董晨空等编．塑料新型加工　助剂应用技术．北京：中国石化出版社，1999.

[10]《化工产品手册》编辑部．张林栋编．化工产品手册．第5版：橡胶助剂．北京：化学工业出版社，2008.

[11]《化工产品手册》编辑部．朱领地等编．化工产品手册．第5版：精细化工助剂．北京：化学工业出版社，2008.

[12] 徐吉庆译．配位与催化．北京：科学出版社，1996.

[13] 杨国文编．塑料助剂作用原理．成都：成都科技大学出版社，1991.

[14] 陈振兴等译．塑料添加剂手册．北京：中国石化出版社，1992.

[15] 吕世光编．塑料助剂手册．北京：中国轻工业出版社，1988.

[16] 徐应麟等编．高聚物材料的使用阻燃技术．北京：化学工业出版社，1987.

[17] 张琼等编．消泡剂制备与应用．北京：中国轻工业出版社，1996.

[18] 谢世杰等译．聚合物助剂手册．上海：上海科学技术文献出版社，1985.